普通高等教育一流本科专业建设成果教材

# 结晶学基础

Crystallography

金立国　巩桂芬　编

化学工业出版社
·北京·

## 内容简介

本书系统论述晶体学基础理论，使学生理解和掌握晶体学基本原理和规律。全书共分11章。第1章简明介绍了晶体的概念和共性，第2~6章系统地阐述了晶体的对称、十四种布拉菲空间格子和晶胞、晶体的理想形态、结晶学的定向和结晶符号、晶体内部结构的对称要素等几何结晶学的基本知识，第7章较为详细阐述晶体化学涉及的基本原理，第8章、第9章分别描述了具有代表性的典型晶体结构类型和硅酸盐晶体结构，第10章分别介绍晶体的形态和规则连生，第11章详细阐述了晶体结构缺陷。每章末附有习题，针对性强，便于学生加深对知识点的理解和掌握。

本书可作为材料科学与工程，尤其是无机非金属材料与工程专业方向的本科生教材，亦适合其他以晶体学为基础的相关专业教学使用，也可作为从事相关研究和教学工作者的参考书。

**图书在版编目（CIP）数据**

结晶学基础/金立国，巩桂芬编. —北京：化学工业出版社，2021.10（2025.2重印）
ISBN 978-7-122-39846-8

Ⅰ.①结… Ⅱ.①金…②巩… Ⅲ.①晶体学-高等学校-教材 Ⅳ.①O7

中国版本图书馆CIP数据核字（2021）第175115号

责任编辑：王　婧　杨　菁
责任校对：边　涛　　　　装帧设计：李子姮

出版发行：化学工业出版社（北京市东城区青年湖南街13号　邮政编码100011）
印　　装：北京捷迅佳彩印刷有限公司
787mm×1092mm　1/16　印张12¼　字数284千字　　2025年2月北京第1版第5次印刷

购书咨询：010-64518888　　　　售后服务：010-64518899
网　　址：http://www.cip.com.cn
凡购买本书，如有缺损质量问题，本社销售中心负责调换。

定　　价：49.00元

# 前言

能源、信息和材料被认为是现代国民经济的三大支柱，但能源和信息的发展在很大程度上却是依赖于材料的进步。材料的发展程度从一定角度上标志着一个国家的现代化水平。材料科学主要是研究材料组成与结构、合成与制备、性能以及使用效能四者之间相互关系和变化规律的一门应用基础学科。材料的结构是材料学、矿物学、宝石学及冶金学等学科学习和研究的重要内容，其中晶体学是认知和研究材料的制备、结构和性能的必备基础理论知识。

结晶学（crystallography）亦称晶体学，是以晶体为研究对象，以晶体的生成和变化、晶体外部形态的几何性质、晶体的内部结构、化学组成和物理性质及其相互关系为研究内容的一门自然科学。 1669 年，晶面间夹角守恒规律的发现，开启了结晶学的诞生和发展的大门，在随后大约 200 年时间内，当时人们认为具有天然多面体外形的矿物才是晶体。在逐步对晶体外形规律的研究和由表及里地对内部结构的探索过程中，结晶学曾作为矿物学的一个主要分支发育和成长，最终成为涉及众多学科领域的一门独立学科，而且是近 100 年来发展特别迅速的一门自然科学。由于晶体的分布十分广泛，结晶学与化学、物理学、地球科学、生物学、数学以及材料科学等学科间都有着广泛深入的相互交融、促进、协作和贡献，并在现代科学中发挥着日益重要的作用。

发展到今天，根据结晶学具体的研究内容又可划分如下分支：（1）几何结晶学：研究晶体外形的几何规律，它是结晶学的古典部分，也是基础部分。（2）晶体结构学：研究晶体内部结构中质点的排布规律，以及结构缺陷。（3）晶体化学：研究晶体的化学成分与晶体结构，以及与晶体的物理、化学性质间的关系。（4）晶体生长学：研究晶体的生长机理以及控制和影响生长的因素。（5）晶体物理学：研究晶体的各种物理性质及其产生机理。其中，（3）~（5）分支已形成了相对独立的学科，有专门的相应教材，因此，通常所指的结晶学（或晶体学）一般都只包括几何结晶学和晶体结构学两个分支的内容。 本教材以几何结晶学、晶体结构学及晶体化学三个分支为主要内容。

本书共分为 11 章，第 1 章晶体的概念和共性、第 2 章晶体的对称、第 3 章十四种布拉菲空间格子和晶胞、第 4 章晶体的理想形态、第 5 章结晶学的定向和结晶符号、第 6 章晶体内部结构的对称要素、第 7 章晶体化学基本原理、第 8 章典型晶体结构类型、第 9 章硅酸盐晶体结构、第 10 章晶体的形态和规则连生、第 11 章晶体结构缺陷。

在党的二十大精神的指引下，适应新时代科学和技术的要求，本书继承历史的结晶学理论成果，系统地归纳和整理，创新编排思路，本书的特点表现在以下几个方面：

（1）突出认知规律。 遵循从理想到实际、从宏观到微观再到宏观的原则，从抽象到具体，重视知识点的衔接和循序渐进的认知规律。

（2）强调思维方法和分析能力的培养。 在阐述基础理论后，每章末设置习题，突出科学的创新性思维方法的培养，提高分析解决实际问题的能力。

（3）内容组织与结构编排突出新颖性、易读性和普适性。 书中采用先进绘图软件绘制的大量的结构模型图片，力求清晰明确，突出立体感。 内容深广度适中，适应专业基础课程教学。

本书可作为高等院校无机非金属材料与工程专业本科生的专业基础课程教材，亦可作为材料类及相关专业本科生和研究生的教学用书和参考书，并可供科研院所、厂矿企业等从事材料相关领域工作的广大科研人员、工程技术人员、管理人员等阅读参考。

全书由金立国与巩桂芬共同编写，其中第 1、2、3、8、9、10 章由巩桂芬负责编写，第 4、5、6、7 章由金立国负责编写，全书由金立国统稿。本书的出版得到了化学工业出版社的大力支持，笔者在此表示衷心的感谢！同时，对书中所引用文献资料的作者致以诚挚的谢意！

鉴于笔者水平所限，书中不妥之处在所难免，恳请广大读者批评指正。

编者

2021 年 8 月

# 目录


## 第 1 章　晶体的概念和共性　001

1.1　晶体的概念　001
1.2　空间点阵　002
1.2.1　图案与点阵　003
1.2.2　空间点阵的基本规律　004
1.3　晶体的共性　005
1.3.1　自范性　005
1.3.2　均一性　006
1.3.3　各向异性　006
1.3.4　对称性　006
1.3.5　最低内能和稳定性　007
习题一　007

## 第 2 章　晶体的对称　009

2.1　对称的概念　009
2.2　晶体的对称特点　010
2.3　晶体的宏观对称要素和对称操作　010
2.3.1　对称中心　011
2.3.2　对称面　012
2.3.3　对称轴　012
2.3.4　倒转轴　014
2.4　对称要素的组合　016
2.5　晶体的 32 种点群及其符号　017
2.5.1　A 类组合的推导　018
2.5.2　B 类组合的推导　019
2.6　晶体的对称分类　020
2.7　点群的国际符号　023
2.7.1　点群的国际符号　023
2.7.2　点群的申夫利斯符号　025
习题二　026

## 第 3 章　十四种布拉菲空间格子和晶胞　029

3.1　空间格子类型　029
3.1.1　空间格子的划分原则　029
3.1.2　不同对称的七种格子类型　030
3.1.3　十四种布拉菲空间格子　031
3.2　晶胞的概念　032
3.3　原胞的概念　033
习题三　034

## 第 4 章　晶体的理想形态　037

4.1　单形　037
4.1.1　单形的概念　037
4.1.2　单形的推导　037
4.1.3　47 种单形　038
4.2　聚形　042
4.2.1　聚形的概念　042
4.2.2　聚形分析　043
习题四　043

## 第 5 章　结晶学的定向和结晶符号　045

5.1　结晶学定向　045
5.1.1　晶体定向的概念　045

5.1.2 晶体的三轴定向 046
5.1.3 晶体的四轴定向 048
5.2 整数定律 048
5.3 结晶学符号 049
5.3.1 晶向符号 049
5.3.2 晶面符号 051
5.3.3 单形符号 053
5.4 晶向族和晶面族 053
5.4.1 晶向族 054
5.4.2 晶面族 054
5.5 晶带定律 055
5.5.1 晶带和晶带轴的概念 055
5.5.2 晶带定律 056
习题五 057

## 第6章 晶体内部结构的对称要素 059

6.1 微观对称要素 059
6.1.1 平移轴 059
6.1.2 象移面 060
6.1.3 螺旋轴 061
6.2 空间群符号及等效点系 063
6.2.1 空间群的概念 063
6.2.2 空间群的符号 064
6.2.3 等效点系 065
习题六 068

## 第7章 晶体化学基本原理 071

7.1 元素的离子类型 071
7.1.1 惰性气体型离子 072
7.1.2 铜型离子 072
7.1.3 过渡型离子 072
7.2 原子和离子半径 072
7.3 球体的最紧密堆积原理 073
7.3.1 等大球体的最紧密堆积 074
7.3.2 不等大球体的紧密堆积 076
7.3.3 配位数和配位多面体 076
7.3.4 离子的极化 079
7.3.5 元素的电负性 080
7.4 晶体中的键型与晶格类型 081
7.4.1 离子晶格 082
7.4.2 原子晶格 082
7.4.3 金属晶格 082
7.4.4 分子晶格 083
7.5 矿物晶体的结构规律 083
7.5.1 哥氏结晶化学定律 083
7.5.2 鲍林规则 084
7.6 晶体场理论和配位场理论 086
7.6.1 晶体场理论 086
7.6.2 配位场理论的概念 092
7.7 类质同象 092
7.8 同质多象、有序-无序结构及多型 093
7.8.1 同质多象 093
7.8.2 有序-无序结构 094
7.8.3 多型 096
习题七 097

## 第8章 典型晶体结构类型 099

8.1 晶体结构的表征 099
8.2 典型晶体结构 100
8.2.1 元素晶体 100
8.2.2 AX型晶体结构 102
8.2.3 $AX_2$ 型晶体结构 104
8.2.4 $\alpha$-$Al_2O_3$（刚玉）型结构 106
8.2.5 $CaTiO_3$（钙钛矿）型结构 107
8.2.6 $MgAl_2O_4$（尖晶石）型结构 109
习题八 111

## 第 9 章 硅酸盐晶体结构 113


9.1 硅酸盐晶体的组成、结构特点和分类 113
9.1.1 硅酸盐晶体的组成及表示法 113
9.1.2 硅酸盐晶体的结构特点 114
9.1.3 硅酸盐结构分类 114
9.2 岛状结构 115
9.3 组群状结构 116
9.3.1 组群状结构特点 116
9.3.2 绿宝石结构 116
9.4 链状结构 117
9.5 层状结构 119
9.6 架状结构 125
9.6.1 石英族晶体的结构 125
9.6.2 长石晶体结构 129
习题九 130


## 第 10 章 晶体的形态和规则连生 133


10.1 晶体形态的理论模型 133
10.1.1 布拉维法则 133
10.1.2 居里-武尔夫原理 134
10.1.3 周期性键链理论 135
10.1.4 影响晶体形态的外部因素 136
10.2 晶体习性和实际晶体形态及集合体 137
10.2.1 晶体习性 137
10.2.2 实际晶体的形态 138
10.2.3 矿物集合体形态 140
10.3 晶面花纹 142
10.3.1 晶面条纹 142
10.3.2 晶面螺纹 144
10.3.3 生长丘 144
10.3.4 蚀象 144
10.4 晶体的规则连生 145
10.4.1 平行连生 145
10.4.2 双晶 145
10.4.3 双晶类型 147
10.4.4 衍生 152
习题十 153


## 第 11 章 晶体结构缺陷 155


11.1 点缺陷 156
11.1.1 点缺陷的类型 156
11.1.2 点缺陷化学反应表示法 158
11.1.3 热缺陷浓度计算 160
11.1.4 点缺陷的化学平衡 163
11.2 固溶体 164
11.2.1 固溶体的分类 164
11.2.2 置换型固溶体 165
11.2.3 置换型固溶体中的“补偿缺陷” 168
11.2.4 填隙型固溶体 169
11.2.5 固溶体的性质 170
11.2.6 固溶体的研究方法 172
11.3 非化学计量化合物 174
11.3.1 阴离子空位型 174
11.3.2 阳离子填隙型 175
11.3.3 阴离子填隙型 175
11.3.4 阳离子空位型 176
11.4 线缺陷 177
11.4.1 位错的基本概念 177
11.4.2 位错的运动 180
习题十一 182


## 附录 230 种晶体学空间群的记号 185

## 参考文献 187

# 第 1 章　晶体的概念和共性

人们很早就注意一些具有规则几何外形的固体，如岩盐、石英等，并将其称为晶体。显然，它不能反映出晶体内部结构本质。事实上，晶体在形成过程中，由于受到外界条件的限制和干扰，往往并不是所有晶体都能表现出规则外形；一些非晶体，在某些情况下也能呈现规则的多面体外形。因此，晶体和非晶体的本质区别主要并不在于外形，而在于内部结构的规律性。

## 1.1　晶体的概念

一切晶体不论其外形如何，它的内部质点（原子、离子或分子）都是有规律排列的。严格说晶体的定义是：晶体是内部质点在三维空间周期性重复排列的固体。这种质点在三维空间周期性的重复排列也称为格子构造。或者说，晶体是具有格子构造的固体。

在晶体的这一定义中，格子构造是一个重要的基本概念，随后 1.2 节将详细解释。至于说将晶体视为一类固体，这主要是相对液体和气体而言的，自然界中绝大多数固体物质均是晶体，如日常生活见到的食盐、冰糖，建筑用的岩石、砂子以及金属等。实际上，不论是何种物质，只要是晶体则具有共同的规律和基本特性，并据此可以与气体、液体以及非晶态固体非晶体相区别。

图 1.1 是 α-石英晶体的外表形态，可以看出，石英具有规则的凸几何多面体外形。而在其内部，1 个 $Si^{4+}$ 周围规则排列 4 个 $O^{2-}$，且这种排列具有严格的周期性。如图 1.2 所示，图中线条框出的菱形区域就是一个最小的重复单位。如果 α-石英柱体的宽度为 1cm，那么在其内部某一个方向上，这种周期就有 $2\times10^7$ 个之多，从这个角度把这种大范围周期性的规则排列叫作长程有序。

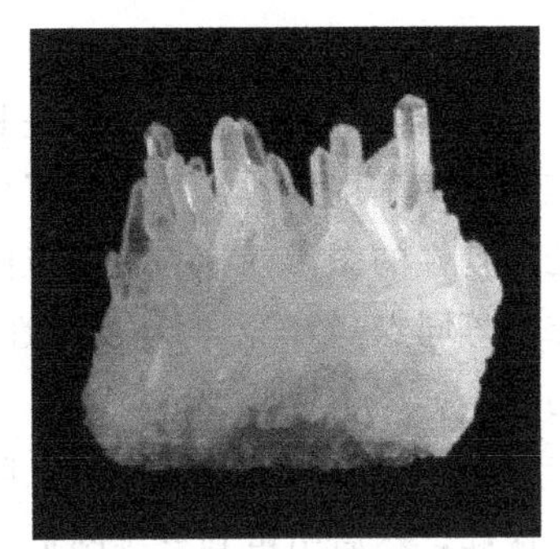

**图 1.1**　天然的 α-石英晶体

$SiO_2$ 玻璃的平面结构如图 1.3，玻璃虽然也是固体，但不是晶体。在其内部 $Si^{4+}$ 和 $O^{2-}$ 的排列并不像 α-石英那样是长程有序的。尽管 1 个 $Si^{4+}$ 周围也排列 4 个 $O^{2-}$，但这只是局部范围的，只在原子近邻具有周期性，这类现象称为短程有序。

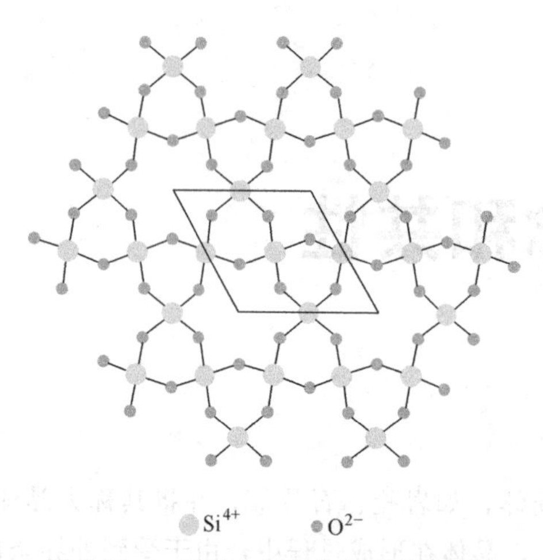


**图 1.2**　α-石英内部结构的平面投影图

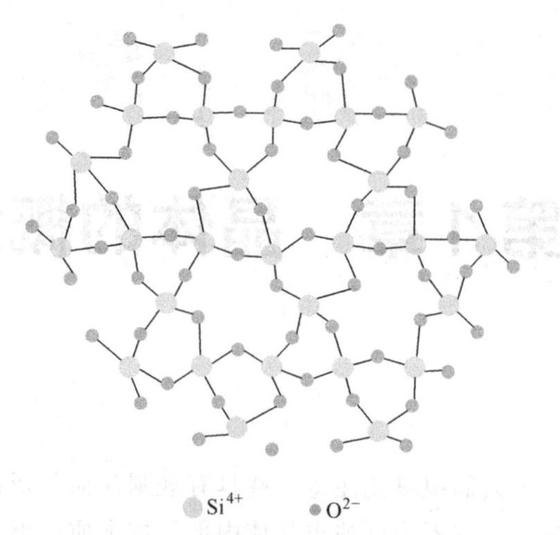


**图 1.3**　$SiO_2$ 玻璃内部结构的平面投影图

至于液体和气体，前者只具有短程有序，而后者既无长程有序也无短程有序。除此之外，液体和气体也没有一定的外表形态，这一点也与晶体有本质的区别。

非晶体与晶体是性质截然不同的两类物体，非晶体内部质点在三维空间排列不具有周期性。这里只是狭义地引入这个概念，即非晶体是一类固体，而不包括其他的液体、气体等物质形态。由于非晶体不具有空间格子构造，所以其基本性质也与晶体有显著区别，如非晶体不具有规则的几何外形、没有对称性、没有异向性、对 X 射线不能产生衍射等。玻璃便是一个典型的非晶体的例子。

然而，非晶体和晶体在一定条件下可以相互转化。由于非晶体是一种没有达到内能最小的不稳定物体，因此它必然要向内能最小的结晶状态转化最终成为稳定的晶体。非晶体到晶体这种转变大多是自发进行的。例如火山作用可形成的非晶岩石——火山玻璃，在自然条件下可以转变为晶质态，这种作用也称为晶化作用或脱玻璃化作用。与这一作用相反，一些含放射性元素的晶体受放射性元素发生蜕变时释放出来的能量的影响，原晶体的格子构造遭到破坏变为非晶体，这种作用称为变生非晶质化或玻璃化作用。

## 1.2　空间点阵

晶体内部最基本的特征是具有格子构造，即晶体内部的质点（原子、离子或分子）在三维空间呈周期性排列。为了便于研究这种质点排列的周期性，可以抽象成只有数学意义的周期性的图形，称为空间点阵（也称空间格子）。空间点阵中的每一个点称为阵点或结点（等同点），阵点的环境和性质是完全相同的，它不同于质点，质点仅代表结构中具体的原子、离子或分子。

为了更清楚地理解空间点阵的概念，下面用简单的图形，先从图形的一维和二维周期性谈起，然后引申到三维图形。

### 1.2.1 图案与点阵

质点在一个方向上等距离排列，叫行列。图 1.4 是 NaCl 结构中沿 $y$ 轴方向上质点 $Na^+$ 和 $Cl^-$ 排列的情况，即一个行列。可以看出，$Na^+$ 和 $Cl^-$ 是相间等距离排列的，$Na^+$ 与 $Na^+$ 以及 $Cl^-$ 与 $Cl^-$ 之间均相距 $a$ [如图 1.4 (a)]。如果把 $Na^+$ 抽象出来并用一个几何点代替，即用结点（阵点）代表质点，那么就得到图 1.4 (c)。可以理解，把 $Cl^-$ 抽象为几何点也可以得到完全相同的图形。此外，在 $Na^+$ 和 $Cl^-$ 之间任取一点，则在行列两端一定能找到环境与之相同的另外的点，因此也可以获得同样的上述图形。

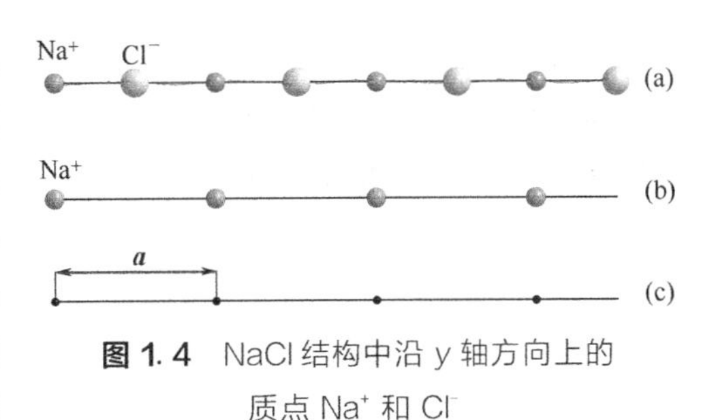


**图 1.4** NaCl 结构中沿 y 轴方向上的质点 $Na^+$ 和 $Cl^-$

图 1.4 (c) 便是由几何抽象得到的结果，像这样在一条直线上等距离分布的无限阵点点集称为直线点阵。利用数学方法来处理直线点阵，可描述为：

$$\boldsymbol{R}=m\boldsymbol{a} \tag{1.1}$$

式中，$\boldsymbol{a}$ 是单位平移矢量（基矢）；$m$ 是任意整数；$\boldsymbol{R}$ 是表示该直线点阵所有阵点的一个集合。由于阵点可以通过平移而重合，故它也是一种平移群。

同理，可以定义面网（即质点的面状分布），并引出平面点阵（即平面上阵点周期分布的无限点集）的概念。图 1.5 (a) 是 NaCl 结构中平行 $xy$ 平面的面网平面图，表示了 $Na^+$ 和 $Cl^-$ 分布的情况。类似一维图形的处理方式，如果将 $Na^+$ 或者 $Cl^-$ 连接起来，则得到图 1.5 (b)。可以发现，连接 $Na^+$（实线）或者连接 $Cl^-$（虚线），可以获得相同的图形，用几何点代替 $Na^+$ 或者 $Cl^-$ 则两者均为图 1.5 (c) 中的图形，即平面点阵。当然，以其他环境相同的任意点作为阵点，也可以得到相同的图形。对于平面点阵，可视为直线点阵的组合。

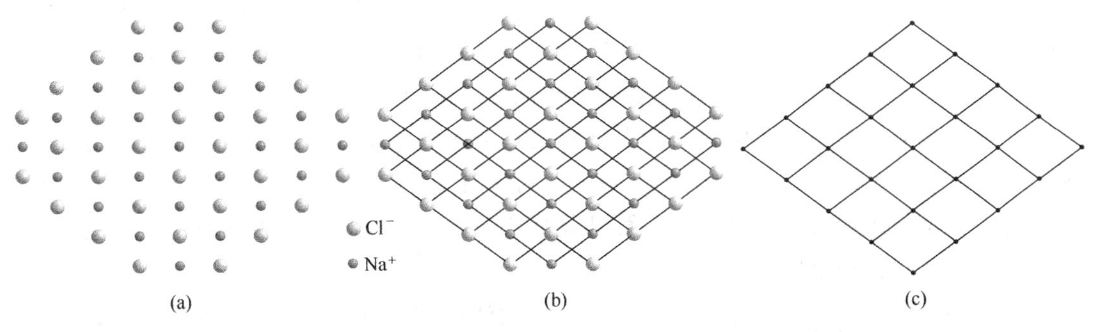


**图 1.5** NaCl 结构中平行 xy 平面的面网平面图和平面点阵

平面点阵的数学表达式为：

$$\boldsymbol{R}=m\boldsymbol{a}+n\boldsymbol{b} \tag{1.2}$$

式中，$\boldsymbol{R}$ 是平面点阵的平移群；$\boldsymbol{a}$ 和 $\boldsymbol{b}$ 是基矢，由 $\boldsymbol{a}+\boldsymbol{b}$ 构成的四边形叫单位平行四边形，整个平面点阵可看成是由单位平行四边形构成的；$m$ 和 $n$ 是整数，称为平面阵点指数。

将二维平面点阵推广到三维空间，就很容易得到所谓的空间点阵。图 1.6 为 NaCl 晶

体的质点 $Na^+$、$Cl^-$ 的空间分布图和抽象的空间点阵。三维空间分布图和空间点阵就是三维空间周期性分布的无限点集，即

$$\boldsymbol{R}=m\boldsymbol{a}+n\boldsymbol{b}+p\boldsymbol{c} \tag{1.3}$$

式中，$\boldsymbol{R}$ 空间点阵的平移群；$m$，$n$ 和 $p$ 为阵点指数；$\boldsymbol{a}$，$\boldsymbol{b}$ 和 $\boldsymbol{c}$ 是空间点阵的基矢，它们构成的 $\boldsymbol{a}+\boldsymbol{b}+\boldsymbol{c}$ 平行六面体称为空间格子。由于点阵是周期性重复的，故整个空间点阵可视为无数空间格子的集合。

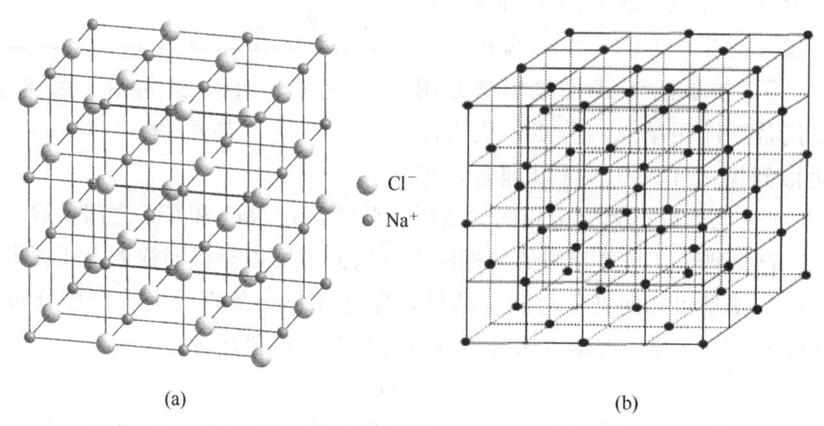


**图 1.6** NaCl 晶体的质点三维空间排布图（a）和空间点阵（b）

## 1.2.2 空间点阵的基本规律

对应于一种晶体结构，必定可以作出一个相应的空间点阵，而空间点阵中各个阵点在空间分布的重复规律，也正好体现了相应结构中质点排列的重复规律。根据空间点阵的基本特性，任一空间点阵均应具有如下的共同规律。

（1）分布在同一直线上的结点构成一个行列。显然，由任意两个结点就可确定一个行列。每一行列各自均有一最小重复周期，它等于行列上两个相邻结点间的距离，称为结点间距。在一个空间点阵中，可以有无穷多不同方向的行列，但相互平行的行列，其结点间距必定相等，不相平行的行列，一般说其结点间距亦不相等。

（2）连接分布在同一平面内的结点则构成一个面网。显然由任意两个相交的适当行列，就可确定一个面网。在一个空间点阵中，可以有无穷多不同方向的面网，但相互平行的面网，其单位面积内的结点数——面网密度必定相等，且任意两相邻面网间的垂直距离——面网间距也必定相等。

（3）连接分布在三维空间内的结点就构成了空间点阵。显然，由三个不共面的适当行列就可以确定一个空间点阵。此时，空间点阵本身将被这三组相交行列划分成一系列平行叠置的平行六面体结点，就分布在它们的角顶上［图 1.7（a）］。每一平行六面体的三组棱长恰好就是三个相应行列的结点间距。平行六面体的大小和形状可由结点间距 $a$，$b$，$c$ 及其相互之间的交角 $\alpha$，$\beta$，$\gamma$ 表示，它们被称为点阵参数［图 1.7（b）］。

强调指出，结点或阵点只是几何点，并不等于实在的质点；空间格子也只是一个几何图形，并不等于晶体内部包含了具体质点的格子构造。但格子构造中具体质点在空间排列的规

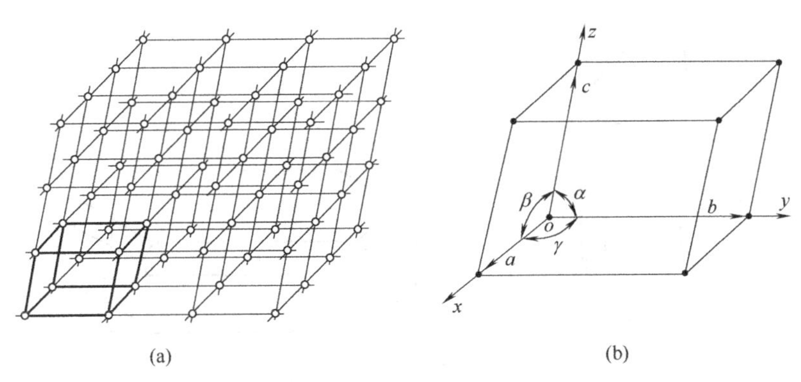


**图 1.7**　空间格子和平行六面体的点阵参数

律性，则可由空间格子中结点在空间分布的规律性予以表征。对一些很复杂的晶体结构，只要确定了阵点而抽象出空间点阵来，那么复杂晶体结构的重复规律等就变得比较清晰了。

# 1.3　晶体的共性

各种晶体由于其组分和结构不同，因而不仅在外形上各不相同，而且在性质上也有很大的差异，尽管如此，在不同晶体之间，仍存在着某些共同的性质，主要表现在下面几个方面。

## 1.3.1　自范性

晶体物质在适当的结晶条件下，都能自发地成长为单晶体，发育良好的单晶体均以平面作为它与周围物质的界面，而呈现出凸几何多面体，这一特征称为晶体的自范性，或称为自限，指晶体能自发地形成封闭的凸几何多面体外形的特性。

凸几何多面体的晶面数（$F$）、晶棱数（$E$）和顶点数（$V$）之间符合欧拉定律：

$$F+V=E+2 \tag{1.4}$$

对于晶体而言，其理想的外形都是几何上规则的。这是因为晶体是由格子构造组成，其内部质点排列的规律性必然会体现在每一个面网上。而晶体的外表面实际上就是面网的外在体现，显然也必将是规则的。

由于外界条件和偶然情况不同，同一类型的晶体，其外形不尽相同。图 1.8 给出理想石英晶体的外形，图 1.9 是一种人造的石英晶体的外形，表明由于外界条件的差异，晶体中某组晶面可以相对地变小，甚至消失。所以，晶体中晶面的大小和形状并不是表征晶体类型的固有特征。

那么，由晶体内在结构所决定的晶体外形的固有特征是什么呢？实验表明：对于一定类型的晶体来说，不论其外形如何，总存在一组特定的夹角，如石英晶体的 $m$ 与 $m$ 两面夹角为 60°，$m$ 与 $R$ 面之间的夹角为 $38°13'$，$m$ 与 $r$ 面的夹角为 $38°13'$。对于其他品种晶体，晶面间则有另一组特征夹角。这一普遍规律称为晶面角守恒定律，即同一种晶体在相同的温度和压力下，其对应晶面之间的夹角恒定不变。

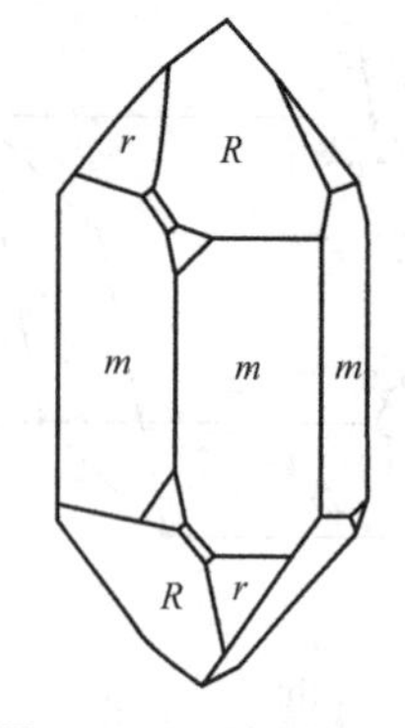


图 1.8　理想石英晶体

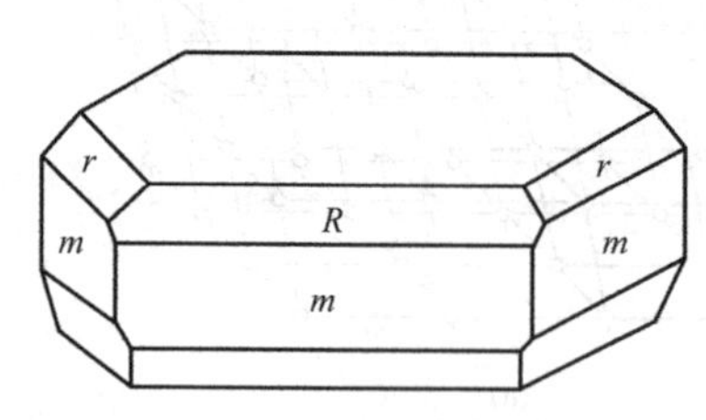


图 1.9　一种人造石英

### 1.3.2　均一性

均一性指晶体在其任一部位上都具有相同性质，即晶体内部任意两个部分的化学组成和物理性质等是等同的。可以用数学公式来表示：

设在晶体的 $\chi$ 处和 $\chi+\chi'$ 处取得小晶体，有

$$F(\chi)=F(\chi+\chi') \tag{1.5}$$

此处 $F$ 表示化学组成和性质等物理量度，如密度、导热性、膨胀性等晶体本身性质，无论块体大小都无例外地保持着它们各自的一致性，这就是晶体的均一性。

### 1.3.3　各向异性

各向异性指晶体的性质因观测方向的不同而表现出差异的特性，即晶体的几何量度和物理性质与其方向性有关。在晶体中任意取两个方向 $O_1$ 和 $O_2$，则有：

$$F(O_1)\neq F(O_2) \tag{1.6}$$

即在不同方向上，晶体的几何量度和物理性质均有所差异。晶体的很多性质表现为各向异性，如压电性质、光学性质、磁学性质及热学性质等。例如：当沿石墨晶体不同方向测其电导率时，得到方向不同而电导率数值也不同的结果。还有，当某些晶体受到敲打、剪切、撞击等外界作用时，有沿某一个或几个具有确定方位的晶面劈裂开来的性质。如固体云母（一种硅酸盐矿物）很容易沿自然层状结构平行的方向劈为薄片，晶体的这一性质称为解理性，这些劈裂面则称为解理面。自然界的晶体显露于外表的往往就是解理面。

### 1.3.4　对称性

晶体的宏观性质一般说来是各向异性的，但并不排斥晶体在某几个特定的方向可以是异向同性的。晶体的宏观性质在不同方向上有规律重复出现的现象称为晶体的对称性。

晶体的对称性反映在晶体的几何外形和物理性质两个方面。实验表明，晶体的许多物理性质都与其几何外形的对称性相关。

如果晶体在 $O_1$、$O_2$、…、$O_n$ 不同方向可由对称操作而重合，则有：

$$F(O_1)=F(O_2)=\cdots=F(O_n) \tag{1.7}$$

即说明晶体的相同部分 $F$ 是关于 $O_1$、$O_2$、…、$O_n$ 呈对称配置的。晶体内质点排列的周期重复本身就是一种对称，这种对称是由晶体内能最小所促成的一种属于微观范畴的对称，即微观对称。因此从这个意义上来说，一切晶体都是具有对称性的。另外，晶体内质点排列的周期重复性是因方向而异的，但并不排斥质点在某些特定方向上出现相同的排列情况。晶体中这种相同情况的规律出现，可导致晶体外形（如晶面、晶棱、角顶）上呈有规律的重复，以及在一些晶体本身的物理性质方面也呈现出规律性的重复。

### 1.3.5　最低内能和稳定性

实验表明：从气态、液态或非晶态过渡到晶体时都要放热；反之，从晶态转变为非晶态、液态或气态时都要吸热。在相同的热力学条件下，晶体与同种物质的非晶体相（非晶固体、液体、气体相）比较，其内能最低，因而晶体的结构也最稳定。所谓内能，包括质点的动能与势能（位能）。动能与物体所处的热力学条件有关，因此它不是可比较量。可能用来比较内能大小的只有势能，势能取决于质点间的距离与排列。晶体是具有格子构造的固体，其内部质点规律性排列是质点间的引力与斥力达到平衡的结果，无论使质点间的距离增大或减小，将导致质点相对势能的增加。在相同的热力学条件下，具有相同化学成分的晶体与非晶体相比，晶体是稳定的，非晶体是不稳定的，后者有自发转变为晶体的趋势。

此外，晶体具有固定的熔点。当加热晶体到某一特定温度时，晶体开始熔化，且在熔化过程中保持温度不变，直至晶体全部熔化后，温度才开始上升。例如，石英的熔点是1470℃，硅单晶的熔点是1420℃。玻璃等非晶体在加热过程中，先整个固体变软，然后逐渐熔化为液体，也就是说，非晶体没有固定的熔点，而只是在某一温度范围内发生软化，这个范围称为软化区。

晶体对X射线能产生衍射等特征。晶体所有的这些基本性质，无一例外地源于其内部质点排列的周期性。

## 习题一

1. 简述晶体、空间格子、阵点（等同点）之间的关系。
2. 简述结点、行列、面网、平行六面体；结点间距、面网间距与面网密度的关系。
3. 简述晶体的基本性质：自限性、均一性、异向性、对称性、最小内能、稳定性，并解释为什么。
4. 晶体的外形一定是规则的几何多面体吗？为什么？
5. 晶体不一定表现出规则的几何多面体外形。生长时能自发长成规则几何多面体的固体，是否肯定都是晶体？为什么？
6. 空间格子与晶体结构有何联系？空间格子的结点是真实的晶体质点？
7. 能够反映晶体对称性的三维图形是空间格子？

# 第 2 章　晶体的对称

对称性是晶体的基本性质之一，一切晶体都是对称的。晶体的对称性，首先最直观地表现在它们的几何多面体外形上，但不同晶体的对称性往往又是互有差异的。因此，可以根据晶体对称特点的差异，来对晶体进行科学分类。此外，晶体的对称性不仅包含几何意义上的对称，而且也包含物理性质等意义上的对称。对称性对于理解晶体的一系列性质和识别晶体，以至对晶体的利用都具有重要的意义。

本章将只限于讨论晶体在宏观范畴内所表现的对称性，即晶体的宏观对称。内容包括：晶体的宏观对称要素和对称操作，对称要素组合定律，点群及其国际符号。

## 2.1　对称的概念

日常生活和自然界中的许多物体都具有对称性。例如，图 2.1 中所示的建筑物，呈左右两侧对称，蝴蝶、雪花等也具有一定的对称性。

**图 2.1**　人造及天然物对称

不难理解，一个对称的物体，其中一定包含若干等同的部分，并且等同部分经过某种变换后可以重合在一起。如建筑物和蝴蝶，其左右两侧等同，通过垂直纸面的一个镜像反映，则两侧等同部分可以完全重合。雪花则是围绕一个轴旋转，旋转一定角度后，其等同部分重合。

对称的定义，即物体（或图形）中相同部分之间有规律的重复。

对称的定义说明，对称的物体或图形，至少由两个或两个以上的等同部分组成，对称的物体通过一定的对称操作（即所谓的“有规律”）后，各等同部分调换位置，整个物体恢复原状，分辨不出操作前后的差别。例如上述的建筑物和蝴蝶的左右两边可以通过互换而彼此重合。

值得说明的是，上述概念只是对称朴素的定义。实际上对称不仅是自然科学最普遍和最基本的概念之一，它也是建造大自然的一种神秘的密码，同时也是人类文明史上永恒的审美要素。

## 2.2 晶体的对称特点

对称是晶体最基本的性质之一，一切晶体都是对称的。但与生物或其他物体的对称相比（如生物体的对称是为了适应生存，器物的对称是为了美观和实用等），晶体的对称有着特殊规律性。相比之下，晶体的对称具有如下几个特点。

（1）晶体是由在三维空间规则重复排列的原子或原子基团组成的，通过平移，可使之重复。这种规则的重复就是平移对称性的一种形式。所以说，从微观角度，所有的晶体都是对称的。

（2）晶体对称同时也受格子构造的限制，只有符合格子构造规律的对称才能在晶体上出现，因此，晶体的对称是有一定限制的。

（3）晶体对称不仅仅体现在外形上，同时也体现在其物理性质上（如光学、力学和电学性质等）。其对称不仅包含几何意义，也包含了物理意义。

正是由于以上的特点，晶体的对称性可以作为晶体分类最根本的依据。在晶体学中，无论在晶体的内部结构、外部形态或物理性质的研究中，晶体对称性都得到了极为广泛的应用。

## 2.3 晶体的宏观对称要素和对称操作

我们知道，晶体是由原子或原子团在三维空间中规则地重复排列而成的固体。若对晶体实施某种操作，则会使晶体各原子的位置发生变化。人们定义，当操作使各原子的位置发生变换，若变换后的晶体状态与变换前的状态相同，则称这个操作为对称操作。对称操作所依赖的几何要素叫对称要素。

晶体的宏观对称主要表现在外部形态上，如晶体的晶面、晶棱和角顶做有规律的重复。要使得对称图形中等同部分重复，就必须通过一定的操作，这种操作就称为对称操作，或者说对称操作是能够使对称物体（或图形）中的等同部分做有规律重复的变换动作。对称操作不改变物体等同部分内部任何两点间的距离，而使物体各等同部分调换位置后能够恢复原状。例如，欲使图 2.1 中蝴蝶左右的两个相等的部分重复，必须凭借一个镜面的“反映”才能实现，这个操作是凭借了一个假想平面的“反映”；而要使得雪花等同部分重合，则要凭借一个旋转轴。将进行对称操作中所凭借的辅助几何要素（点、线、面）称为对称要素。宏观晶体外形中所可能出现的对称操作和对称要素共有五类：反伸操作和对称中心、反映操作和对称面、旋转操作和对称轴、旋转反伸操作和倒转轴以及旋转反映操作和映转轴。后两者属于复合操作，下面详细讨论。



对称操作的本身意味着对应点进行坐标的变换。利用数学原理，可以对对称操作进行严密的数学表达，这样在处理复杂对称问题的时候就简单化了。在一个固定的坐标系中，如果设空间中的一点坐标为（$x$，$y$，$z$），经过对称操作后变换到另外一点（$x'$，$y'$，$z'$），则有：

$$\begin{cases} x'=a_{11}x+a_{12}y+a_{13}z \\ y'=a_{21}x+a_{22}y+a_{23}z \\ z'=a_{31}x+a_{32}y+a_{33}z \end{cases} \quad 或 \quad \begin{Bmatrix} x' \\ y' \\ z' \end{Bmatrix}=\Delta\begin{Bmatrix} x \\ y \\ z \end{Bmatrix} \tag{2.1}$$

其中

$$\Delta=\begin{pmatrix} a_{11} & a_{12} & a_{13} \\ a_{21} & a_{22} & a_{23} \\ a_{31} & a_{32} & a_{33} \end{pmatrix} \tag{2.2}$$

$\Delta$ 称为对称变换矩阵。对任一对称操作，都有唯一的对称变换矩阵与之对应。晶体宏观对称中存在的对称要素及其相应的对称操作介绍如下。

## 2.3.1 对称中心

对称中心为一假想的几何点，相应的对称操作作为对此点的反伸（或称倒转）。这个对称操作的习惯符号写作 $C$，国际符号记为 $\bar{1}$。其含义是，如果通过此点作任意直线，那么在此直线上距对称中心等距离的两端，必定可以找到相对应的点。也就是说，如果空间一点为（$x$，$y$，$z$），经过对称中心的操作后将变换到另外一点（$-x$，$-y$，$-z$），即

$$\begin{Bmatrix} -x \\ -y \\ -z \end{Bmatrix}=\Delta\begin{Bmatrix} x \\ y \\ z \end{Bmatrix} \tag{2.3}$$

其对称变换矩阵 $\Delta$ 可表达为

$$\Delta=\begin{Bmatrix} -1 & 0 & 0 \\ 0 & -1 & 0 \\ 0 & 0 & -1 \end{Bmatrix} \tag{2.4}$$

一个具有对称中心的图形，其相对应的面、棱、角都体现为反向平行。如图 2.2 中 $O$ 为对称中心，三角形 $ABC$ 和 $A_1B_1C_1$ 互为反向平行，显然三角形 $BCD$ 和 $B_1C_1D_1$ 也是反向平行的，可以推出晶体中若存在对称中心其晶面必然两两平行而且相等，这一点可以用作判别晶体或晶体模型有无对称中心的依据。

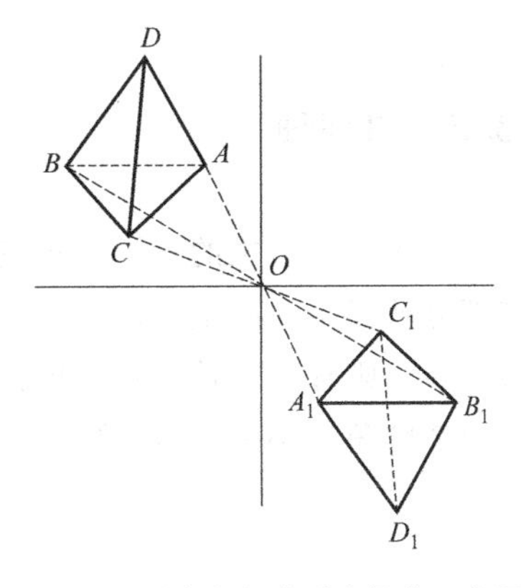


**图 2.2** 对称中心的对称操作示意图

### 2.3.2 对称面

对称面为一假想的平面，相应的对称操作为对此平面的反映。习惯符号为 $P$，国际符号为 $m$。对称面将图形平分为互为镜像的两个相等部分。如果空间一点为（$x$，$y$，$z$）经过对称面的操作后，视对称面 $m$ 所包含的轴的不同，将变换到另外一点（$x$，$y$，$-z$），此处假设的是 $m$ 包含了 $x$，$y$ 轴，即 $m$ 和 $xy$ 平面一致。那么其矩阵表达为

$$\begin{Bmatrix} x \\ y \\ -z \end{Bmatrix} = \Delta \begin{Bmatrix} x \\ y \\ z \end{Bmatrix} \tag{2.5}$$

其对称变换矩阵 $\Delta$ 可表达为

$$\Delta = \begin{Bmatrix} 1 & 0 & 0 \\ 0 & 1 & 0 \\ 0 & 0 & -1 \end{Bmatrix} \tag{2.6}$$

如果 $m$ 和 $xz$ 以及 $yz$ 平面一致，那么相应的对称变换矩阵 $\Delta$ 则可分别表示为

$$\begin{Bmatrix} 1 & 0 & 0 \\ 0 & -1 & 0 \\ 0 & 0 & 1 \end{Bmatrix} \text{以及} \begin{Bmatrix} -1 & 0 & 0 \\ 0 & 1 & 0 \\ 0 & 0 & 1 \end{Bmatrix} \tag{2.7}$$

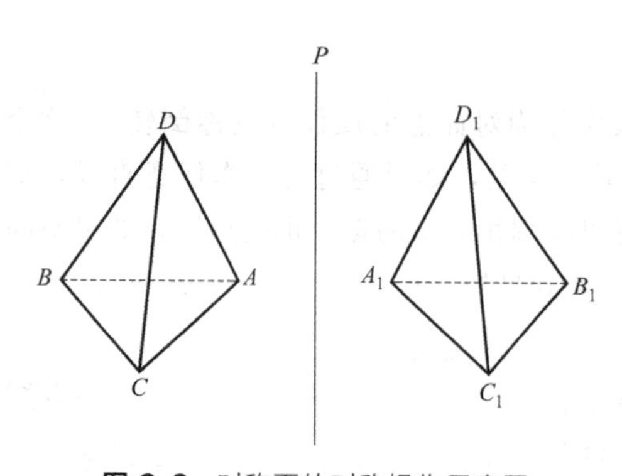

**图 2.3** 对称面的对称操作示意图

例如，图 2.3 表示了一个具有对称面的图形，对称面 $P$（垂直纸面）把图形分成了互为镜像的两个部分，四面体 $ABCD$ 与 $A_1B_1C_1D_1$ 互为镜像。晶体中如存在对称面，则其往往垂直并平分晶面，或垂直晶棱并通过它的中心，或包含晶棱。

判断图形中互为镜像相等的方法：如果图形中有对称面，在垂直该对称面直线的等距离两端，必有对应的点。或者看两个相等部分上的对应点连线，应是垂直于对称面且两端相等。

### 2.3.3 对称轴

对称轴为一假想的直线，相应的对称变换为围绕此直线的旋转。每转过一定角度，各等同部分就发生一次重复。旋转一周重合的次数叫轴次，用 $n$ 表示；整个物体复原需要的最小转角则称为基转角 $\alpha$。由于任一物体旋转一周后必然复原，因此，轴次 $n$ 必为正整数，而基转角 $\alpha$ 必须要能整除 360°，而且有

$$n = \frac{360°}{\alpha} \tag{2.8}$$

当 $\alpha = 360°$时，$n=1$，为一次轴，国际符号为 1。同理，可得二、三、四和六次轴，符号

分别记为 2、3、4 和 6。对称轴的习惯符号用 $L^n$ 表示。

理想晶体不含五次和高于六次的对称轴，这是区别其他物质轴对称的特征。这样的特点是由晶体具有点阵结构的特性决定的，即所谓的晶体对称定律（law of crystal symmetry）。具体表述为：在晶体中只可能出现轴次为一、二、三、四和六次的对称轴，而不可能存在五次及高于六次的对称轴。简单证明如下。



假设阵点 $A_1$、$A_2$、$A_3$、$A_4$ 相隔为 $a$，有一 $n$ 次轴通过阵点。每个阵点的环境都是相同的，以 $a$ 为半径转动 $\alpha$ 角度（$\alpha=360°/n$）会得到另外的阵点。绕 $A_2$ 顺时针方向转 $\alpha$ 角得到阵点 $B_1$，绕 $A_3$ 逆时针方向转 $\alpha$ 角得到阵点 $B_2$，如图 2.4，由格子构造规律知，直线 $B_1B_2$ 平行于 $A_1A_4$，且 $B_1B_2$ 长度为 $a$ 的整数倍，记作 $ma$，此处 $m$ 为整数。故可以得出：

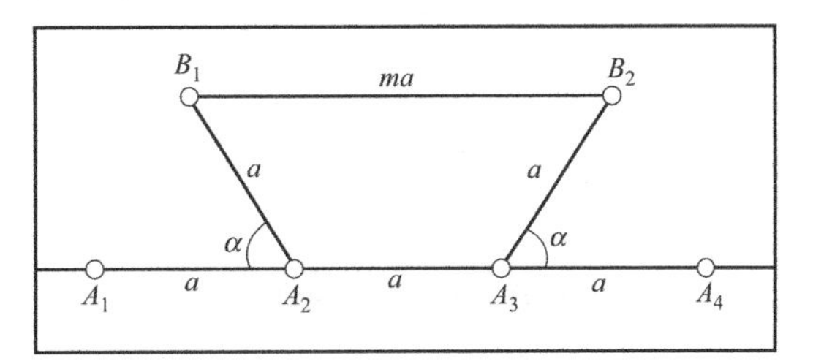

**图 2.4**　晶体对称轴的推导示意图

$$
\begin{aligned}
&a+2a\cos\alpha=ma \\
&\cos\alpha=(m-1)/2 \\
&|(m-1)/2|\leqslant 1
\end{aligned}
\tag{2.9}
$$

按照式(2.9) 的限制可得出不同的 $m$ 值和 $\alpha$ 角，如表 2.1 所示。

**表 2.1**　计算 m、α 及 n 的取值结果

| m | 3 | 2 | 1 | 0 | −1 |
|---|---|---|---|---|---|
| cos α | 1 | 1/2 | 0 | −1/2 | −1 |
| α / (°) | 0 | 60 | 90 | 120 | 180 |
| n | 1 | 6 | 4 | 3 | 2 |

从表 2.1 中 $\alpha$ 值只能是 0°，60°，90°，120° 和 180°就证明了点阵结构中旋转对称只能是 $L^1$、$L^2$、$L^3$、$L^4$ 和 $L^6$ 的对称轴。在上述五种对称轴中，一次对称轴（$L^1$）在所有晶体中都存在，并且有无数多个，一般都无实际意义，通常均不予考虑。轴次高于 2 的对称轴，即 $L^3$、$L^4$和 $L^6$称为高次对称轴。

图 2.5 就是分别具有二、三、四和六次对称轴的图形，对称轴皆经过图形中心并垂直纸面。

对称轴的对称变换矩阵可以用一个通式，表达为：

$$
\begin{Bmatrix}
\cos\alpha & \sin\alpha & 0 \\
-\sin\alpha & \cos\alpha & 0 \\
0 & 0 & 1
\end{Bmatrix}
\tag{2.10}
$$

式中，$\alpha$ 是不同轴次所旋转的角度。

一个晶体可以没有对称轴，也可以有一个或若干个对称轴，且不同晶体对称轴的数目也可以不同。如果在对称轴方向上有不同轴次的对称轴，那么只取轴次最高的那一个。这一点也是初学者容易混淆的问题。如具有 $L^6$ 对称的图形在六次轴方向上，同时也存在三次、二次和一次轴，此时只取轴次最高、基转角最小的那一个，即 $L^6$，其他皆可不考虑。

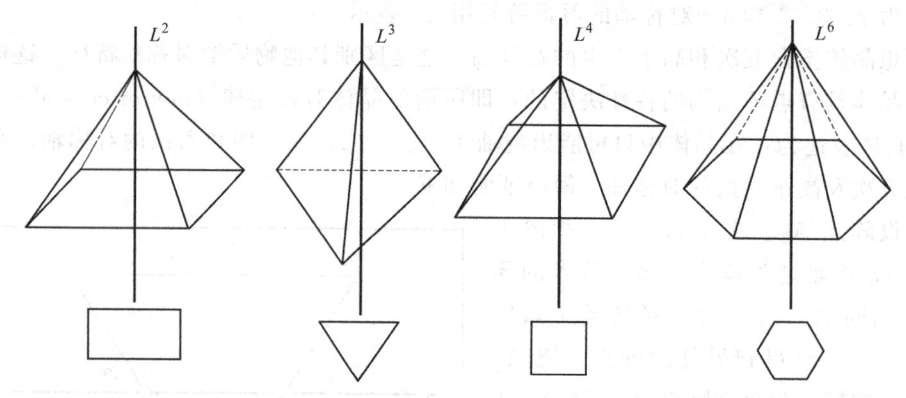


**图 2.5** 晶体中对称轴 $L^2$、 $L^3$、 $L^4$ 和 $L^6$ 及垂直该轴的平面图形

另外，任何图形均具有 $L^1$，它没有什么实际意义。因为图形围绕任一直线旋转 360°以后，都可以恢复原状，即与初始图形重合。

## 2.3.4 倒转轴

倒转轴亦称旋转反伸轴，又称反轴或反演轴等。它的辅助几何要素有两个：一根假想的直线和此直线上的一个定点，相应的对称操作就是围绕此直线旋转一定的角度及对于此定点的倒反（反伸）。

倒转轴同样遵循“晶体对称定律”，即不存在五次和高于六次的倒转轴，只有一、二、三、四和六次，国际符号分别记为 $\bar{1}$，$\bar{2}$，$\bar{3}$，$\bar{4}$ 和 $\bar{6}$。习惯符号为 $L_i^n$，$n$ 为轴次。既然倒转轴是一个点（对称中心）和直线（对称轴）的复合操作，显然，旋转反伸操作的对称变换矩阵为对称中心变换矩阵和对称轴变换矩阵之积。

$$\begin{bmatrix} -\cos\alpha & -\sin\alpha & 0 \\ \sin\alpha & -\cos\alpha & 0 \\ 0 & 0 & -1 \end{bmatrix} \tag{2.11}$$

$L_i^1$ 的相应的对称操作为旋转 360°后再反伸。因为图形旋转 360°后总会复原，也就是说等于图形并没有旋转而单纯进行反伸，也即对称中心。如图 2.6（a）中，从点 1 直接反伸到点 2 两者重合，即 $L_i^1=C$。

$L_i^2$ 相应的对称操作为旋转 180°后反伸。如图 2.6（b）中，点 1 首先旋转 180°到达某位置，但此时 $L_i^2$ 的操作还没有完成，尚需要反伸操作，其反伸的结果是到达点 2 的位置。此时点 1 和点 2 重合。由图中可以看出，凭借垂直 $L_i^2$ 的对称面的反映，也同样可以使点 1 与点 2 重合，因此有 $L_i^2=P$。

$L_i^3$ 相应的对称操作为旋转 120°后反伸。如图 2.6（c）中，点 1 绕 120°旋转，再凭借 $L_i^3$ 轴上的一点反伸，获得点 2。但此时操作没有完成，续之，从点 2 旋转 120°，再反伸得点 3，并依此类推直至和初始点 1 重合。总共获得 1～6 共六个点。从投影图看，这 6 个点相间分布，点 1,3,5 和点 2,4,6 犹如对称中心分别相连。其实际效果就是 $L_i^3$ 和 $C$ 作用的叠加，故可写为 $L_i^3=L^3+C$。

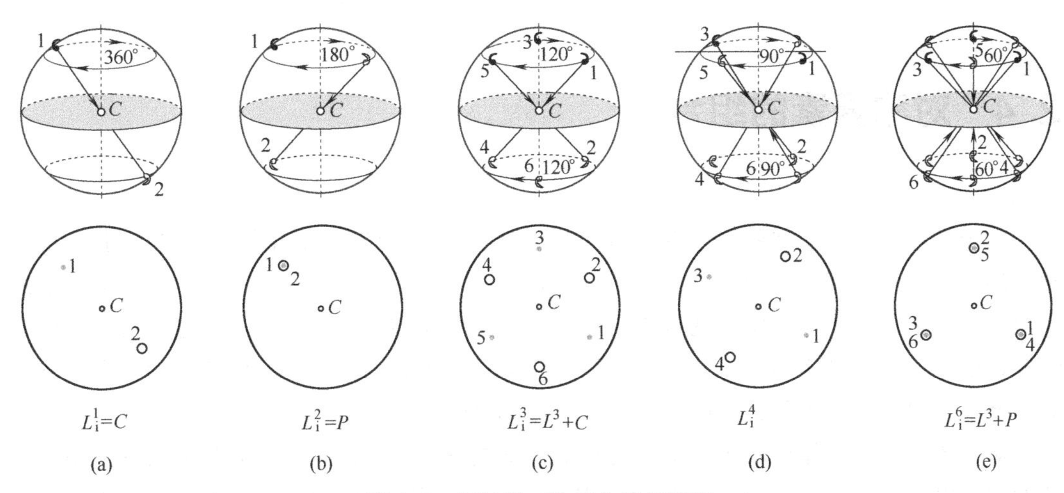


**图 2.6**　倒转轴对称操作图解示意

$L_i^4$ 的相应对称操作为旋转 90°后反伸。如图 2.6（d）中，点 1 绕 90°旋转，再凭借 $L_i^4$ 轴上的一点反伸，获得点 2。但此时操作没有完成，续之，从点 2 旋转 90°，再反伸得点 3，并依此类推直至和初始点 1 重合。总共获得 1～4 共四个点。从投影图看，这 4 个点相间分布，点 1，3 和点 2，4 犹如对称中心分别相连。其操作过程不能用任何其他简单的对称要素或它们的组合来代替。

$L_i^6$ 相应的对称操作为旋转 60°后反伸。如图 2.6（e）中，从点 1 开始绕 $L_i^6$ 旋转 60°后反伸获得点 2，再从点 2 旋转 60°后反伸得点 3，依此类推直至和初始点 1 重合。经 $L_i^6$ 作用，依次可获得 1～6 六个点。上半球的三个点 1，3，5 和下半球的三个点 2，4，6 分别相对，呈镜像关系。所以其实际效果就是 $L^3$ 和 $P$ 作用的叠加，故可写为 $L_i^6=L^3+P$。

这里再次强调，除了 $L_i^4$ 以外，其他的几个倒转轴可以用其他简单的对称要素或它们的组合来代替，其间的关系为 $L_i^1=C$，$L_i^2=P$，$L_i^3=L^3+C$，$L_i^6=L^3+P$。

综合上述分析，晶体的宏观对称要素如表 2.2 列举。

**表 2.2**　晶体的宏观对称要素

| 对称要素 | 对称轴 | | | | | 对称中心 | 对称面 | 倒转轴 | | |
|---|---|---|---|---|---|---|---|---|---|---|
| | 一次 | 二次 | 三次 | 四次 | 六次 | | | 三次 | 四次 | 六次 |
| 辅助几何要素 | | | 直线 | | | 点 | 平面 | | 直线和直线上的定点 | |
| 对称操作 | | | 围绕直线旋转 | | | 点的反伸 | 平面的反映 | | 围绕直线旋转及对定点反伸 | |
| 基转角/(°) | 360 | 180 | 120 | 90 | 60 | | | 120 | 90 | 60 |
| 习惯符号 | $L^1$ | $L^2$ | $L^3$ | $L^4$ | $L^6$ | $C$ | $P$ | $L_i^3$ | $L_i^4$ | $L_i^6$ |
| 国际符号 | 1 | 2 | 3 | 4 | 6 | $\bar{1}$ | $m$ | $\bar{3}$ | $\bar{4}$ | $\bar{6}$ |
| 等效对称要素 | | | | | | $L_i^1$ | $L_i^2$ | $L^3+C$ | | $L^3+P$ |
| 图示符号 | | ⬮ | ▲ | ◆ | ⬢ | ○ | — | ◬ | ⬗ | ⬡ |

## 2.4 对称要素的组合

对于晶体而言，对称要素的存在往往不是孤立的。如果一个晶体的对称要素多于一种，那么就涉及对称要素的组合问题。对称要素的组合不是任意的，必须符合对称要素的组合定律。上面讨论的晶体宏观对称要素，都相交于晶体的中心，并且在进行对称操作的时候，中心这一点是不移动的，各种对称操作构成的集合，符合数学中的群的概念，所以对称要素的组合也叫点群（point group），也称对称型。

对称要素组合规律可以用最基本的数学关系式来描述。假设两个基转角分别为 $\alpha$ 和 $\beta$ 的对称轴以角度 $\delta$ 斜交，则经过两者之交点必定有另外一种对称轴存在，它的基转角为 $\omega$，且与两原始对称轴的交角为 $\gamma'$ 和 $\gamma''$。各个角度之间的关系可表述为

$$\cos(\omega/2)=\cos(\alpha/2)\cos(\beta/2)-\sin(\alpha/2)\sin(\beta/2)\cos\delta \tag{2.12}$$

$$\cos\gamma'=\frac{\cos(\beta/2)-\cos(\alpha/2)\cos(\omega/2)}{\sin(\alpha/2)\sin(\omega/2)} \tag{2.13}$$

$$\cos\gamma''=\frac{\cos(\alpha/2)-\cos(\beta/2)\cos(\omega/2)}{\sin(\beta/2)\sin(\omega/2)} \tag{2.14}$$

根据式(2.12)～式(2.14) 可以推论，如果轴次分别为 $n$ 和 $m$ 的对称轴 $L^n$ 和 $L^m$ 以角度 $\delta$ 斜交，则围绕 $L^n$ 必定有 $n$ 个共点且对称分布的 $L^m$。同时围绕 $L^m$ 必定有 $m$ 个共点且呈对称分布的 $L^n$，且任两个相邻的 $L^n$ 和 $L^m$ 之间的交角等于 $\delta$。

由于对称要素均可以表达为对称轴（包括倒转轴）的形式，所以对称要素之间的组合规律就可以用上述的三个公式来描述。由于对称轴之间的垂直与包含只是特殊的情况，如角度为 0°，90°等特殊角，故可以使得上述的表达更加简化。简化形式的对称要素组合规律用实际例子解释如下，从中可以更清楚理解对称要素的组合规律。

组合定律一：如果一个二次轴 $L^2$ 垂直于 $n$ 次轴，那么必定有 $n$ 个 $L^2$ 垂直于 $L^n$，且相邻的两个 $L^2$ 的夹角为 $L^n$ 的基转角的一半，即

$$L^n\times L^2_{(\perp)}\longrightarrow L^n nL^2_{(\perp)}$$

逆定理：如果有两个对称面 $L^2$ 以 $\delta$ 角相交，其交线必为一个 $n$ 次对称轴 $L^n$，$n=\dfrac{360°}{2\delta}$。

例如，当 $n=2,3,4,6$ 时，分别有 $L^2\times L^2_{(\perp)}\rightarrow L^2 2L^2_{(\perp)}$；$L^3\times L^2_{(\perp)}\rightarrow L^3 3L^2_{(\perp)}$；$L^4\times L^2_{(\perp)}\rightarrow L^4 4L^2_{(\perp)}$；$L^6\times L^2_{(\perp)}\rightarrow L^6 6L^2_{(\perp)}$。石英便是具有 $L^3 3L^2$ 对称要素组合的晶体，如图 2.7 (a) 所示。

组合定律二：如果有一个对称面 $P$ 垂直偶次对称轴 $L^n$，则在其交点存在对称中心 $C$，即

$$L^n\times P_{(\perp)}\rightarrow L^n P_{(\perp)}C(n\text{ 为偶数})$$

逆定律一：如果有一个对称面和对称中心组合，必有一个垂直于对称面的偶次对称轴 $L^n$。

$$P\times C\rightarrow L^n P_{(\perp)}C(n\text{ 为偶数})$$

逆定律二：如果有一个偶次对称轴 $L^n$ 和对称中心组合，必有垂直于 $L^n$ 的对称面 $P$。

$$L^n \times C \rightarrow L^n P_{(\perp)} C(n \text{ 为偶数})$$

当 $n=2,4,6$ 时，分别有 $L^2 \times P_{(\perp)} \rightarrow L^2 PC$；$L^4 \times P_{(\perp)} \rightarrow L^4 PC$；$L^6 \times P_{(\perp)} \rightarrow L^6 PC$。图 2.7（b）为具有 $L^2 PC$ 对称的石膏晶体。



组合定律三：如果对称面 $P$ 包含对称轴 $L^n$，则必定有 $n$ 个 $P$ 包含 $L^n$，即

$$L^n \times P_{(//)} \rightarrow L^n nP_{(//)}$$

逆定律：如果有两个对称面 $P$ 以 $\delta$ 角相交，其交线必为一个 $n$ 次对称轴 $L^n$，$n=\dfrac{360°}{2\delta}$。

当 $n=2,3,4,6$ 的时候，则有 $L^2 \times P_{(//)} \rightarrow L^2 2P_{(//)}$；$L^3 \times P_{(//)} \rightarrow L^3 3P_{(//)}$；$L^4 \times P_{(//)} \rightarrow L^4 4P_{(//)}$；$L^6 \times P_{(//)} \rightarrow L^6 6P_{(//)}$。图 2.7（c）为具有 $L^6 6P$ 对称的红锌矿晶体。

组合定律四：如果有一个二次轴 $L^2$ 垂直于倒转轴 $L_i^n$，或者有一个对称面 $P$ 包含 $L_i^n$，则当 $n$ 为奇数时，必有 $n$ 个 $L^2$ 垂直于 $L_i^n$ 和 $n$ 个对称面 $P$ 包含 $L_i^n$；当 $n$ 为偶数时，必有 $n/2$ 个 $L^2$ 垂直于 $L_i^n$ 和 $n/2$ 个对称面 $P$ 包含 $L_i^n$，也即

$$L_i^n \times L^2_{(\perp)} = L_i^n \times P_{(//)} \rightarrow L_i^n nL^2_{(\perp)} nP_{(//)}(n \text{ 为奇数})$$

$$L_i^n \times L^2_{(\perp)} = L_i^n \times P_{(//)} \rightarrow L_i^n \frac{n}{2} L^2_{(\perp)} \frac{n}{2} P_{(//)}(n \text{ 为偶数})$$

逆定律：如果一个二次轴 $L^2$ 一个对称面 $P$ 斜交，$P$ 的法线与 $L^2$ 以 $\delta$ 角相交，则包含 $P$ 且垂直于 $L^2$ 的直线必为一个 $n$ 次倒转轴 $L_i^n$，$n=\dfrac{360°}{2\delta}$。

当 $n$ 为奇数时，只有 $n=3$，可以得 $L_i^3 3L^2 3P$。$n$ 为偶数时，分别有 $L_i^4 \times L^2_{(\perp)} \rightarrow L_i^4 2L^2 2P$，$L_i^6 \times L^2_{(\perp)} \rightarrow L_i^6 3L^2 3P$。图 2.7（d）为 $L_i^4 2L^2 2P$ 对称组合的黄铜矿晶体。

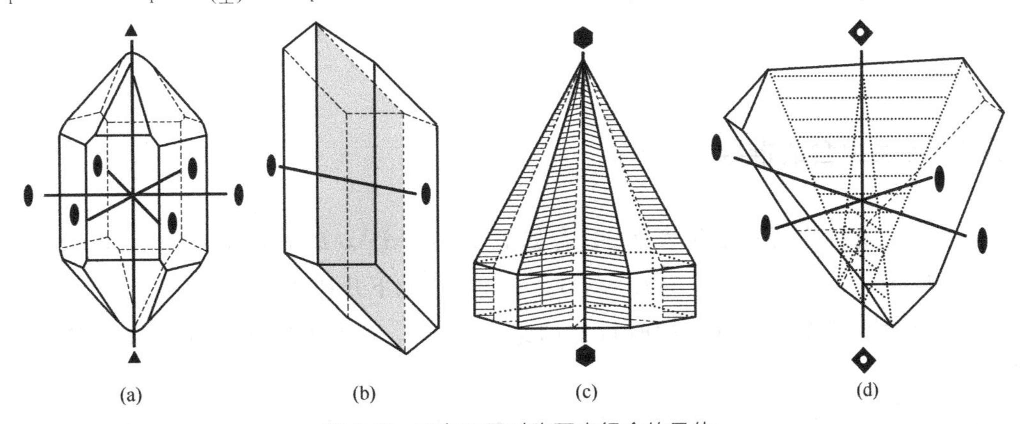


**图 2.7**　具有不同对称要素组合的晶体

## 2.5　晶体的 32 种点群及其符号

在晶体外形中，表现出来的对称要素只有对称中心、对称面，以及轴次为 1、2、3、

4、6 的对称轴和倒转轴（映转轴），与这些对称要素相应的对称操作都是点操作。当晶体具有一个以上的对称要素时，这些对称要素一定要通过一个公共点，即晶体的中心，将所有可能的对称要素组合，加起来总共有 32 种类型，这 32 种类型相应的对称操作群称为晶体学的 32 种点群，也叫 32 种对称型。

点群的推导和证明可以用群论的原理和性质来进行，也可以用直观的方法（如上述的对称要素组合定律）来进行。下面利用对称要素组合定律来推导 32 种点群。为了推导的方便，把高次轴（$n>2$）不多于一个的组合称为 A 类组合；高次轴多于一个的组合称为 B 类组合。表 2.3 给出的是利用对称要素组合定律推导的 32 种点群的分布。

**表 2.3** 晶体的 32 种点群

| 名称 | 原始式 | 倒转原始式 | 中心式 | 轴式 | 面式 | 倒转面式 | 面轴式 |
|---|---|---|---|---|---|---|---|
| 对称要素组合方式 | $L^n$ | $L_i^n$ | $L^n \times C$ | $L^n \times L^2_{(\perp)}$ | $L^n \times P_{(//)}$ | $L_i^n \times P_{(//)}$ | $L^n \times P_{(//)} \times L^2_{(\perp)}$ |
| 对称要素综合的共同式 | $L^n$ | $L_i^n$ | $L^nC$①<br>$L^nPC$② | $L^nnL^2$ | $L^nnP$ | $L_i^n \frac{n}{2}L^2\frac{n}{2}P$② | $L^nnL^2nPC$①<br>$L^nnL^2(n+1)PC$② |
| $n=1$ | $L^1$ | | | $L^2$ | $P$ | | $L^2PC$ |
| $n=2$ | $(L^2)$ | | $(L^2PC)$ | $3L^2$ | $L^22P$ | | $3L^23PC$ |
| $n=3$ | $L^3$ | | $L^3C$ | $L^33L^2$ | $L^33P$ | | $L^33L^23PC$ |
| $n=4$ | $L^4$ | $L_i^4$ | $L^4PC$ | $L^44L^2$ | $L^44P$ | $L_i^42L^22P$ | $L^44L^25PC$ |
| $n=6$ | $L^6$ | $L_i^6$ | $L^6PC$ | $L^66L^2$ | $L^66P$ | $L_i^63L^23P$ | $L^66L^27PC$ |
| | $3L^24L^3$ | | $3L^24L^33PC$ | $3L^44L^36L^2$ | $3L_i^44L^36P$ | | $3L^44L^36L^29PC$ |

① 适用于 $n=$ 奇数；

② 适用于 $n=$ 偶数。

## 2.5.1 A 类组合的推导

独立的宏观对称要素参见表 2.3，有如下 10 种：$L^1$，$L^2$，$L^3$，$L^4$，$L^6$，$C(L_i^1)$，$P(L_i^2)$，$L_i^3(L^3+C)$，$L_i^4$ 和 $L_i^6(L^3+P)$。在此考虑如下几种情况：

（1）对称要素单独存在。此时可能的组合为 $L^1$，$L^2$，$L^3$，$L^4$，$L^6$，$C$，$P$，$L_i^3$，$L_i^4$ 和 $L_i^6$。

在此，对称轴 $L^n$ 单独存在，这是最原始的组合方式，为原始式；倒转轴 $L_i^n$ 单独存在，则为倒转原始式。在 $L^n$ 和 $L_i^n$ 的基础上增加适当对称要素进行组合，以导出相应的共同式。在增加对称要素时，应保证不致产生多于一个高次轴，根据前面的组合定律，对称要素 $L^n$ 或 $L_i^n$ 只能增加 $C$、$P$ 和 $L^2$，而且它们与 $L^n$ 或 $L_i^n$ 必须成平行或垂直的关系与之组合。

（2）对称轴 $L^n$ 与垂直它的 $L^2$ 组合，为轴式。其对称要素组合方式是 $L^n \times L^2_{(\perp)}$，由此导出的共同式为 $L^nnL^2$（即 $L^n \times L^2_{(\perp)} \rightarrow L^nnL^2$）。根据组合定律一，可推导出来的组

合为 $L^1\times L^2\rightarrow L^2$，$L^2\times L^2\rightarrow 3L^2$，$L^3\times L^2\rightarrow L^3 3L^2$，$L^4\times L^2\rightarrow L^4 4L^2$，$L^6\times L^2\rightarrow L^6 6L^2$。

(3) 对称轴 $L^n$ 与对称中心 $C$ 组合，为中心式。其对称要素组合方式是 $L^n\times C$，由此导出相应的共同式为 $L^n$（奇）$\times C$ 和 $L^n$(偶)$\times PCL^n$(奇)$\times C\rightarrow L^n$(奇)$C$ 和 $L^n$（偶）$\times C\rightarrow L^n$（偶）$PC$。对于奇次轴 $L^1$ 和 $L^3$，可得到 $L^1\times P\rightarrow P$ 和 $L^3\times P\rightarrow L_i^6$。依据组合定律二，则有 $L^2\times P\rightarrow L^2PC$，$L^4\times P\rightarrow L^4PC$，$L^6\times P\rightarrow L^6PC$。

(4) 对称轴 $L^n$ 与包含它的对称面 $P$ 组合，为面式。其对称要素组合方式是 $L^n\times P_{(//)}$，由此导出的共同式为 $L^n nP$（即 $L^n\times P_{(//)}\rightarrow L^n nP_{(//)}$）。依据组合定律三，所以有 $L^1\times P\rightarrow P$，$L^2\times P\rightarrow L^2 2P$，$L^3\times P\rightarrow L^3 3P$，$L^4\times P\rightarrow L^4 4P$ 和 $L^6\times P\rightarrow L^6 6P$。

(5) 倒转轴 $L_i^n$ 与包含它的对称面 $P$ 组合，为倒转面式。其对称要素组合方式是 $L_i^n\times P_{//}$，当 $n$ 为偶数时，导出的共同式为 $L_i^n\ \frac{n}{2}L^2\ \frac{n}{2}P$（即 $L_i^n\times P_{//}\rightarrow L_i^n\ \frac{n}{2}L^2\ \frac{n}{2}P$）。再根据组合定律四，则有 $L_i^1\times L^2\rightarrow L^2PC$（与前面中心式重复），$L_i^4\times L_{\perp}^2\rightarrow L_i^4 2L^2 2P$ 和 $L_i^6\times L_{\perp}^2\rightarrow L_i^4 3L^2 3P$。

(6) 对称轴 $L^n$ 与包含它的对称面 $P$ 和垂直它的 $L^2$ 组合，为面轴式。其对称要素组合方式是 $L^n\times P_{//}\times L_{\perp}^2$。因 $P$ 和 $L^2$ 两者是互相垂直的，因而还应有 $C$ 存在。于是当 $n$ 为奇数时，由 $L^n\times P_{//}\times L_{\perp}^2$ 导出 $L^n\times L_{(\perp)}^2\rightarrow L^n nL_{(\perp)}^2$，$L^n\times P_{(//)}\rightarrow L^n nP_{(//)}$，$L^2\times P_{(\perp)}\rightarrow L^2PC$，得到共同式为 $L^n nL^2 nPC$。当 $n$ 为偶数时，则 $C$ 与 $L^n$ 组合的结果还将产生一个垂直于 $L^2$ 的 $P$，因而由 $L^n\times P_{//}\times L_{\perp}^2$ 导出的共同式则为 $L^n nL^2\ (n+1)\ PC$。故可有以下组合产生：$L^1\times P_{\perp}\times P_{//}\rightarrow L^2 2P$（与前面面式重复），$L^2\times P_{\perp}\times P_{//}\rightarrow 3L^2 3PC$，$L^3\times P_{\perp}\times P_{//}\rightarrow L^3 3L^2 4P\rightarrow L_i^6 3L^2 3P$（与前面倒转面式重复），$L^4\times P_{\perp}\times P_{//}\rightarrow L^4 4L^2 5PC$ 和 $L^6\times P_{\perp}\times P_{//}\rightarrow L^6 6L^2 7PC$。

除了上述组合方式外，其他可能的组合方式将不会产生新的结果。例如，在 $L^n$ 上增加垂直它的 $P$，当 $n$ 为奇数时 $L^1\times P_{(\perp)}\rightarrow P$，$L^3\times P_{(\perp)}\rightarrow L_i^6$；当 $n$ 为偶数时，则与中心式重复。又如，在 $L_i^n$ 上增加垂直它的 $L^2$，则与倒转面式重复。

由对称要素的组合方式分别导出了各自相应的共同式。综上所述，从而得到 A 类全部点群 27 种。

## 2.5.2 B类组合的推导

由于 B 类组合高次轴多于一个的对称组合，而晶体中又不存在五次和高于六次的对称轴，原始的两个对称轴必须以适当的角度相交，其组合形式如下：

(1) $3L^2 4L^3$——原始式。如图 2.8 所示。

(2) $3L^2 4L^3 3PC$——中心式。在 $3L^2 4L^3$ 中加入对称中心 $C$。$C$ 与每一个 $L^2$ 组合，均产生一个垂直 $L^2$ 的 $P$。有 3 个 $L^2$ 共产生了 3 个分别垂直 $L^2$ 的 $P$，因而得到点群 $3L^2 4L^3 3PC$。

(3) $3L^4 4L^3 6L^2$——轴式。在 $3L^2 4L^3$ 中加一个二次对称轴 $L^2$。加入的 $L^2$ 与原 $3L^2$ 中的一个 $L^2$ 垂直，与另两个对称要素的空间方位 $L^2$ 成 45°交角。因两个 $L^2$ 成 45°交角，

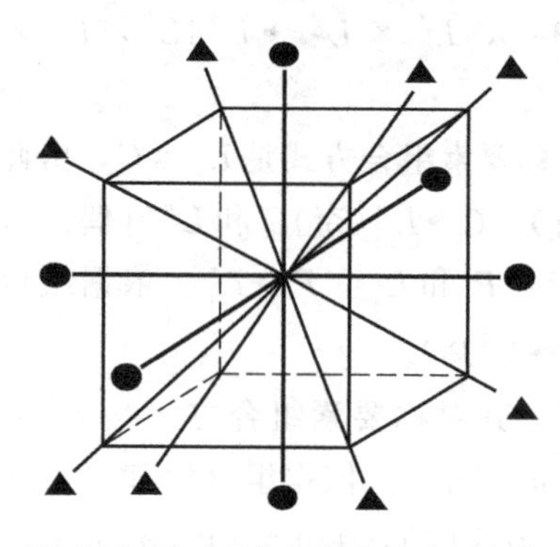

图 2.8 $3L^2 4L^3$ 点群中对称要素的空间方位

原来的 $3L^2$ 变成了 $3L^4$。加入的 $L^2$ 与 $4L^3$ 是斜交的，又产生新的 $L^2$，去掉重复共出现 6 个 $L^2$，于是得到点群 $3L^4 4L^3 6L^2$。

(4) $3L_i^4 4L^3 6P$——面式。在 $3L^2 4L^3$ 中加入一个对称面 $P$。$P$ 的方位包含一个 $L^2$，同时又包含两个 $L^3$，由于 4 个 $L^3$ 分别与 $P$ 作用产生新的对称面，去掉重复共出现 $6P$。由于 $P$ 的法线与 $L^2$ 成 45°交角，根据组合定律四的逆定律，原来 $3L^2$ 的对称性已提高为 $3L_i^4$，因此得到点群 $3L_i^4 4L^3 6P$。

(5) $3L^4 4L^3 6L^2 9PC$——面轴式。相当于在轴式 $3L^4 4L^3 6L^2$ 的基础上加入一个与 $L^4$ 垂直的对称面 $P$。根据组合定律二应有 $C$ 出现，再由组合定律二的逆定律二可知，偶次对称轴与对称中心 $C$ 组合，必产生垂直偶次对称轴的对称面 $P$。即有 3 个 $L^4$ 分别与 $C$ 组合，必产生 $3P$，有 6 个 $L^2$ 分别与 $C$ 组合，必产生 $6P$，共得 $9P$。因此，得到点群 $3L^4 4L^3 6L^2 9PC$。

(6) 倒转原始式。把原始式 $3L^2 4L^3$ 中的对称轴变为相同轴次的倒转轴，即成为 $3L_i^2 4L_i^3$，因为 $L_i^2=P$，$L_i^3=L^3+C$，则 $P$ 与 $C$ 组合，根据组合定律二的逆定律二，将产生垂直 $P$ 的 $L^2$，故所得点群为 $3L^2 4L^3 3PC$，与中心式重复。而倒转面式则等于在中心式的基础上增加 $P$，故结果与面轴式重复。

根据以上推导，得到了晶体的 32 个点群。

## 2.6 晶体的对称分类

依据上述分析，由于晶体对称性的特点，对称元素及其组合可以作为晶体科学分类的依据。将晶体体系按照三个层级分类如下：

(1) 晶族 (crystal category)。根据高次轴（轴次 $n>2$）的有无及多少将晶体划分为 3 个晶族，即高级晶族 (higher category)、中级晶族 (intermediate category) 和低级晶族 (lower category)。

(2) 晶系 (crystal system)。根据对称轴或倒转轴的轴次高低以及它们数目的多少，总共划分为如下 7 个晶系：立方晶系 (isometric system，又称等轴晶系)、六方晶系 (hexagonal system，又称六角晶系)、四方晶系 (tetragonal system，又称正方晶系)、三方晶系 (trigonal system，又称三角晶系)、斜方晶系 (orthorhombic system，又称正交晶系)、单斜晶系 (monoclinic system) 和三斜晶系 (triclinic system)。晶系是最常用的对称级别，7 个晶系分属于 3 个晶族。

(3) 晶类 (crystal class)。晶类指属于同一点群的晶体。晶体中存在 32 种点群，即有 32 个晶类，每一晶类都有自己的名称。点群是晶体宏观对称性分类中的基本单元，分布在各个晶系和晶族之中。

32 种点群的上述分类及其划分的依据参照表 2.4。

**表 2.4**　晶体的分类

| 晶族 | 晶系 | 对称特点 | | | 点群 | | | 晶类名称 | 代表矿物 |
|---|---|---|---|---|---|---|---|---|---|
| | | | | | 种类 | 国际符号 | 申夫利斯符号 | | |
| 低级 | 三斜 | 无高次轴 | 无 $L^2$ 和 P | 除对称中心外，对称要素必定相互垂直或平行 | $L^1$ | 1 | $C_1$ | 单面 | 高岭石 |
| | | | | | C | $\bar{1}$ | $C_i=S$ | 平行双面 | 钙长石 |
| | 单斜 | | $L^2$ 和 P 均不多于一个 | | $L^2$ | 2 | $C_2$ | 轴双面 | 镁铅矾 |
| | | | | | P | m | $C_{1h}$ | 反映双面 | 斜晶石 |
| | | | | | $L^2PC$ | 2/m | $C_{2h}$ | 斜方柱 | 石膏 |
| | 斜方 | | $L^2$ 和 P 的总数不少于三个 | | $3L^2$ | 222 | $D_2$ | 斜方四面体 | 泻利盐 |
| | | | | | $L^2 2P$ | mm2 | $C_{2v}$ | 斜方单锥 | 异极矿 |
| | | | | | $3L^2 3PC$ | mmm | $D_{2h}$ | 斜方双锥 | 重晶石 |
| 中级 | 三方 | 必定有且只有一个高次轴 | 唯一的高次轴为三次轴 | 除高次轴外，如存在 $L^2$ 必与唯一的高次轴垂直，而存在的 P 必与唯一的高次轴垂直或平行 | $L^3$ | 3 | $C_3$ | 三方单锥 | 细硫砷铅矿 |
| | | | | | $L^3C$ | $\bar{3}$ | $C_{3i}$ | 菱面体 | 白云石 |
| | | | | | $L^3 3L^2$ | 32 | $D_3$ | 三方偏方面体 | α-石英 |
| | | | | | $L^3 3P$ | 3m | $C_{3v}$ | 复三方单锥 | 电气石 |
| | | | | | $L^3 3L^2 3PC$ | $\bar{3}m$ | $D_{3d}$ | 复三方偏三角面体 | 方解石 |
| | 四方 | | 唯一的高次轴为四次轴 | | $L^4$ | 4 | $C_4$ | 四方单锥 | 彩钼铅矿 |
| | | | | | $L_i^4$ | $\bar{4}$ | $S_4$ | 四方四面体 | 砷硼钙石 |
| | | | | | $L^4PC$ | 4/m | $C_{4h}$ | 四方双锥 | 白钨矿 |
| | | | | | $L^4 4L^2$ | 422 | $D_4$ | 四方偏方面体 | 镍矾 |
| | | | | | $L^4 4P$ | 4mm | $C_{4v}$ | 复四方单锥 | 羟铜铅矿 |
| | | | | | $L_i^4 2L^2 2P$ | $\bar{4}2m$ | $D_{2d}$ | 复四方偏三角面体 | 黄铜矿 |
| | | | | | $L^4 4L^2 5PC$ | 4/mmm | $D_{4h}$ | 复四方双锥 | 锆石 |
| | 六方 | | 唯一的高次轴为六次轴 | | $L^6$ | 6 | $C_6$ | 六方单锥 | 霞石 |
| | | | | | $L_i^6$ | $\bar{6}$ | $C_{3h}$ | 三方双锥 | 磷酸氢二银 |
| | | | | | $L^6PC$ | 6/m | $C_{6h}$ | 六方双锥 | 磷灰石 |
| | | | | | $L^6 6L^2$ | 622 | $D_6$ | 六方偏方面体 | β-石英 |
| | | | | | $L^6 6P$ | 6mm | $C_{6v}$ | 复六方单锥 | 红锌矿 |
| | | | | | $L_i^6 3L^2 3P$ | $\bar{6}m2$ | $D_{3h}$ | 复三方双锥 | 蓝锥矿 |
| | | | | | $L^6 6L^2 7PC$ | 6/mmm | $D_{6h}$ | 复六方双锥 | 绿柱石 |
| 高级 | 立方 | 高次轴多于一个 | 必定有四个 $L^3$ | 除 $4L^3$ 外，必定还有三个相互垂直的 $L^2$ 或 $L^4$，并与每一个 $L^3$ 均以等角度相交 | $3L^2 4L^3$ | 23 | T | 五角三四面体 | 香花石 |
| | | | | | $3L^2 4L^3 3PC$ | m3 | $T_h$ | 偏方复十二面体 | 黄铁矿 |
| | | | | | $3L^4 3L^3 6L^2$ | 432 | O | 五角三八面体 | 赤铜矿 |
| | | | | | $3L_i^4 4L^3 6P$ | $\bar{4}3m$ | $T_d$ | 六四面体 | 黝铜矿 |
| | | | | | $3L^4 4L^3 6L^2 9PC$ | m3m | $O_h$ | 六八面体 | 方铅矿 |

上述晶体的分类是依据对称元素的特点来进行的，由表 2.4 可以看出，晶族的划分是依据点群中高次轴的多少来进行的：低级晶族没有高次轴，中级晶族有且只有唯一的一个高次轴，而高级晶族晶体的点群包含的高次轴数目多于一个。

低级晶族包括了 3 个晶系：三斜、单斜和斜方晶系。它们的划分依据是：三斜晶系既没有二次轴也没有对称面，所以只含有 1 和 $\bar{1}$ 两个点群；单斜晶系中含有的二次轴和对称面的数目不多于一个，有 3 个点群，分别为 2、$m$ 和 $2/m$；斜方晶系的特点是其中的二次轴和对称面数目不少于 3 个，点群为 222、$mm2$ 和 $mmm$。

中级晶族也包含了 3 个晶系：三方、四方和六方晶系。其划分依据是如果唯一的高次轴为三次轴，则属于三方晶系；同理，如果唯一的高次轴是四次和六次轴，则分别属于四方和六方晶系。三方晶系含有 5 个点群，为 3，$\bar{3}$，32，$3m$ 和 $\bar{3}m$。其中的 $\bar{3}m$（$L^3 3L^2 3PC$）可视为 $L^3$ 和垂直于它的 $L^2$ 或平行于它的 $P$ 组合。四方和六方晶系各含有 7 个点群，它们在写法上也相似（参见表 2.4），可以对应，只是要把 4，6 换个位置。但有一个不一致的地方是：四方晶系的 $\bar{4}2m$ 对应着六方晶系的 $\bar{6}m2$，这是因为点群国际符号中每一个位置均指向一定的方向，而不同方向也分布着不同的对称元素。

高级晶族，也就是立方晶系，含 5 个点群，为 23，$m3$，432，$\bar{4}3m$ 和 $m3m$。5 个点群皆含有 4 个等角度相交的 $L^3$。图 2.9～图 2.15 按照 7 个晶系顺序，将 32 种点群中对称元素的空间分布和相互关系以立体图形方式表达出来，可以帮助理解各个点群的对称特点。图中，$L^2$，$L^3$，$L^4$ 和 $L^6$ 分别用直线联系起来的两个椭圆、三角形、四方形和六方形表示。$L_i^4$ 和 $L_i^6$（分别为四次和六次倒转轴）也是直线联系起来的两个四方形和六方形，但其中心分别有一椭圆和三角形，以便和相应轴次的旋转轴区别。如果点群具有对称心，则用一小球表示。

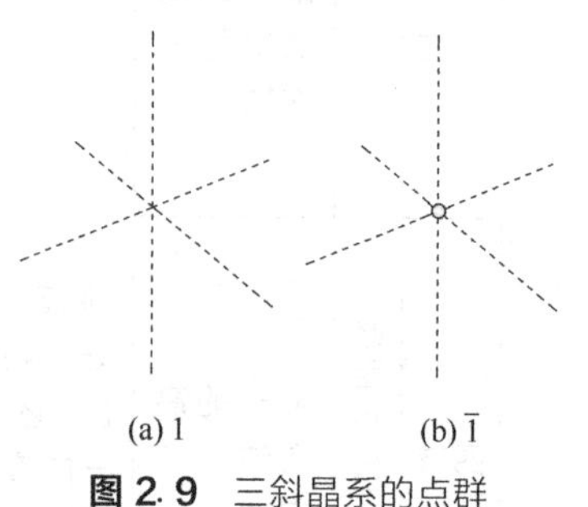

(a) 1　(b) $\bar{1}$

**图 2.9**　三斜晶系的点群

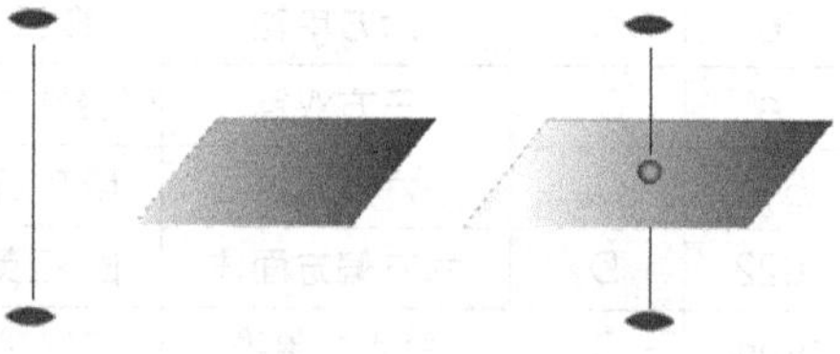

(a) 2　(b) $m$　(c) $2/m$

**图 2.10**　单斜晶系的点群

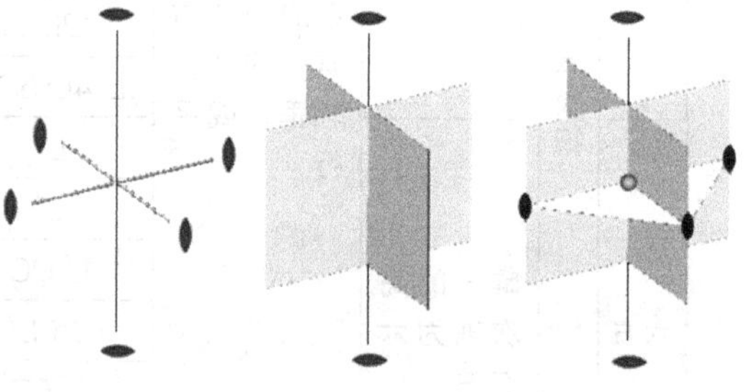

(a) 222　(b) $mm2$　(c) $mmm$

**图 2.11**　斜方晶系的点群

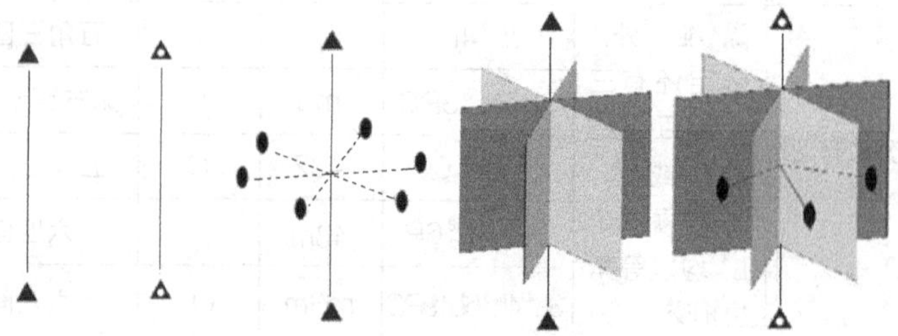

(a) 3　(b) $\bar{3}$　(c) 32　(d) $3m$　(e) $\bar{3}m$

**图 2.12**　三方晶系的点群

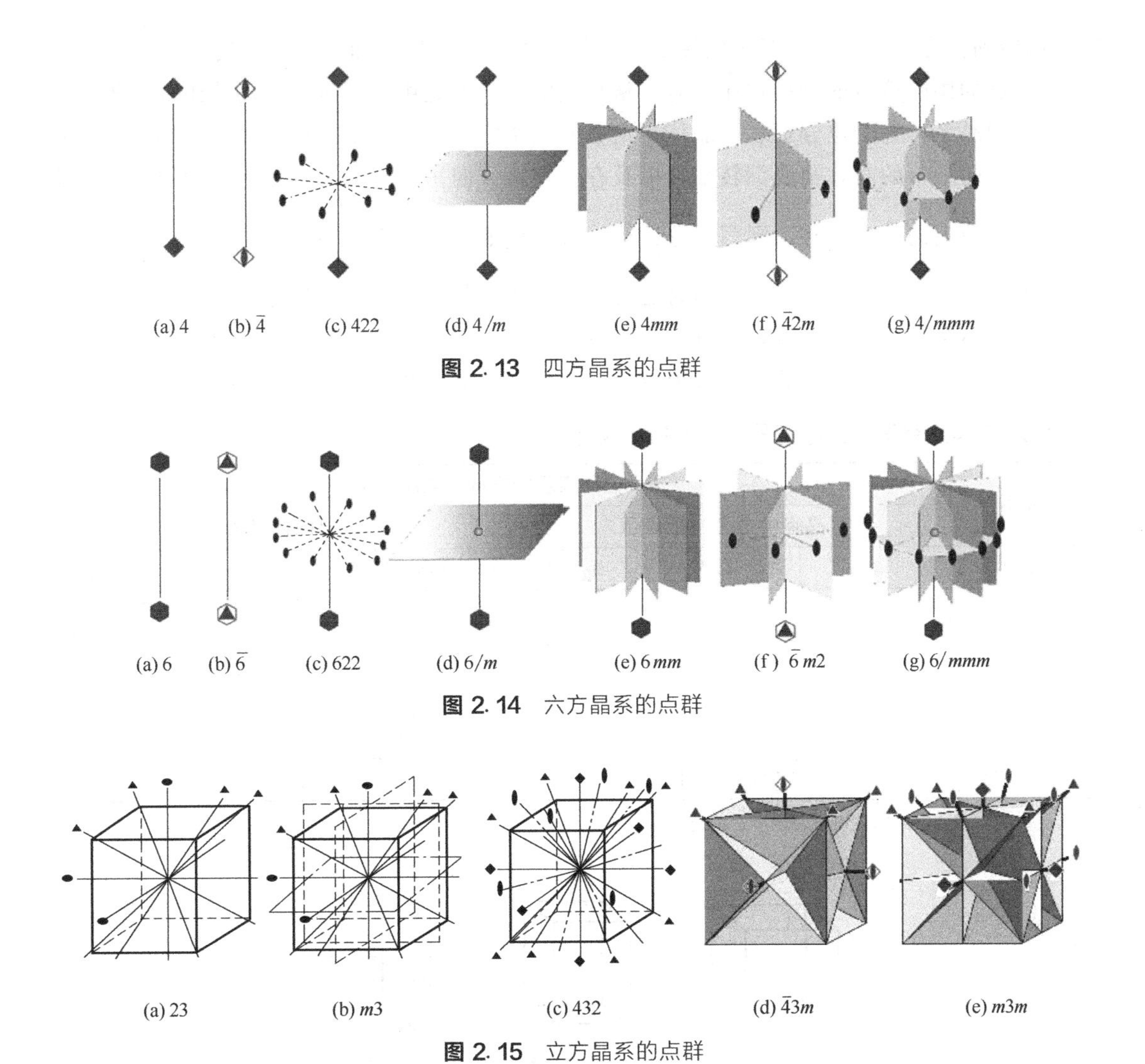


**图 2.13**　四方晶系的点群

**图 2.14**　六方晶系的点群

**图 2.15**　立方晶系的点群

# 2.7　点群的国际符号

## 2.7.1　点群的国际符号

（1）点群的国际符号的写法。点群的国际符号，只写出点群中的三类对称要素（即对称轴、对称面、倒转轴），其他对称要素可根据组合定律推导出来，就不再列出。

这三类对称要素的国际符号：

对称面：以 $m$ 表示。

对称轴：以轴次的数字表示，如 1、2、3、4 和 6。

倒转轴：在轴次的数字上面加以“—”号，如 $\bar{1}$、$\bar{2}$、$\bar{3}$、$\bar{4}$ 和 $\bar{6}$。由于 $\bar{1}=L_i^1=C$，$\bar{2}=L_i^2=P=m$，所以习惯用一次倒转轴 $\bar{1}$ 代表对称中心 $C$，以对称面 $m$ 来代替二次倒转轴

$\bar{2}$。倒转轴符号的读法，如四次倒转轴 $\bar{4}$，读作“四、一横”，而不读作“负四”。

点群的国际符号的书写顺序是有严格规定的，符号是由不超过三个的位组成，根据所属的不同晶系，每个位分别表示晶体一定方向（指定的方向）上所存在的对称要素。即存在与该方向平行的对称轴或倒转轴，以及存在与该方向垂直的对称面；当这两类对称要素在同一方向上同时存在时，则写成分式的形式，例如，$\frac{4}{m}$（通常写成 $4/m$ 的形式），即代表该方向上有一个四次对称轴，同时还有一个对称面与它垂直。如果晶体中某一个位对应的方向上不存在对称要素时，则将该位空着。

在各个晶系中，规定的位及每个位所代表的方向如表 2.5 和图 2.16 所示。

**表 2.5**　点群及空间群国际符号中的方向性规定

| 晶系 | 3 个位所表示的方向（依次列出） | | | | | |
|---|---|---|---|---|---|---|
| | 晶胞中 3 个矢量表示 | | | 晶向符号表示 | | |
| 立方 | $c_0$ | $a_0+b_0+c_0$ | $a_0+b_0$ | [001] | [111] | [110] |
| 四方 | $c_0$ | $a_0$ | $a_0+b_0$ | [001] | [100] | [110] |
| 三方和六方 | $c_0$ | $a_0$ | $2a_0+b_0$ | [001] | [100] | [210] |
| 斜方 | $a_0$ | $b_0$ | $c_0$ | [001] | [010] | [001] |
| 单斜 | $b_0$ | | | [010] | | |
| 三斜 | 任意方向 | | | 任意方向 | | |

注：三方和六方的晶向符号表示按三轴定向。

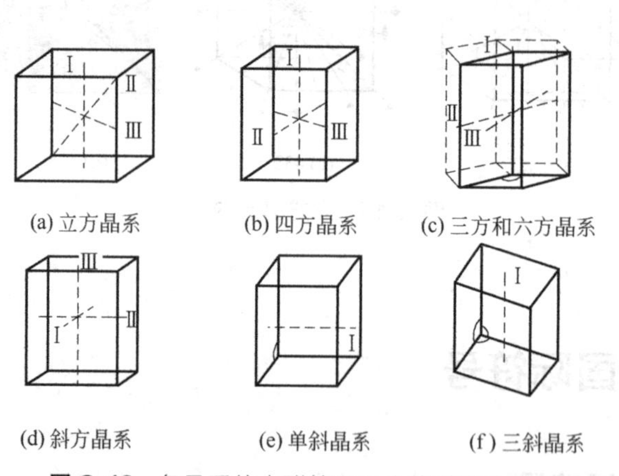


**图 2.16**　各晶系的点群符号三个位对应的方向

书写点群的国际符号时，首先需确定点群所属晶系，明确三个位（单斜、三斜晶系各为一个位）及每个位所代表的方向上存在的对称要素，再写出点群的国际符号。现以点群 $3L^4 4L^3 6L^2 9PC$ 的国际符号的写法为例，说明如下。

$3L^4 4L^3 6L^2 9PC$ 属于立方晶系，其国际符号规定的三个位及每个位所代表的方向是：$c_0$、$a_0+b_0+c_0$、$a_0+b_0$。首先写第一位 $c_0$ 及其所代表的第 I 方向（$Z$ 轴）上存在的对称要素，有一个 $L^4$ 和垂直此 $L^4$ 的对称面 $P$，因此第一位写作$\frac{4}{m}$。再写第二位 $a_0+b_0+c_0$ 及其所代表的第 II 方向（立方体的体对角线方向）上存在的对称要素，只有一个 $L^2$，则第二位写作 3。第三位是 $a_0+b_0$，代表第Ⅲ方向（$X$ 轴与 $Y$ 轴的角平分线）上的对称要素，有一个 $L^2$ 和垂直此 $L^2$ 的对称面 $m$，所以第三位写作$\frac{2}{m}$。最后，将写出的三个位的符号按照规定的序位排列在一起，完整写法即$\frac{4}{m}3\frac{2}{m}$，也可简写成 $m3m$，于是 $3L^44L^36L^29PC$ 的国际符号便写成$\frac{4}{m}3\frac{2}{m}$或 $m3m$。此符号只写出点群中一个 $L^4$、$L^3$、$L^2$ 和两个 $P$，其余的对称轴、对称面和对称中心没有直接写出来，但根据组合定律可由符号中写出的对称要素推导出来。



同理，对于四方晶系的点群 $L^44L^25PC$，根据四方晶系的三个位相对应的方向和顺序，其国际符号可写成$\frac{4}{m}\frac{2}{m}\frac{2}{m}$，进一步简写为$\frac{4}{m}mm$，通常写成 $4/mmm$。应当注意，后一种通常写法，它仍然是由三个位组成的，读时必须按位读，即读成 $m$ 分之 4、$m$、$m$，而不应读成 $m$、$m$、$m$ 分之 4。又如，$L^2PC$ 属于单斜晶系，所规定的一个位及其代表方向是 $b_0$，所以只写其代表的第Ⅰ方向（$Y$ 轴）上的对称要素，有一个 $L^2$ 和垂直 $L^2$ 的对称面 $P$，写成$\frac{2}{m}$，通常写成 $2/m$。32 种点群的国际符号如表 2.4 所列。

（2）根据国际符号判断所属晶系。

① 根据低级晶族的对称特点判断其晶系：无 2 无 $m$ 者为三斜晶系；2 或 $m$ 不多于 1 者为单斜晶系；2 或 $m$ 多于 1 者为斜方晶系。

② 国际符号中有一个高次轴时，根据首位符号定晶系：首位是 4 或 $\bar{4}$ 者为四方晶系；首位是 3 或 $\bar{3}$ 者为三方晶系；首位是 6 或 $\bar{6}$ 者为六方晶系。

③ 国际符号中第二位是 3 或 $\bar{3}$ 者为立方晶系。

（3）由国际符号写出点群。首先确定点群的国际符号所属晶系，明确三个位所代表的方向上的对称要素，再根据对称要素之间的关系，运用组合定律推导出全部的对称要素，之后组合成点群。

例如，$6/mmm$ 因符号中有一个高次轴，首位是 6，所以为六方晶系。其国际符号的三个位 $c_0$、$a_0$、$(2a_0+b_0)$ 所代表的方向上的对称要素是：第Ⅰ方向（$c_0$ 即 $Z$ 轴方向）上有一个和垂直 $L^6$ 的 P，所以 $L^6\times P_{\perp}\rightarrow L^6PC$（新产生对称中心 $C$），第Ⅱ方向（$a_0$ 即 $X$ 轴方向）上有一个平行 $L^6$（包含 $L^6$）的 $P$，所以 $L^6\times P_{//}\rightarrow L^66P$（新产生 $5P$），包含 $L^6$ 的 $P$（第Ⅱ方向）与垂直 $L^6$ 的 $P$（第Ⅰ方向上）的交线，必为垂直 $L^6$ 的 $L^2$，所以 $L^6\times L^2_{\perp}\rightarrow L^66L^2$（新产生 $6L^2$）；第Ⅲ方向上的 $P$ 平行 $L^6$，是重复的，不再与其他对称要素组合。至此，全部对称要素推导完毕。

## 2.7.2　点群的申夫利斯符号

点群的申夫利斯符号，是根据对称要素组合的几种基本规律，用不同字母来表示点群中对称要素的基本组合而写出的。32 种点群的申夫利斯符号见表 2.4，现分别加以说明。

$C_n$ 表示 $L^n$ 单独存在，如 $L^1$，$L^2$，$L^3$，$L^4$ 和 $L^6$ 的对称轴分别以 $C_1$、$C_2$、$C_3$、$C_4$ 和 $C_6$ 表示。

$C_{nh}$ 表示 $L^n \times P_{\perp} \rightarrow L^nP(C)$，如 $P$、$L^2PC$、$L^3P$（$L_i^6$）、$L^4PC$ 和 $L^6PC$ 分别以 $C_{1h}$、$C_{2h}$、$C_{3h}$、$C_{4h}$ 和 $C_{6h}$ 表示。

$C_{nv}$ 表示 $L^n \times P_{//} \rightarrow L^n nP$，如 $L^2 2P$、$L^3 3P$、$L^4 4P$ 和 $L^6 6P$ 分别以 $C_{2v}$、$C_{3v}$、$C_{4v}$ 和 $C_{6v}$ 表示。

$D_n$ 表示 $L^n \times L^2_{(\perp)} \rightarrow L^n nL^2$，如 $3L^2$、$L^3 3L^2$、$L^4 4L^2$ 和 $L^6 6L^2$ 分别以 $D_2$、$D_3$、$D_4$ 和 $D_6$ 表示。

$D_{nh}$ 表示 $L^n \times L^2_{\perp} \times P_{\perp} \rightarrow L^n nL^2(n+1)PC$，如 $3L^2 3PC$、$L^3 3L^2 4P$（$L_i^6 3L^2 3P$）、$L^4 4L^2 5PC$ 和 $L^6 6L^2 7PC$ 分别以 $D_{2h}$、$D_{3h}$、$D_{4h}$ 和 $D_{6h}$ 表示。

$D_{nd}$ 表示对称面不包含 $L^2$，而是处于平分 $L^2$ 的夹角的位置上，如 $L_i^4 2L^2 2P$ 和 $L^3 3L^2 3PC$ 分别以 $D_{2d}$ 和 $D_{3d}$ 表示。

i 表示反伸，$C_i$ 表示一次倒转轴 $L_i^1$ 等于对称中心，$C_{3i}$ 表示三次倒转轴 $L_i^3$ 等于 $L^3C$。

$S$ 表示反映，$C_S$ 表示一次旋转反映轴 $L_S^1 = P = C_{1h}$，$S_2$ 代表 $L_S^2 = C = C_i$，$S_4$ 代表 $L_S^4 = L_i^4$，$S_6$ 代表 $L_S^6 = L_i^3 C = C_{3i}$。

此外，$D_2$ 又以 $V$ 表示，即 $V = D_2$、$V_h = D_{2h}$、$V_d = D_{2d}$。

$T$ 表示四面体中对称轴的组合 $3L^2 4L^3$。

$T_h$ 表示 $3L^2 4L^3$ 中加入水平对称面获得 $3L^2 4L^3 3PC$。

$T_d$ 表示 $3L^2 4L^3$ 中加入对角线方向（平分 $L^2$ 夹角的方向）的对称面获得 $3L_i^4 4L^3 6P$。

$O$ 表示八面体中对称轴的组合 $3L^4 4L^3 6L^2$。

$O_h$ 表示 $3L^4 4L^3 6L^2$ 中加入水平对称面得到 $3L^4 4L^3 6L^2 9PC$。

在结晶学和矿物学的研究中，熟练地掌握 3 个晶族、7 个晶系、32 个点群这个分类体系及其划分依据是十分必要的。

## 习题二

1. 晶体的外部对称是有限的对吗？对称要素最多的是哪个对称型？
2. 只要能将图形平分为两相等部分的平面就是对称面吗？
3. 中级晶族晶体中能否有 $L^n$ 或 $P$ 与唯一的高次轴斜交？为什么？
4. 在低级和中级晶族中当晶体有 $C$ 和 $P$ 时，就有直立的对称轴和与之垂直的水平对称面存在对吗？举例说明为什么。
5. 对称型 $L^2PC$ 中 $L^2$ 与 $P$ 是何种关系（垂直、包含）？
6. 对称型 $L^4 4L^2 5PC$ 中 4 个 $L^2$ 和 5 个 $P$ 分别与 $L^4$ 为何种关系？为什么？
7. 对称型 $L^3 3L^2 3PC$ 中有对称中心，$P$ 与哪种对称轴为垂直关系？与哪种对称轴是包含关系？

8. 当晶体对称要素中唯一的高次轴是 $L^3$，并有与之垂直的 $P$ 时，该晶体属于三方晶系还是六方晶系？

9. 能否说：当晶体中有 $L^2$ 而无对称中心时，此 $L^2$ 必为 $L_i^4$？$L_i^4$ 位置也具有 $L^2$ 的功能，可以由 $L^2$ 替代 $L_i^4$？

10. 总结晶体对称分类（晶族、晶系、晶类）的原则，熟记 32 种点群的国际符号。

11. 至少有一端通过晶棱中点的对称轴只能是几次对称轴？一对正六边形的平行晶面之中点连线，可能是几次对称轴的方位？

12. 图 2.17 给出了几种正多边形？它们的对称性是什么样的？如果将每一个正多边形作为一个基本单元，哪些正多边形能没有空隙地排列并充满整个二维平面？哪些不能？请自己验证一下。

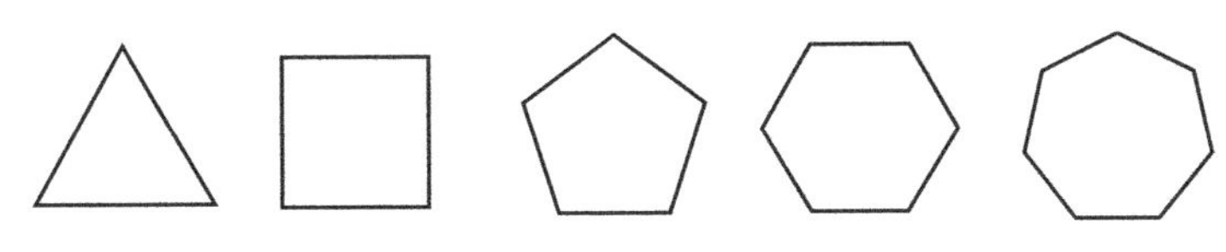

**图 2.17**　五种正多边形

13. 判定晶体（模型）是否有对称中心的必要条件之一是晶面要成对平行。如图 2.18 所示方硼石晶面也是成对平行的，它有对称中心吗？为什么？

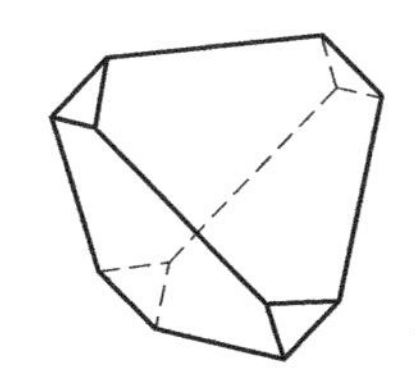

**图 2.18**　方硼石的晶体形态

# 第3章　十四种布拉菲空间格子和晶胞

前面叙述了晶体的特性和晶体外形上的各种几何规律，都是由晶体内部的格子构造所决定。因此，在研究晶体时，还必须进一步研究晶体内部格子构造的规律性。

## 3.1　空间格子类型

### 3.1.1　空间格子的划分原则

晶体结构的基本特征是质点在三维空间做周期性重复，空间格子则是表示晶体结构中质点在三维空间重复规律的几何图形。空间格子的最小单位是平行六面体（称单位平行六面体），它是反映晶体结构特征的基本单位。

一个晶体结构可以划分出多种平行六面体，正确划分必须遵循的原则是：

（1）所选取的平行六面体应能反映整个结点分布固有的对称性；

（2）在不违反对称的条件下，应选择棱与棱之间直角关系最多的平行六面体；

（3）在遵守（1）（2）的前提下，所选的平行六面体之体积应最小；

（4）当对称性规定棱间的交角不必为直角关系时，则在遵守前（1）～（3）的前提下，选择结点间距小的行列作为平行六面体的棱，且棱间交角接近于直角的平行六面体。

如图3.1所示，对称型为 $L^4 4P$，平行四边形 $a$、$b$、$c$ 不符合对称条件；$d$、$e$、$f$ 的轮廓均符合对称要求，但 $f$ 体积最小，故应选择 $f$ 作为划分这一平面点阵的基本单位。

在空间格子中，按选择原则选取出来的平行六面体为单位平行六面体，它的三根棱长 $a_0$、$b_0$、$c_0$ 以及三者相互间的交角 $\alpha$、$\beta$、$\gamma$ 是表征平行六面体本身形状和大小的一组参数，称为单位平行六面体参数或点阵参数。

因此，选定了单位平行六面体，实际上也就确定了空间格子的坐标系。六面体三根交棱便是三个坐标轴的方向，棱的交角 $\alpha$、$\beta$、$\gamma$ 也就是坐标轴之间的交角，棱长 $a_0$、$b_0$、$c_0$ 则是坐标系的轴单位。

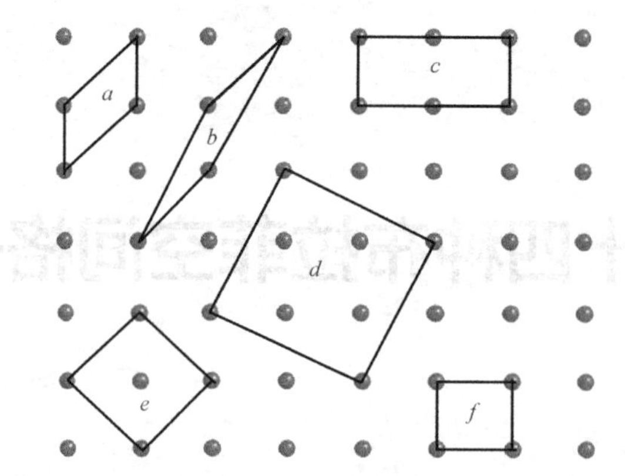


图 3.1　符合对称型 $L^4 4P$ 对称要求的平面格子的划分

### 3.1.2　不同对称的七种格子类型

七个晶系，其格子类型对应的平行六面体有七种不同的形状（图 3.2）和相应的晶体常数特点，其参数如下：

三斜晶系格子：$a_0 \neq b_0 \neq c_0$　　$\alpha \neq \beta \neq \gamma \neq 90°$ [图 3.2（a）]

单斜晶系格子：$a_0 \neq b_0 \neq c_0$　　$\alpha = \gamma = 90°$，$\beta > 90°$ [图 3.2（b）]

斜方晶系格子：$a_0 \neq b_0 \neq c_0$　　$\alpha = \beta = \gamma = 90°$ [图 3.2（c）]

三方菱面体格子：$a_0 = b_0 = c_0$　　$\alpha = \beta = \gamma \neq 60°$、$90°$、$109°28'16''$ [图 3.2（d）]

四方晶系格子：$a_0 = b_0 \neq c_0$　　$\alpha = \beta = \gamma = 90°$ [图 3.2（e）]

六方及三方格子：$a_0 = b_0 \neq c_0$　　$\alpha = \beta = 90°$，$\gamma = 120°$ [图 3.2（f）]

立方晶系格子：$a_0 = b_0 = c_0$　　$\alpha = \beta = \gamma = 90°$ [图 3.2（g）]

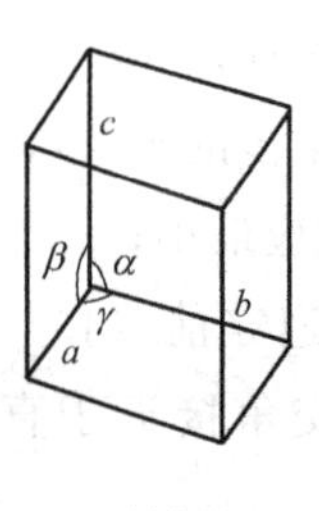


(a) 三斜格子

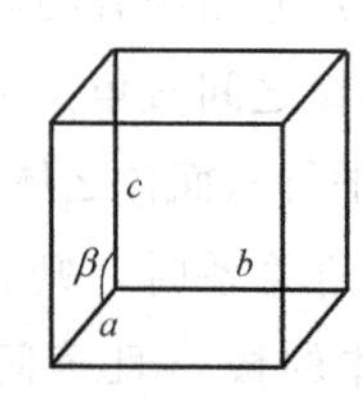


(b) 单斜格子

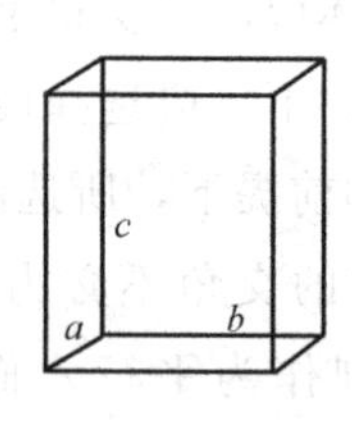


(c) 斜方格子

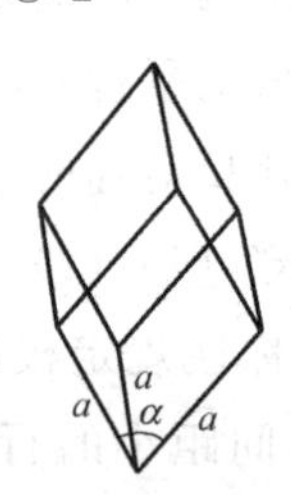


(d) 三方菱面体格子

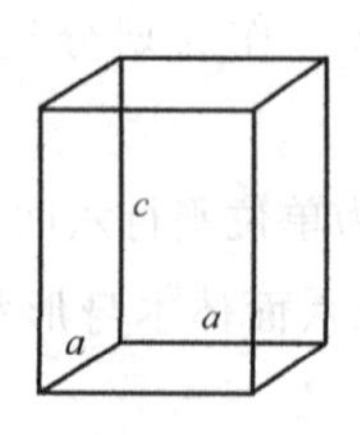


(e) 四方格子

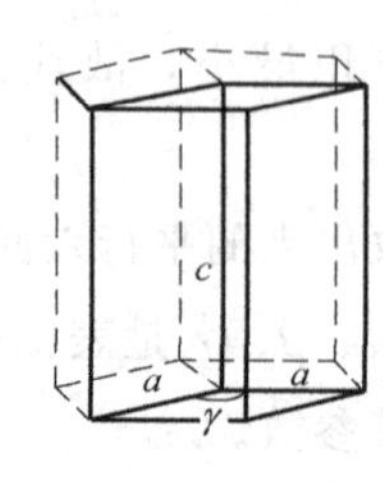


(f) 六方及三方格子

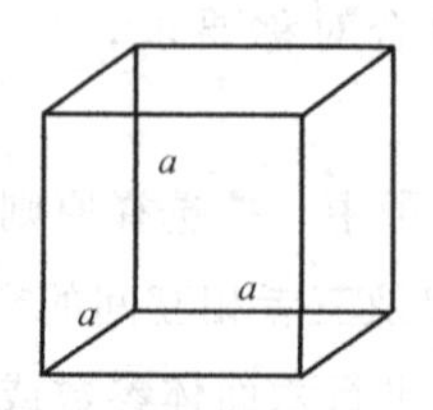


(g) 等轴格子

图 3.2　各晶系单位平行六面体的形状

如图 3.2（f）所示，对应于六方晶系的是六方格子，其单位平行六面体是一个底面呈菱形的棱柱体，在单独一个这样的平行六面体中不可能有 $L^6$ 存在，但若将三个这样的平行六面体拼在一起，其底面便成正六边形，就符合六方晶系的对称特点了。

三方晶系对应有两种格子，一种为三方格子，在形成上与六方格子完全相同。其平行六面体垂直竖直方向的菱形由两个等边三角形拼成，在每个等边三角形的中心有竖直方向的 $L^3$ 存在。因此，三方晶系的三方格子点阵参数与六方格子完全相同。

三方晶系的另一格子为菱面体格子，其单位平行六面体的形状，相当于立方体沿其 $4L^3$ 中的一个 $L^3$ 拉长或压扁，每个晶面都变为菱形，$L^3$ 只剩下一个，与三方晶系对称适应。

## 3.1.3　十四种布拉菲空间格子

在对称性不同的七种格子类型中，其单位平行六面体内结点的分布最多有四种可能的不同形状：

（1）原始格子（$P$）。结点只分布于平行六面体的八个角顶上。值得注意的是，三方菱面体格子采用字母 $R$ 表示。

（2）体心格子（$I$）。结点分布于平行六面体的角顶和体中心。

（3）底心格子（$C$）。结点分布于平行六面体的角顶及某一对平行面的中心。

（4）面心格子（$F$）。结点分布于平行六面体的角顶及所有面的中心。

**表 3.1**　十四种布拉菲空间格子

| 晶系 | 原始格子（P） | 底心格子（C） | 体心格子（I） | 面心格子（F） |
|---|---|---|---|---|
| 三斜晶系 | 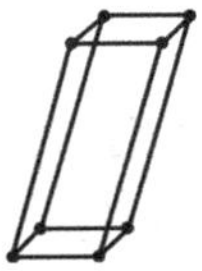  | C= P | I= P | F= P |
| 单斜晶系 | 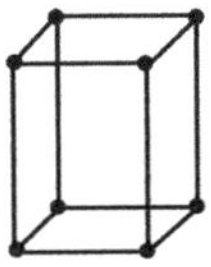  | 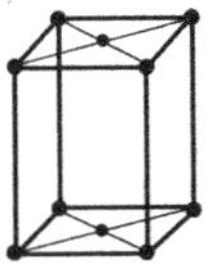  | I= C | F= C |
| 斜方晶系 | 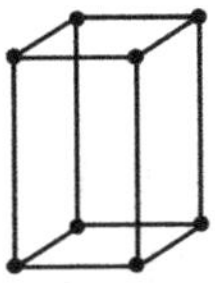  | 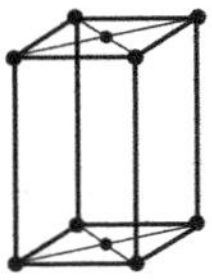  | 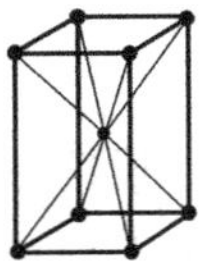  | 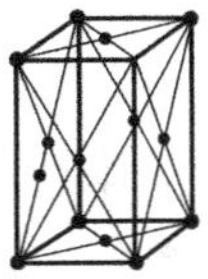  |
| 四方晶系 | 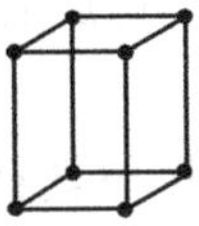  | C= P | 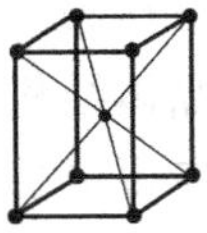  | F= I |

续表

| 晶系 | 原始格子（P） | 底心格子（C） | 体心格子（I） | 面心格子（F） |
| --- | --- | --- | --- | --- |
| 三方晶系 | 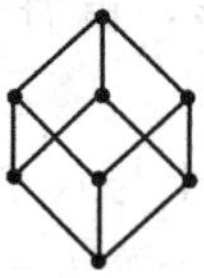  | 与本晶系的对称性不符 | I= P | F= P |
| 六方晶系 | 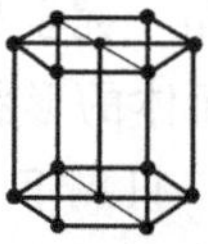  | 不符合六方对称 | 与空间格子的条件不符 | 与空间格子的条件不符 |
| 立方晶系 | 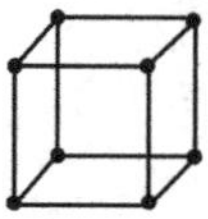  | 与本晶系的对称性不符 | 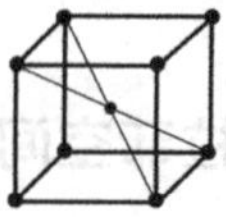  |   |

若每一种类型的单位平行六面体都有四种不同的格子形式的话，则七种六面体应有 7×4＝28 种空间格子，但实际上只能推导出 14 种不同形式的空间格子，究其原因是：

有的格子不符合该晶系的对称，如立方底心格子不具有立方晶系具有 4 个 $L^3$ 的对称特点。因此，不可能有立方底心格子存在。对于六方底心格子形式，若为六方晶系不满足 $L^6$ 的对称特点；而对于三方晶系，则应为体积更小的三方格子，与六方晶系的原始格子形式相同。

有的格子不符合平行六面体的选择原则，如四方底心格子，按平行六面体选择原则应为体积更小的四方原始格子，故四方底心格子不存在。同样对于四方面心格子，按平行六面体选择原则应为体积更小的四方体心格子。

这样，去掉不符合对称特点和不符合平行六面体选择原则的格子以后，便只剩下 7 种类型，共计 14 种形式的空间格子。它是由布拉菲于 1848 年最终确定的，故称 14 种布拉菲空间格子。

## 3.2 晶胞的概念

晶体具有对称性，其具体的对称规律均满足 14 种布拉菲格子的其中一种。布拉菲格子中单位平行六面体由不具有任何物理、化学特性的几何点构成。而实际晶体就是由某种原子、分子或其集团这样的基本结构单元配置在三维点阵上构成的。这种带有原子、分子或其集团的点阵就是晶体结构（又称为晶格）。

构成晶体的具体质点可以是原子、离子、分子或它们按照某种排列方式组成的集团，可称之为基元。实际的晶体结构可表示成：晶体结构＝空间点阵＋基元，也就是说，将基元坐落在空间点阵的点阵位置，就构成具体的晶体结构。

布拉菲格子是晶体抽象的空间点阵，并考虑晶体对称性的最小重复结构单元。对于晶体结构，能够充分反映整个晶体结构特征的最小结构单位，称之为结晶学原胞（简称晶胞）。晶胞的形状大小与对应布拉菲格子中单位平行六面体完全一致，其是由实在的具体质点组成。晶胞可由一组晶胞参数表征，其数值等同于对应的平行六面体参数，通常写作$a_0$、$b_0$、$c_0$及$\alpha$、$\beta$、$\gamma$。

从NaCl晶体结构中抽象出来的空间格子的一个单位平行六面体，它表现为立方面心格子，其棱长等于5.628Å[1]。图3.3是从NaCl晶体结构中，按照上述立方面心格子的范围划分出来的一个单位晶胞，其棱长（相当于相邻角顶上两个$Cl^-$中心的间距）同样也等于5.628Å；但晶胞的内部包含实在的内容，它由4个$Na^+$和4个$Cl^-$各自均按立方面心格子的形式分布而组成。

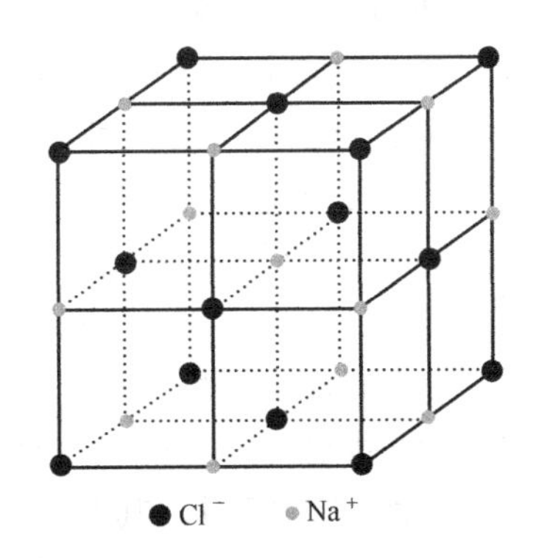


**图3.3**　NaCl晶胞结构

显然，晶胞应是晶体结构的基本组成单位，由一个晶胞出发，就能借助于平移而重复出整个晶体结构来。因此，在描述某个矿物的晶体结构时，通常只需阐明它的晶胞特征就可以了。不过，为了便于透视位于后面的质点，在绘制晶胞图时，通常都把质点半径缩小，使得实际上相互接触的质点彼此分开，如图3.3的表达方法。

另外，有时也需要用到与单位平行六面体不相对应的晶胞，此时我们称它为大晶胞。大晶胞都是相对于单位晶胞而言的。对于大晶胞通常都具体予以指明；未加具体指明的“晶胞”这一术语，一般都是指单位晶胞。

## 3.3　原胞的概念

点阵和晶格的概念用于描述晶体微观结构的周期性，从理论上说，无论是点阵还是晶格都是一个空间的无限图形，研究问题总会有些不便。若取任一格点为顶点，以基矢$a_1$、$a_2$、$a_3$为边构成平行六面体，整个晶体可看成是由这样的最小单元在空间以$a_1$、$a_2$、$a_3$为周期无限重复排列构成，通常称这样选取的最小的重复单元为固体物理学原胞或初基原

---

[1] 1Å$=10^{-10}$m$=0.1$nm。

胞，简称原胞。

原胞中的基元若只由一个原子构成，原子中心与阵点中心重合，则称为简单原胞。然而，更为普遍的是原胞中包括两个或两个以上原子，这种原胞称为复式原胞。复式原胞的特点是：各基元中相应的周围环境情况都是完全一样的同种原子构成布拉菲格子，且基元中不同原子构成的布拉菲格子是相同的，只是相对有一定位移。所以复式原胞是由构成的基元中原子以若干相同的布拉菲格子相互位移套构而成。

图 3.4（a）为单层石墨烯的平面晶格结构，图中相邻碳原子周围的环境情况有所不同，虽然所有碳原子都与周围三个碳原子呈 $sp^2$ 杂化成键，但其中半数碳原子与周围碳原子以等边三角形的角尖朝下（▽）配位，相间碳原子均以该种形式形成菱形布拉菲格子（如实线），而与之相邻的碳原子均以等边三角形的角尖朝上（△）配位，形成另一套菱形布拉菲格子（如虚线），两套布拉菲格子相互位移套构而成，所以该格子为复式格子，若以实线菱形为其原胞，基元中含有两个碳原子。图 3.4（b）为面心立方金属（如 Cu、γ-Fe）的晶胞结构，该晶胞含有 4 个金属原子。所有同种原子周围环境情况完全相同，图中的菱面体为该金属的对应原胞，含有 1 个金属原子。图 3.4（c）为金刚石晶体的晶胞结构，晶胞中含有 8 个碳原子。但碳原子的周围的环境情况分两种情形，处于晶胞内的碳原子与在顶点和面心位置的碳原子周围的环境不同，分别用黑色和灰色加以区别。其划分的原胞为菱面体，单位原胞中含有 2 个碳原子，故为复式原胞。

从上面的例子可以看出，选择的晶胞不仅考虑微观结构的周期性，而且还能反映其对称性的特征，遵循平面六面体的划分原则，其具体形状固定。而原胞的选择只考虑其微观结构的周期性，其具体形状不唯一。一般情况下，晶体的晶胞体积大于对应原胞的体积，如面心立方的金属晶胞体积是原胞的 4 倍，而体心立方的金属晶胞体积为原胞的 2 倍。

在此引入原胞的概念，以便于加强与晶胞的联系和区别，处理具体问题时能够便于更好理解和掌握。

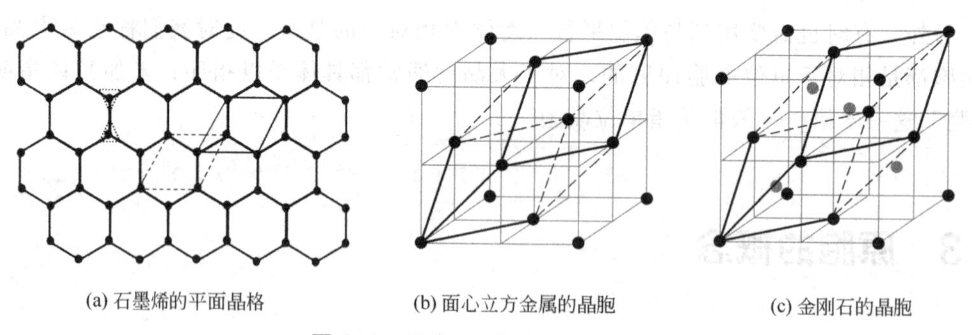

(a) 石墨烯的平面晶格　　(b) 面心立方金属的晶胞　　(c) 金刚石的晶胞

**图 3.4　同种原子构成的复式原胞**

## 习题三

1. 在 14 种布拉菲空间格子中，为什么没有四方面心格子？按单位平行六面体的选择法则它应改成什么格子？请画图表示之。此格子与原来的四方面心格子两者的平行六面体参数及体积间的关系如何？

2. 三方菱面体格子可以转换为六方格子，但这种转换是不符合格子的选取原则的。请问：这种转换违背了格子选取原则的哪一条？

3. 解释单位晶胞和平行六面体的异同。

4. 解释晶胞和原胞的异同。

5. 解释说明面心立方的金属原胞和面心立方的金刚石原胞分别为简单原胞和复式原胞。

# 第 4 章　晶体的理想形态

之前我们研究了晶体的对称，但是属于同一对称型的晶体可以具有不同的形态，如图 4.1 所示的立方体、八面体对称型均为 $3L^4 4L^3 6L^2 9PC$，但晶体形态却不相同。因此仅从晶体对称来研究晶体外形是不够的，还必须进一步研究晶体形态。

晶体的理想形态可以分为两种类型：单形和聚形。

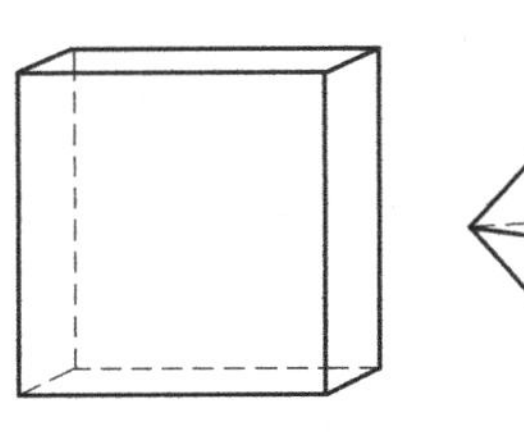
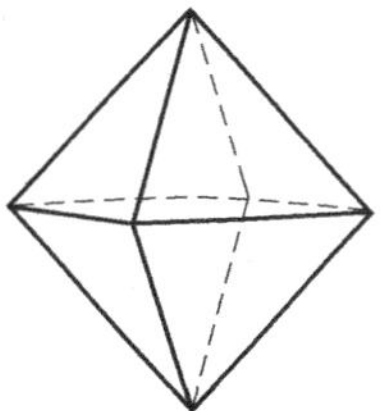

**图 4.1**　立方体和八面体

## 4.1　单形

### 4.1.1　单形的概念

单形是由对称要素联系起来的一组晶面的总和，也就是说，单形是由对称型中全部对称要素的作用而互相重复的一组晶面。因此同一单形的晶面应当同形等大。如图 4.1 中的八面体单形，它的一组晶面是 8 个同形等大的等边三角形晶面，由对称型中全部对称要素作用可以互相重复。

### 4.1.2　单形的推导

在同一对称型中，晶面与对称要素的相对位置不同，由对称要素的作用可以导出不同的单形。晶体共有 32 个对称型，因此可以导出晶体的全部单形。

现以 $L^2 2P$ 对称型为例说明单形的推导。对称型 $L^2 2P$ 的对称要素在空间的分布如图 4.2 (a)。原始晶面与对称要素的相对位置可能有七种：

(1) 位置 1 [图 4.2 (b)]，原始晶面垂直 $L^2$ 和 $2P$。通过 $L^2$ 和 $2P$ 的作用不能产生新的晶面，这一晶面就构成一个单形——单面。

(2) 位置 2 [图 4.2 (c)]，原始晶面平行 $L^2$ 和其中一个对称面 $P_2$，而垂直另一个对称面 $P_1$。通过 $L^2$ 或 $P$ 的作用可以产生另一平行它的新面，这一对面构成了一个单形——平行双面。

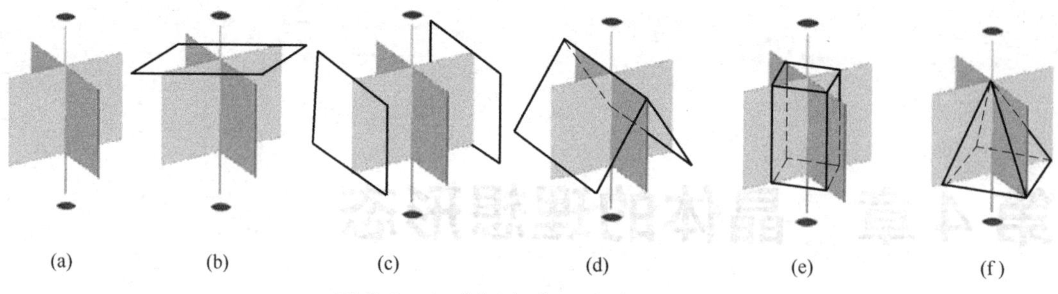


**图 4.2**　在对称型 $L^2 2P$ 中的单形推导

(3) 位置 3 相当于原始晶面由位置 2 开始绕 $L^2$ 旋转 90°。原始晶面平行于 $L^2$ 和其中一个对称面 $P_1$，而垂直于另一个对称面 $P_2$。其推导结果与原始晶面在位置 2 的情况相同。

(4) 位置 4 [图 4.2 (d)]，原始晶面与 $L^2$ 及 $P_2$ 斜交，而与 $P_1$ 垂直，由于 $L^2$ 和 $P_2$ 的作用可以产生一个与原始晶面相交的晶面，这两个晶面组成一个单形——双面。

(5) 位置 5 相当于位置 4 绕 $L^2$ 旋转 90°，即原始晶面与 $L^2$ 及 $P_1$ 斜交，而与 $P_2$ 垂直，其推导结果与原始晶面处于位置 4 的情况相同。

(6) 位置 6 [图 4.2 (e)]，原始晶面与 $L^2$ 平行。而与 $2P$ 斜交。通过 $2P$ 或通过 $P$ 与 $L^2$ 的作用可获得平行 $L^2$ 的四个晶面，它们组成一个单形——斜方柱。

(7) 位置 7 [图 4.2 (f)]，原始晶面与 $L^2$ 及 $2P$ 斜交。通过 $2P$ 或 $L^2$ 与 $P$ 的作用可获得相交于一个顶点的四个晶面，它们组成一个单形——斜方单锥。

总结起来，在对称型上 $L^2 2P$ 中晶面与对称要素的相对位置有七种，共推导出五种单形。每一个对称型中单形晶面与对称要素的相对位置最多只可能有七种，因此同一对称型中最多能推导出七种单形。对于那些包含对称要素较少的对称型来说，晶面与对称要素可能的相对位置数也会相应减少。

这样，对 32 种对称型逐个进行推导，去掉形态重复的单形（即只考虑几何形态不同的单形）共有 47 种，称为几何单形。

如果不仅考虑不同的几何形态，还考虑单形的不同对称性，则单形共有 146 种，称为结晶单形。即在这 146 种结晶单形中有些单形其几何形态相同，但它们本身的对称性不同，则为不同单形。所以结晶单形的数目远远多于几何单形。

## 4.1.3　47 种单形

47 种单形的几何形状见图 4.3。现将它们按低、中、高级晶族分别描述如下。一般说来，描述单形时要注意晶面的数目、形状、相互关系、晶面与对称要素的相对位置以及单形的横切面等。而单形的晶面数目、形状（包括晶面、横切面、单形的形状）常是单形命名的主要依据。

### 4.1.3.1　低级晶族的单形

低级晶族的单形共有七种。

(1) 单面。由一个晶面组成。

(2) 平行双面。由一对相互平行的晶面组成。

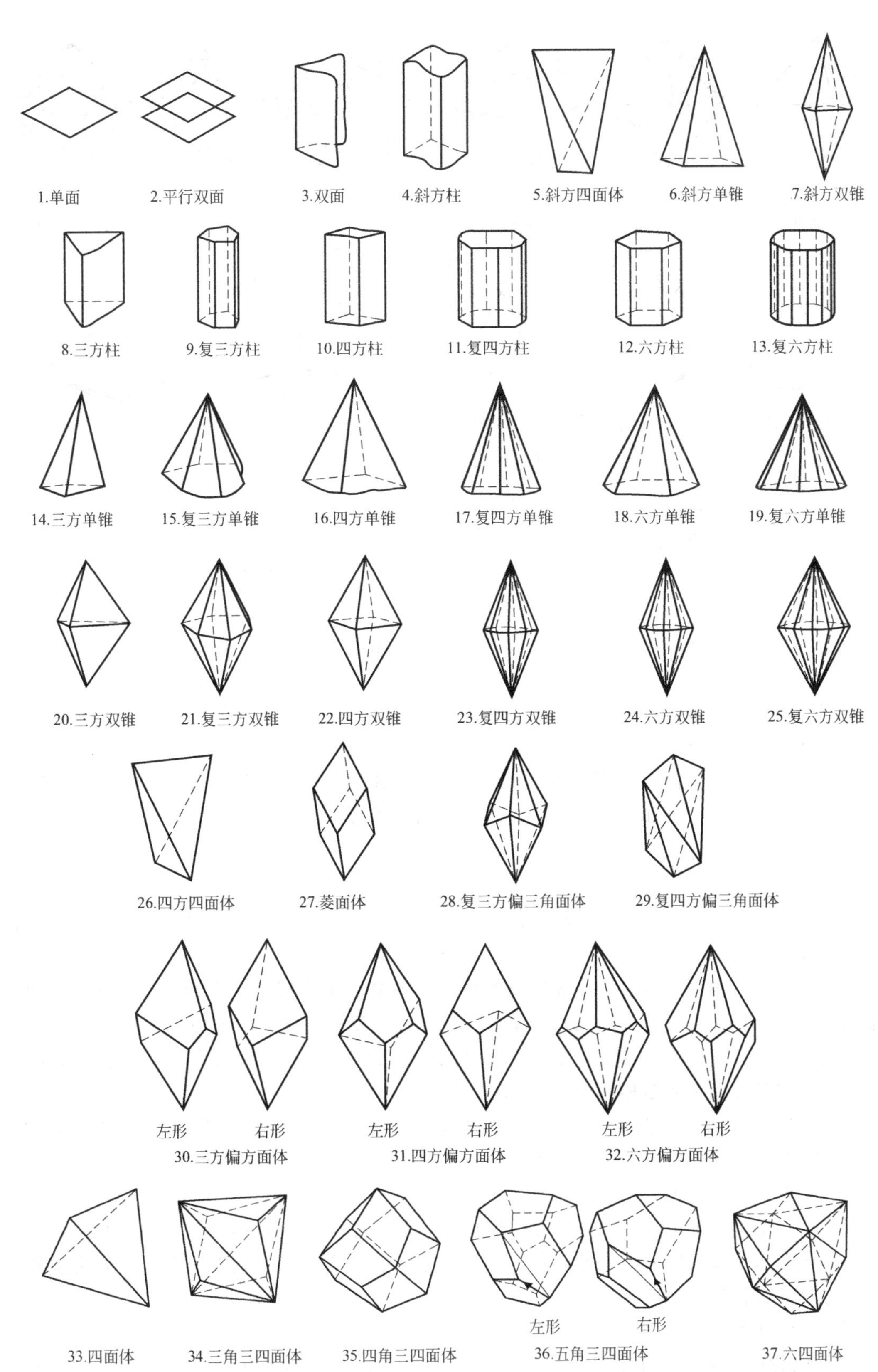
1.单面
2.平行双面
3.双面
4.斜方柱
5.斜方四面体
6.斜方单锥
7.斜方双锥
8.三方柱
9.复三方柱
10.四方柱
11.复四方柱
12.六方柱
13.复六方柱
14.三方单锥
15.复三方单锥
16.四方单锥
17.复四方单锥
18.六方单锥
19.复六方单锥
20.三方双锥
21.复三方双锥
22.四方双锥
23.复四方双锥
24.六方双锥
25.复六方双锥
26.四方四面体
27.菱面体
28.复三方偏三角面体
29.复四方偏三角面体
左形
右形
30.三方偏方面体
左形
右形
31.四方偏方面体
左形
右形
32.六方偏方面体
33.四面体
34.三角三四面体
35.四角三四面体
左形
右形
36.五角三四面体
37.六四面体

图 4.3

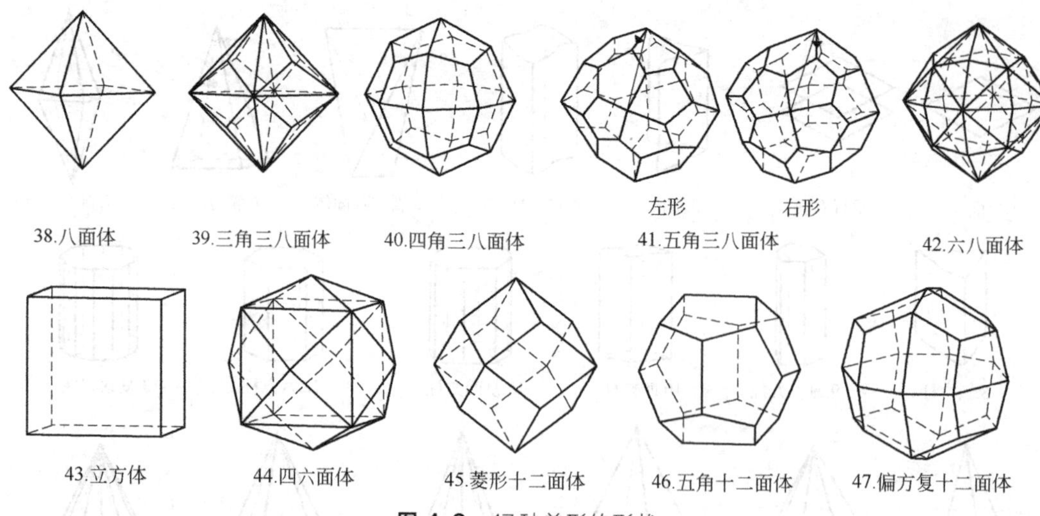


**图 4.3**　47 种单形的形状

（3）双面。由两个相交的晶面组成。若此二晶面由二次轴 $L^2$ 相联系时称轴双面；若由对称面 $P$ 相联系时称反映双面。

（4）斜方柱。由 4 个两两平行的晶面组成。它们相交的晶棱互相平行而形成柱体，横切面为菱形。

（5）斜方四面体。由 4 个互不平行的不等边三角形晶面组成。通过单形中心的横切面为菱形。

（6）斜方单锥。由 4 个不等边三角形的晶面相交于一点而形成的单锥体，锥顶出露点为 $L^2$，横切面为菱形。

（7）斜方双锥。由 8 个不等边三角形晶面所组成的双锥体，犹如两个斜方单锥以底面相联结而成。每 4 个相邻晶面汇聚一点，横切面为菱形。

### 4.1.3.2　中级晶族的单形

在中级晶族中，除垂直高次轴可以出现上述的单面和平行双面之外，尚可出现 25 种单形，现分类简述如下。

（1）柱类。单形是由若干晶面围成的柱体。各晶面相交棱互相平行并平行于高次轴。按其横切面的形状可以分为下列六种单形：三方柱、复三方柱、四方柱、复四方柱、六方柱、复六方柱。应当注意的是，复三方、复四方、复六方不是正六边形、正八边形和正十二边形，因其柱面夹角是相间相等。

（2）单锥类。单形是由若干晶面交于高次轴上的一点而形成的单锥体。与柱类情况相似，按其横切面的形状可分下列六种单形：三方单锥、复三方单锥、四方单锥、复四方单锥、六方单锥、复六方单锥。

（3）双锥类。单形是由若干晶面分别相交于高次轴上的两点而形成的单锥体。同样，根据横切面形状也可以分为三方双锥、复三方双锥、四方双锥、复四方双锥、六方双锥、复六方双锥五种单形。

（4）面体类。

① 四方四面体。由互不平行的 4 个等腰三角形晶面所组成。相间二晶面以底边相交，其交棱的中点为 $L_i^4$ 的出露点，围绕 $L_i^4$ 上部二晶面与下部二晶面错开 90°，通过单形中

心的横切面，为正四方形。

② 复四方偏三角面体。设想将四方四面体的每一晶面平分成两个不等边的偏三角形晶面，则由这样的 8 个不等边三角形的晶面所组成的单形即为复四方偏三角面体。通过单形中心的横切面为复四方形。

③ 菱面体。由两两平行的六个菱面的晶面组成。上下各三个晶面均各自分别交 $L^3$ 于一点，上下晶面绕 $L^3$ 相互错开 60°。

④ 复三方偏三角面体。设想将菱面体的每一个晶面平分为两个不等边的偏三角形晶面，则由这样的 12 个不等边晶面所组成的单形即为复三方偏三角面体。围绕 $L^3$ 它的上部 6 个晶面与下部 6 个晶面交错排列。

（5）偏方面体类。单形的晶面都呈具有两个邻边相等的偏四方形。与双锥相似，上部与下部的晶面分别各自交高次轴于一点，不同的是围绕高次轴上部晶面与下部晶面不是上下相对，而是错开了一定角度。



① 三方偏方面体。上下部各有 3 个晶面，共由 6 个晶面组成，通过单形中心的横切面为复三方形。

② 四方偏方面体。上下部各有 4 个晶面，共由 8 个晶面组成，通过单形中心的横切面为复四方形。

③ 六方偏方面体。上下部各有 6 个晶面，共由 12 个晶面组成，通过单形中心的横切面为复六方形。

#### 4.1.3.3　高级晶族的单形

高级晶族共有 15 个单形，为了便于描述和记忆，我们将其分为四类。

（1）四面体类。

① 四面体。由 4 个等边三角形组成，每个晶面均与 $L^3$ 垂直。晶棱的中点为 $L^2$ 或 $L_i^4$ 出露点。

② 三角三四面体。犹如四面体的每一个晶面突起，分为 3 个等腰三角形晶面而成。

③ 四角三四面体。犹如四面体的每一个晶面突起，分为 3 个四角形晶面而成。四角形的四个边两两相等。

④ 五角三四面体。犹如四面体的每一个晶面突起，分为 3 个偏五角形晶面而成。

⑤ 六四面体。犹如四面体的每一个晶面突起，分为 6 个不等边三角形而成。

（2）八面体类。

八面体由 8 个等边三角形晶面所组成，每个晶面均垂直于 $L^3$。

与四面体类情况相似，设想八面体的每一个晶面突起，平分为 3 个晶面，则根据晶面的形状分别可形成三角三八面体、四角三八面体、五角三八面体。而设想八面体的每个晶面突起平分为 6 个不等边三角形则可以形成六八面体。

（3）立方体类。

① 立方体。由两两相互平行的 6 个正四边形晶面组成。相邻晶面间均以直角相交。

② 四六面体。设想立方体的每个晶面突起平分为 4 个等腰三角形晶面，则这样的 24 个晶面组成了四六面体。

（4）十二面体类。

① 菱形十二面体。由 12 个菱形晶面组成，晶面两两平行。相邻晶面间的交角为 90°

或 120°。

② 五角十二面体。由 12 个五边形晶面组成。五边形晶面的四条边长相等，而另一边与之不等。

③ 偏方复十二面体。设想五角十二面体的每个晶面突起平分两个具有二邻边等长的偏四方形晶面，则这样的 24 个晶面组成偏方复十二面体。

#### 4.1.3.4 几何单形的其他划分方法

总结共有 47 种几何单形，从不同角度出发又可将它们做如下划分。

(1) 一般形与特殊形。根据单形晶面与对称要素的相对位置划分为一般形与特殊形。凡是单形晶面处于特殊位置，即晶面垂直或平行于任何对称要素，或者与相同的对称要素以等角相交，则这种单形称为特殊形；反之，单形晶面处于一般位置，即不与任何对称要素垂直或平行（立方晶系中的一般形有时可平行三次轴的情况除外），也不与相同的对称要素以等角相交，则这种单形称为一般形。

一个对称型中，只可能有一种一般形，晶类即以其一般形的名称来命名（见表 2.4）。

(2) 开形和闭形。根据单形的晶面是否可以自相闭合来划分，凡是单形的晶面不能封闭一定空间者为开形，例如平行双面、各种柱类等；反之，凡是其晶面可封闭一定空间者，则称为闭形，例如各种双锥以及立方晶系的全部单形等。

(3) 左形和右形。互为镜像，但不能以旋转操作使之重合的两个图形，称为左右形。从几何形态来看，偏方面体、五角三四面体和五角三八面体都有左形和右形之分。识别其左右形的方法：

对于偏方面体，以上部偏方面的两个不等的边为准，长边在左者为左形，长边在右者为右形（如图 4.3 中 30～32）。

对于五角三四面体（如图 4.3 中 36），在其两个 $L^3$ 出露点之间，可以找到由二条晶棱组成的一条折线，还可以联系两个 $L^3$ 的出露点作一条假想直线来辅助观察，若组成折线的最下边的一条晶棱偏向左上方，即为左形；反之，即为右形。

对于五角三八面体（如图 4.3 中 41），在其两个 $L^4$ 出露点之间可以找到由三条晶棱组成的一条折线，联系该两个 $L^4$ 的出露点作一条假想直线来辅助观察，若折线中最上方的一条晶棱偏向直线的左下方，即为左形；反之，即为右形。

## 4.2 聚形

### 4.2.1 聚形的概念

两个或两个以上的单形的聚合称为聚形。图 4.4 是由四方柱和四方双锥聚合而成的聚形，用粗线画出了它们的聚形的形态。

由图 4.4 可见，有几个单形相聚，其聚形上就有几种不同的晶面。在聚形上不同单形的晶面不同形等大，同一单形的晶面同形等大。但是，由于单形相聚彼此相互切割，单形晶面的形状与原来相比有所变化，因此，绝不能根据聚形上的晶面形状来判定组成该聚形的单形名称（采用代表性的晶面符号）。

单形的聚合不是任意的，必须是属于同一对称型的单形才能相聚，也就是说，聚形也必须是属于一定的对称型，因此，聚形中的每一个单形的对称型当然都与该聚形的对称型一致。

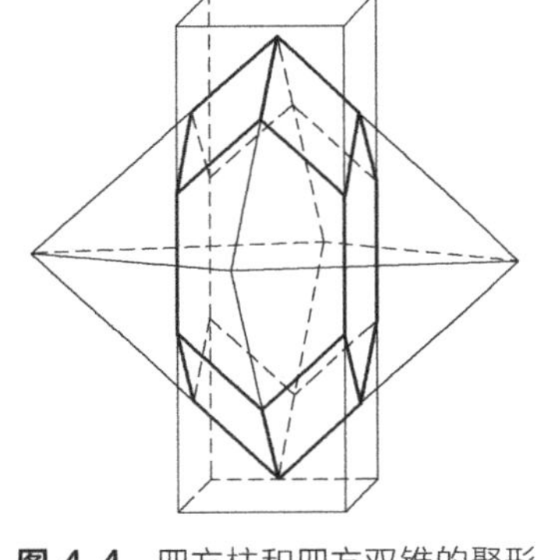

**图 4.4**　四方柱和四方双锥的聚形

### 4.2.2　聚形分析

聚形分析就是判定一个聚形是由哪几种单形组成的。聚形分析步骤如下：

（1）确定聚形的对称型、晶系。

（2）确定聚形上的单形数目及每种单形的晶面数目。

（3）确定单形名称。可把聚形上同一单形的各晶面想象地延长相交，根据相交后的单形的形状定名。还可以根据单形的所属晶系、晶面数目以及晶面与对称要素的关系等确定单形的名称。

以图 4.4 为例，分析该聚形的对称型 $L^4 4L^2 5PC$，属于四方晶系。从聚形中分析的单形必须是属于该对称型。该聚形有两种不同的晶面，由此可知有两种单形。其单形的晶面数目分别为 4 和 8。再将同一单形的各晶面想象延长（扩展），是具有四个晶面单形，晶面延长后相交校相互平行，横切面为正四边形，其单形形状为四方柱。而具有八个晶面的单形，晶面延长后，相邻的四个晶面都会聚一点。横切面为正四边形，其单形形状为四方双锥。因此，聚形中的单形分别确定为四方柱和四方双锥。

## 习题四

1. 总结归纳各晶系的单形。哪些单形仅出现在一个晶系或晶族中？哪些单形可以在不同晶系中出现？

2. 单面和平行双面仅在低级晶族出现吗？

3. 仅靠单形符号即可知道单形吗？为什么？如 {100}、{110}、{$hk0$}，你知道它们是何种单形吗？

4. 以下列各组单形能否组成聚形？其理由是什么？

①八面体与平行双面；②四方双锥与平行双面；③六方柱与菱面体；④两个四方柱；⑤两个四面体。

5. 一个晶体至少应由几个晶面组成？该晶体包含什么样的单形？

6. 能否说立方体是由三对平行双面所组成？为什么？

7. 为什么立方晶系的单形都是闭形，而单斜和三斜晶系的单形都是开形？

8. 晶面与任何一个点群对称元素间的关系至多有 7 种，能否说一个晶体上堆垛至多只能有 7 种单形相聚而成的聚形？为什么？

9. 能否存在由以下各组内的两个同种单形所构成的完整聚形？如不能，其理由是什么？

①两个四方柱；②两个菱面体；③两个菱形十二面体；④两个四面体。

# 第5章　结晶学的定向和结晶符号

通过前几章的讨论，已经确定了晶体的点群、单形和聚形。但是，仍不能获得晶体形态的完整概念，如图5.1所示的两个晶体，同属于$L^4 4L^2 5PC$点群，都是由四方柱和四方双锥组成的聚形。但是由于四方柱和四方双锥的相对位置不同，因而具有不同的形态。要想确切地表示晶面在空间的相对位置，就需要选择一个坐标系统（结晶学定向），用一定的符号表示它们在空间的位置。

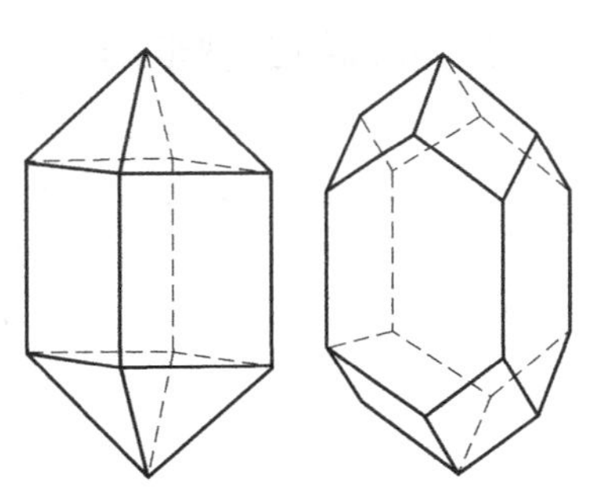
**图5.1** 具有相同对称型和单形的两种聚形

利用晶体的对称特点，进行结晶学定向（晶体定向）。可以用数字具体表示晶体中点、线、面的相对位置关系，从而构筑晶体的结晶学符号。

## 5.1　结晶学定向

### 5.1.1　晶体定向的概念

晶体的定向是指在晶体中按一定法则所选定的一个三维坐标系。晶体定向就是在晶体上选择坐标轴和轴单位或轴率（轴单位之比）。

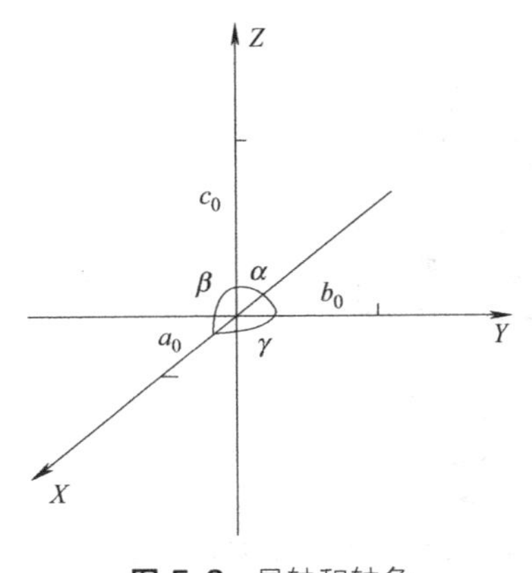

**图5.2** 晶轴和轴角

对称是晶体的基本属性，各种图形在晶体中呈对称分布。为了便于表示和计算晶体中这些呈对称关系的图形，结晶轴一般选择在对称要素所在方向上，同时，结晶轴也应处在晶体格子构造的行列方向上。

（1）结晶轴（晶轴）。除三方晶系和六方晶系因其特殊的对称特点一般采用四轴定向外，其余晶系则采用三轴定向，如图5.2所示。在三轴定向中，$Z$轴（或$c$轴）直立向上，上端为正，下端为负；$Y$轴（或$b$轴）左右水平，右端为正，左端为负；$X$轴（或$a$轴）前后方向，前端为正，后端为负。在四轴定向中，$Z$轴和

$Y$ 轴与三轴定向规定相同，而 $X$ 轴正端则向左偏转 30°；增加 $U$ 轴的正端位于 $X$ 轴负端和 $Y$ 轴负端中间，$X$、$Y$、$U$ 三个水平结晶轴正端之间均形成 120°交角。

每两个结晶轴正端之间的交角称为轴角。一般情况下，$\alpha$：$b$ 轴 $\wedge c$ 轴；$\beta$：$c$ 轴 $\wedge a$ 轴；$\gamma$：$a$ 轴 $\wedge b$ 轴。

(2) 轴单位（轴长）及轴率。结晶轴所在晶体格子构造中的行列的结点间距，就是该结晶轴的轴单位，分别以 $a_0$、$b_0$、$c_0$ 表示。轴率就是 $a$ 轴、$b$ 轴、$c$ 轴三个结晶轴轴单位的连比，记为 $a_0:b_0:c_0$，通常都写成以 $b_0$ 为 1 的连比式：$A:1:C$。

(3) 晶体常数。轴单位或轴率 $a_0:b_0:c_0$ 和轴角 $\alpha$、$\beta$、$\gamma$ 合称为晶体常数，是表示一个晶体的结晶学坐标系的一组参数。不同的晶体具有不同的常数。

### 5.1.2 晶体的三轴定向

结晶轴的选择应遵守以下原则：

① 结晶轴的选择应当符合晶体所固有的对称性，选择结晶轴首先要选择对称轴和对称面法线的方向，若没有对称轴和对称面，则平行晶棱选取。

② 在上述前提下，应尽可能使晶轴垂直或趋于垂直，并使轴单位趋向于相等，即尽可能使之趋向于：$a_0=b_0=c_0$，$\alpha=\beta=\gamma=90°$。

常规以三个不共面的结晶轴作为坐标系。选择结晶轴的一般步骤是：有 $L^4$ 时首先选择 $L^4$ 为结晶轴；如 $L^4$ 不够或没有时，便选 $L^2$；若 $L^2$ 不够或没有时，再选 $P$ 的法线。最后，如果连 $P$ 也不够或没有时，才选择适当的显著晶棱方向作为结晶轴。

现将各晶系选择晶轴的原则讲解如下：

(1) 立方晶系晶体定向。立方晶体共有 5 个点群，其每个点群都具有 4 个 $L^3$，且除 $4L^3$ 外，必定还有 3 个互相垂直的 $L^2$（点群 23，$m3$）、$L^4$（点群 432，$m3m$）或 $L_i^4$（点群 $\bar{4}3m$）。因此，对立方晶系晶体的定向，就是分别选择相互垂直的 3 个 $L^4$（或 $L^2$、$L_i^4$）为 $X$（或 $a$）、$Y$（或 $b$）、$Z$（或 $c$）轴。图 5.3 是具有 $m3m$ 点群晶体的定向的实例。

(2) 四方晶系晶体定向。四方晶系共有 7 个点群，其具有唯一的高次轴 $L^4$（或 $L_i^4$）。选取 $L^4$ 或 $L_i^4$ 为 $Z$（或 $c$）轴，以垂直 $Z$ 轴并互相垂直的两个 $L^2$ 为 $X$（或 $a$）、$Y$（或 $b$）轴。图 5.4 是具有 $4/mmm$ 点群晶体的定向的实例。

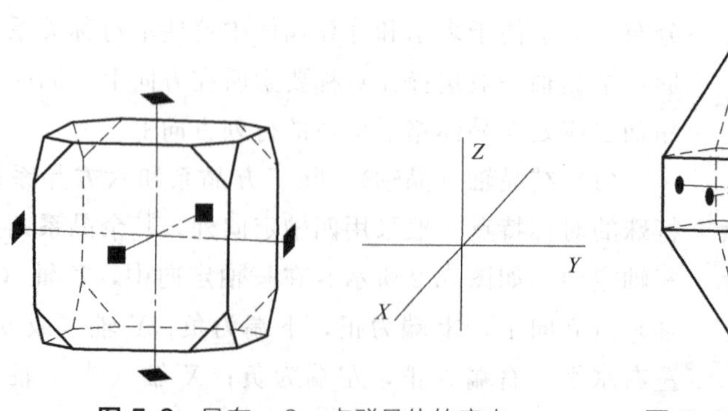

图 5.3 具有 $m3m$ 点群晶体的定向

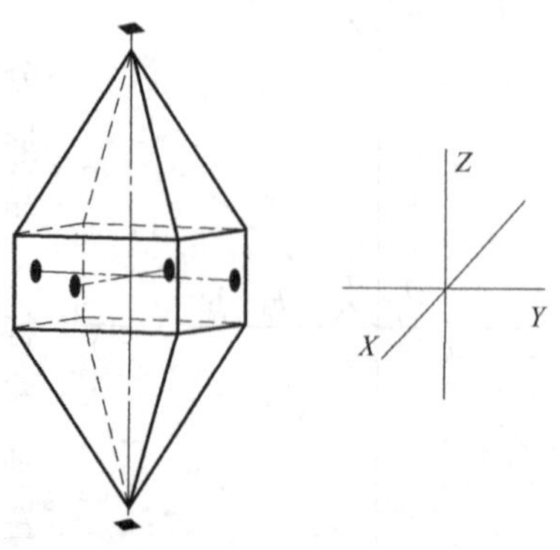

图 5.4 具有 $4/mmm$ 点群晶体的定向

当无 $L^2$ 时，则以包含 $L^4$ 或 $L_i^4$ 的对称面的法线方向为 $X$（或 $a$）、$Y$（或 $b$）轴（$L^4 4P$），并使 $a$、$b$ 轴互相垂直。

当无 $L^2$、无 $P$ 时，则以垂直于 $L^4$ 或 $L_i^4$，且互相垂直的一组显著晶棱方向作为 $X$（或 $a$）、$Y$（或 $b$）轴。

（3）三方和六方晶系晶体定向。三方晶系和六方晶系分别含有 5 个和 7 个点群，三方晶系其特点是具有唯一的高次轴 $L^3$（或 $L_i^3$），而六方晶系其特点是具有唯一的高次轴 $L^6$（或 $L_i^6$）。选取高次轴为 $Z$（或 $c$）轴，对于同时含有对称轴 $L^2$ 点群的晶体，以垂直 $Z$ 轴并互相斜交钝角为 120°的两个 $L^2$ 为 $X$（或 $a$）、$Y$（或 $b$）轴。图 5.5 是具有 $6/mmm$ 点群晶体的定向的实例。

当无 $L^2$ 时，则以包含高次轴的互成 120°角的 $P$ 的法线为 $X$（或 $a$）、$Y$（或 $b$）轴（$L^6 6P$），并使 $a$、$b$ 轴互相垂直。

当无 $L^2$、无 $P$ 时，则以垂直于高次轴，且互相成 120°角的一组显著晶棱方向作为 $X$（或 $a$）、$Y$（或 $b$）轴。

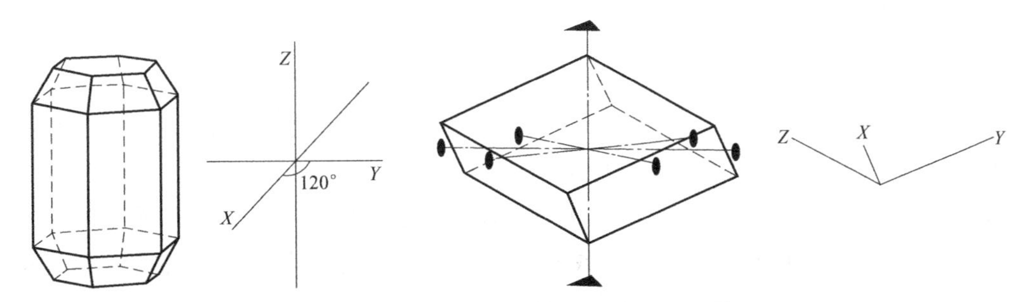


**图 5.5** 具有 6/mmm 点群晶体的定向 **图 5.6** 具有点群 $\bar{3}m$ 晶体的三轴定向

对三方晶系的晶体，虽然多数采用的定向原则与六方晶系相同（即四轴定向），但也可以三轴定向（米勒定向）。图 5.6 是具有点群 $\bar{3}m$ 三轴定向的图解。可以看出，与 $L_i^3$ 成等角度相交的三条等长度晶棱，相互之间也以等角度相交且不在同一平面上，故分别选择 $X$、$Y$、$Z$ 轴方向与三条晶棱方向重合。这样的定向也同样符合选择晶轴的原则“满足对称特点，尽量使得晶轴正交”，获得的晶体几何常数为 $a_0=b_0=c_0$，$\alpha=\beta=\gamma\neq 60°$、90°、109°28′16″（当等于这几个数值时，格子的对称性将转换为后面叙述的立方原始、立方面心和立方体心格子）。注意，按照上面的三轴定向，这里唯一的高次轴 $L_i^3$ 不再确定为 $Z$ 轴。习惯上，对三方晶系晶体以四轴的方式来定向。

（4）正交晶系晶体定向。正交晶系共有 3 个点群。点群 222 和 $2/mmm$ 都具有相互垂直的 3 个 $L^2$，分别确定为 $X$（或 $a$）、$Y$（或 $b$）、$Z$（或 $c$）轴。而在 $L^2 2P$ 点群中，以 $L^2$ 为 $Z$（或 $c$）轴，以相互垂直 $2P$ 的法线分别为 $X$（或 $a$）、$Y$（或 $b$）轴。图 5.7 是具有 $mmm$ 点群晶体的定向的实例。

（5）单斜晶系晶体定向。单斜晶系仅有 2、$m$ 和 $2/m$ 三个点群，其中 $2/m$ 点群的 $P$ 的法线方向与 $L^2$ 正好重合。因此，在这里可供选择作为结晶轴的对称元素仅有一个，即以唯一的 $L^2$ 或 $P$ 的法线为 $Y$（或 $b$）轴，使之左右水平，以垂直 $Y$ 轴的主要晶棱方向为 $Z$（或 $c$）轴及 $X$（或 $a$）轴，并使 $\beta>90°$。图 5.8 是具有 $2/m$ 点群晶体的定向的实例。

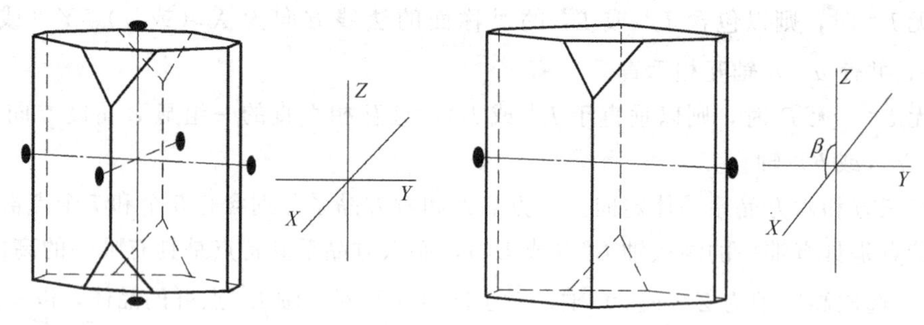


**图 5.7** 具有 *mmm* 点群晶体的定向 **图 5.8** 具有 2/*m* 点群晶体的定向

（6）三斜晶系晶体定向。对于三斜晶系的晶体，只包含 1 和 $\bar{1}$ 两个点群，不存在对称面和其他对称轴，故只能以不在同一平面内的三个主要晶棱方向为 $X$（或 $a$）、$Y$（或 $b$）、$Z$（或 $c$）轴。

### 5.1.3 晶体的四轴定向

晶体的四轴定向适用于三方晶系和六方晶系的晶体，它与三轴定向的区别在于，除选择一个直立的结晶轴（$Z$ 轴），还要选择三个水平结晶轴（$X$、$Y$、$U$ 轴），且三个水平结晶轴之间均形成 120°交角，如图 5.9 所示。

选唯一的高次轴 $L^3$（$L_i^3$）或 $L^6$（$L_i^6$）为 $Z$ 轴，在垂直于 $Z$ 轴的平面内选择三个相同的，互成 120°交角的 $L^2$ 或 $P$ 的法线。无 $L^2$ 或 $P$ 的三方、六方晶系的点群，可选择适当晶棱方向作为水平结晶轴。三方和六方晶系晶体常数均为 $a_0=b_0\neq c_0$，$\alpha=\beta=90°$，$\gamma=120°$。

注意：选择水平结晶轴时，一般情况是优先考虑 $L^2$，只有当没有 $L^2$ 时才考虑 $P$ 的法线。

图 5.10 是点群 $\bar{3}m$ 晶体的四轴定向的图解。可以与其三轴定向（图 5.6）作一比较，从而可以理解其中的差别。

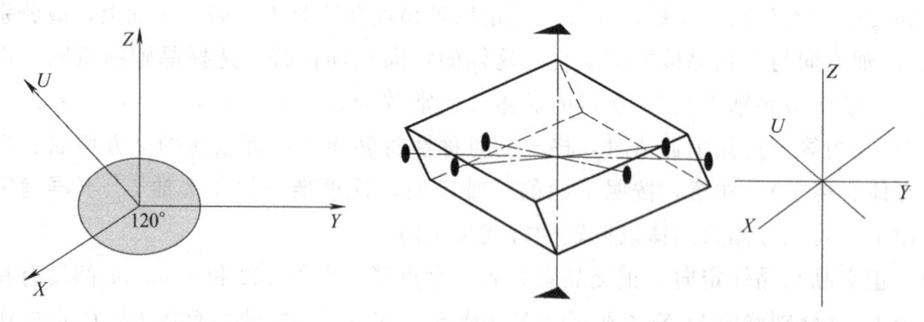


**图 5.9** 晶体的四轴定向 **图 5.10** 具有点群 $\bar{3}m$ 晶体的四轴定向

## 5.2 整数定律

整数定律又称有理指数定律，由法国矿物学家阿羽西（1743—1822 年）首先总结提出，故也称“阿羽西定律”，为晶面符号的建立奠定了基础。如果以平行于三根不共面的晶棱的直线作为坐标轴，则晶体上任意晶面在三个坐标轴上所截截距系数之比为一个简单整数比。

截距系数即某一晶面在 X、Y、Z 轴上所截截距与其轴单位之比。如图 5.11（注意不考虑方向的情况下），$a_1b_1$ 晶面在 $a$ 轴上的截距是 $1a$，$b$ 轴上的截距是 $1b$，则其截距系数为：

考虑与 $a_1b_1$ 平行的晶面截晶轴于结点，而晶面分别截 $a$、$b$ 轴，在结点之间，将其平移至 $a_1b_1$ 处截 $a$、$b$ 轴，在结点上 $a_1=1a$ 和 $b_1=1b$，则截 $a$、$b$ 轴的截距系数分别为 $\frac{1a}{a}=1$，$\frac{1b}{b}=1$；而 $a_1b_2$ 截 $a$、$b$ 轴的截距系数分别为 $\frac{1a}{a}=1$，$\frac{2b}{b}=2$。

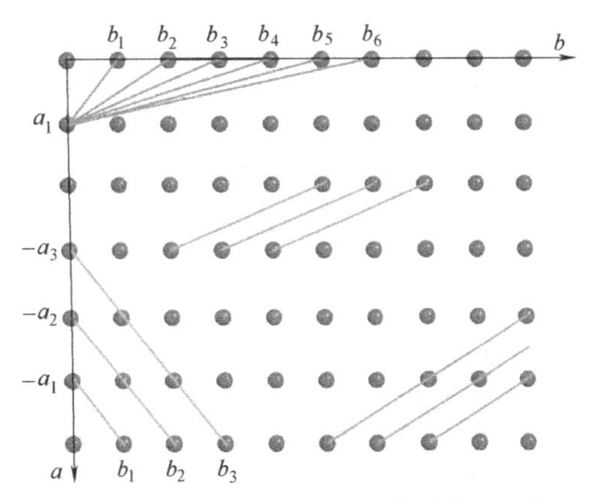

**图 5.11**　不同面网在 X 轴与 Y 轴的截距系数

因此，若以晶轴上的结点间距 $a$、$b$、$c$ 作为度量单位，则晶面在晶轴上的截距系数之比为整数比。

如图 5.11 所示，一组面网均截 $a$ 轴于 $a_1$ 点，截 $b$ 轴分别于 $b_1$、$b_2$、…、$b_n$ 点，从网面密度来看，$a_1b_1>a_1b_2>a_1b_3>\cdots>a_1b_n$，其中 $a$、$b$ 轴上的截距系数之比则为：$a_1b_1=1:1$，$a_1b_2=1:2$，…，$a_1b_n=1:n$，即晶面截距系数之比为简单整数比，亦即面网密度越大，晶面在晶轴上的截距系数之比越简单。

根据布拉维法则，晶体被面网密度大的晶面所包围。因此，晶面在晶轴上的截距系数之比为简单整数比。

# 5.3　结晶学符号

结晶学符号分别有晶向（晶棱）符号、晶面符号、单形符号、晶带符号、晶面族符号、晶向族符号等。

## 5.3.1　晶向符号

晶向（晶棱）符号是表征晶棱（直线）方向的符号，它不涉及晶棱的具体位置，即所有平行晶棱具有同一个晶向符号。确定晶棱符号的方法如下：将晶棱平移，使之通过晶轴交点，然后在其上任取一点，求出此点在三个晶轴上的坐标（$x$，$y$，$z$），并以轴长来度量，即坐标值除以相应的轴长得到坐标系数，按坐标顺序将坐标系数比化简成最简单整数比，去掉比号，加中括号括之，即为晶向符号。

如图 5.12 所示，设晶体上有一晶棱 $PQ$，将其平移通过晶轴的交点，并在其上任意取一点 $M$，$M$ 点在三个晶轴上的坐标分别为 $OR=2a$、$OS=3b$ 和 $OW=6c$，三个轴的轴长分别为 $a_0$、$b_0$、$c_0$，则 $r:s:w=\frac{OR}{a_0}:\frac{OS}{b_0}:\frac{OW}{c_0}=2:3:6$。故该晶棱的符号为 [236]。

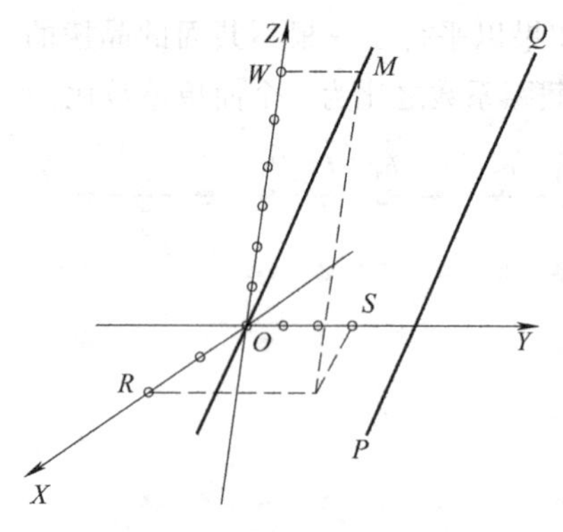


图 5.12　晶向符号示意图

中括号内的数字称为晶向指数。晶面指数严格按照 $X$、$Y$、$Z$ 晶轴的顺序排列。

若晶向平行于某晶轴，对于三晶轴坐标，则其在其他两晶轴的晶向指数为 0，如分别平行 $a$、$b$、$c$ 轴方向的晶棱符号分别为［100］、［010］、［001］。如果晶向与晶轴相交在负端，则在相应的指数之上加一负号“—”。

现以立方晶系为例，如图 5.13 所示，$X$、$Y$、$Z$ 晶轴的晶向符号分别为［100］、［010］、［001］。面对角线所示方向分别为［110］、［$10\bar{1}$］、［$\bar{1}01$］，其中［$10\bar{1}$］、［$\bar{1}01$］相应晶向指数符号相反，代表同一晶棱方向，但方向相反。体对角线所示方向分别为［111］、［$\bar{1}\bar{1}\bar{1}$］。从一顶点向其中一个对棱中点的连线的晶向符号可表示为［221］。

三方和六方晶系晶体的晶向指数同样可以应用上述三轴方法标定，这时取 $X(a_1)$，$Y(a_2$ 或 $b)$，$Z(c)$ 为晶轴，而 $a_1$ 轴与 $a_2$ 轴的夹角为 120°，$c$ 轴与 $a_1$、$a_2$ 轴相垂直。但这种三轴方法标定的晶面指数和晶向指数，不能完全显示三方和六方晶系的对称性。

对三方晶系或六方晶系的晶体通常采用 $X(a_1)$、$Y(a_2)$、$U(a_3)$ 及 $Z(c)$ 四个晶轴，其中 $a_1$、$a_2$、$a_3$ 处于同一底面上，且 $a_1$、$a_2$、$a_3$ 之间的夹角均为 120°，表示晶体底面的（三次或六次）对称性，$c$ 轴垂直于底面。这样，其晶面指数就以［$rstw$］表示。

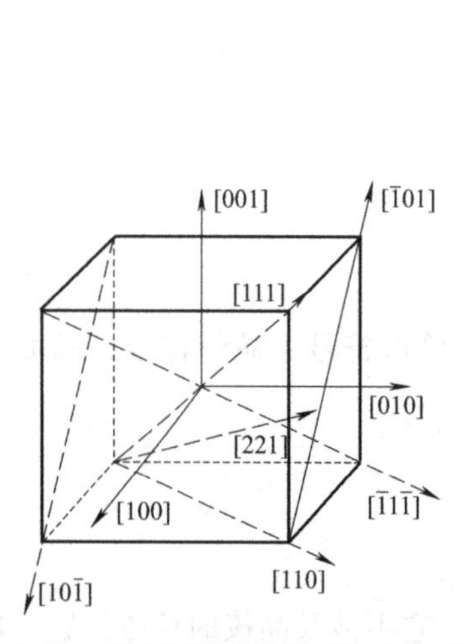


图 5.13　立方晶系晶体的代表晶向符号

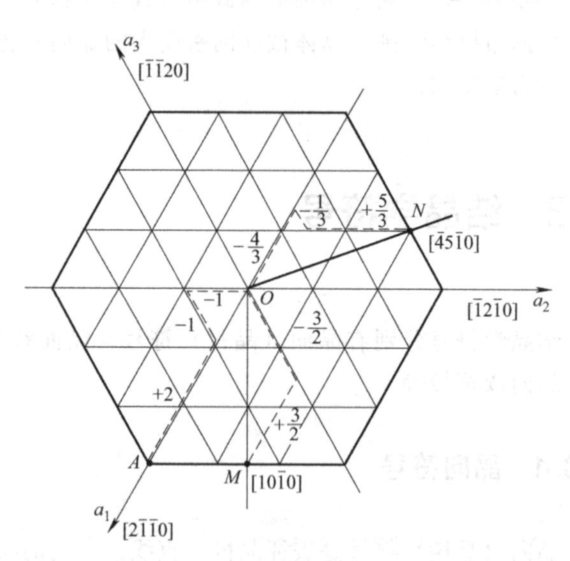


图 5.14　四轴定向的行走规则的图解

根据几何学可知，三维空间独立的坐标轴最多不超过三个。前三个指数中只有两个是独立的，则四轴分量表示一个矢量的方法出现无穷多种，为使指数唯一，设一额外限制条件，它们之间存在以下关系：$r+s+t=0$。

如图 5.14 所示，平行三方和六方晶体底面的晶向符号：$a_1$、$a_2$、$a_3$ 三晶轴的晶向符号分别为［$2\bar{1}\bar{1}0$］、［$\bar{1}2\bar{1}0$］和［$\bar{1}\bar{1}20$］，其中 $A$ 点坐标按照行走规则分别沿 $a_1$ 轴正向行走 2 个单位，$a_2$ 轴负向行走 1 个单位，$a_3$ 轴负向行走 1 个单位，故 $A$ 点坐标为（2，−1，−1，0），即

$a_1$ 晶向符号为 $[2\bar{1}\bar{1}0]$。同理，$M$ 点的坐标为$\left(\frac{3}{2},\ 0,\ -\frac{3}{2},\ 0\right)$，即晶向 $OM$ 的晶向符号为 $[10\bar{1}0]$；$M$ 点的坐标为$\left(-\frac{4}{3},\ \frac{5}{3},\ -\frac{1}{3},\ 0\right)$，即晶向 $OM$ 的晶向符号为 $[\bar{4}5\bar{1}0]$。

三晶轴定向和四晶轴定向的结晶学符号具有相关性。同一晶向在轴单位矢量分别为 $\vec{a}_1$、$\vec{a}_2$、$\vec{c}$ 的 3 晶轴确定的晶向指数为 $[RSW]$，而四晶轴的轴单位矢量 $\vec{a}_1$、$\vec{a}_2$、$\vec{a}_3$、$\vec{c}$，其对应的晶向指数为 $[r\ s\ t\ w]$，相互转化关系：

$$\vec{L}=r\vec{a}_1+s\vec{a}_2+t\vec{a}_3+w\vec{c}=R\vec{a}_1+S\vec{a}_2+W\vec{c}$$

根据：
$$\vec{a}_3=-(\vec{a}_1+\vec{a}_2)\qquad t=-(r+s)$$

$$r\vec{a}_1+s\vec{a}_2+(r+s)(\vec{a}_1+\vec{a}_2)+w\vec{c}=R\vec{a}_1+S\vec{a}_2+W\vec{c}$$

$$(2r+s)\vec{a}_1+(r+2s)\vec{a}_2+w\vec{c}=R\vec{a}_1+S\vec{a}_2+W\vec{c}$$

$$R=2r+s\qquad S=2s+r\qquad W=w$$

整理可得：
$$r=1/3(2R-S);\ s=1/3(2S-R);\ w=W;\ t=-(r+s)\tag{5.1}$$

根据式(5.1)，现分别考察三晶轴与四晶轴的典型晶向指数的对应情况，例如：对于 $[100]$ $r=\frac{2}{3}$、$s=-\frac{1}{3}$、$t=-\frac{1}{3}$、$w=0$，可得 $[2\bar{1}\bar{1}0]$；对于 $[\bar{1}01]$ $r=-\frac{2}{3}$、$s=\frac{1}{3}$、$t=\frac{1}{3}$、$w=1$，可得 $[\bar{2}113]$；对于 $[111]$ $r=\frac{1}{3}$、$s=\frac{1}{3}$、$t=-\frac{2}{3}$、$w=1$，可得 $[11\bar{2}3]$。如图 5.15 所示，代表晶向指数相互对应关系。

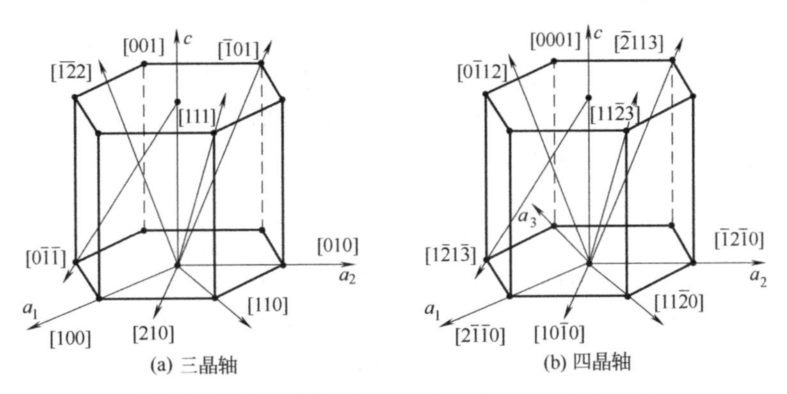


**图 5.15**　三晶轴与四晶轴的典型晶向指数对应关系

## 5.3.2　晶面符号

晶体定向后，根据晶面与各结晶轴间的交截关系，以某种数学形式的简单符号来表征晶面在晶体上的相对方位。这样一种用以表示晶面在晶体空间中取向关系的数字符号称为晶面符号。晶面符号有不同的类型，通常所采用的是米氏符号。米氏符号是英国学者米勒尔（W. H. Miller）于 1839 年创立的。

米氏符号是先求出晶面在各晶轴上的截距系数的倒数比，之后化简，去掉比号，以小括号括之即得。现举例说明。

设晶体上一个晶面 $HKL$ 分别在三个结晶轴 $a$、$b$、$c$ 轴上的截距依次为 $2a_0$、$3b_0$、$6c_0$，如图 5.16 所示，则 2、3、6 分别为截距系数（可分别以 $p$、$q$、$r$ 代表），其倒数比为$\frac{1}{2}:\frac{1}{3}:\frac{1}{6}=3:2:1$，去掉比号，以小括号括之，写作（321）即该晶面的米氏符号。

晶面的米氏符号，一般式可写成（$hkl$）。$h$、$k$、$l$ 称为该晶面的米氏指数，通常称晶面指数。晶面指数严格按照 $X$、$Y$、$Z$ 轴的顺序排列书写，不得颠倒。

若晶面平行于某晶轴，则晶面在该晶轴上的截距系数为∞，截距系数的倒数应为$\frac{1}{\infty}=0$，则晶面在该晶轴上的指数为 0。如果晶面与晶轴相交在负端，则在相应的指数之上加一负号“—”。

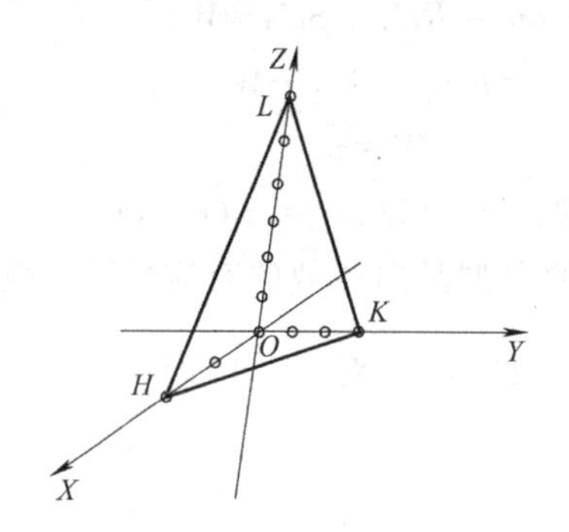


**图 5.16**　晶面符号示意图

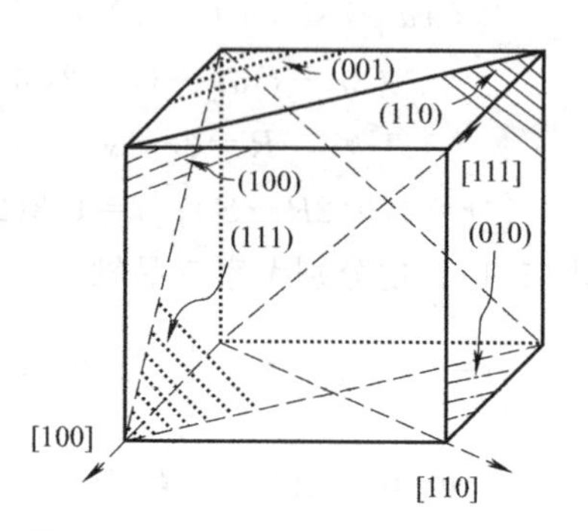


**图 5.17**　立方晶系的典型晶面符号

现以立方晶系为例，如图 5.17 所示，垂直于 $X$、$Y$、$Z$ 晶轴的晶面符号分别为（100）、（010）、（001）。与对角线晶向［110］垂直的晶面符号为（110）。与体对角线晶向［111］垂直的晶面符号为（111）。立方晶系的晶向符号与晶面符号对应的指数相同，二者呈现垂直关系。注意：此关系不全适合于其他晶系。如四方晶系（$a_0=b_0\neq c_0$）中，晶面（111）与晶向（111）不互相垂直。

依据米氏符号的定义规定，可得到如下规律：

① 米氏符号中某个指数为 0 时，表示该晶面与相应的结晶轴平行，（001）、（010）、（100）分别表示与 $c$、$b$、$a$ 轴相交，而与另两个晶轴平行的晶面。

② 同一米氏符号中，指数的绝对值越大，表示晶面在相应结晶轴上的截距系数值越小，在轴单位相等的情况下，还表示相应截距的绝对长度越短。

例如：在立方晶系（$a_0=b_0=c_0$）中的晶面（121），该晶面截 $a$ 与 $c$ 轴等长，而截 $b$ 轴则只有一半长。而在四方晶系（$a_0=b_0\neq c_0$）中，该晶面截 $b$ 轴为 $a$ 轴截距的一半，但截 $c$ 轴长度不确定。

③ 同一米氏符号中，如有两个指数的绝对值相等，而且与它们相对应的那两个结晶轴的单位也相等时，则晶面与此二结晶轴以等角度相交，如四方晶系中（112）晶面与 $a$、$b$ 轴等角度相交。

④ 在同一晶体中，如有两个晶面，它们对应的三组米氏指数的绝对值全部相等，而正负号恰好全部相反，则此二晶面相互平行，如（010）与（$0\bar{1}0$）、（111）与（$\bar{1}\bar{1}\bar{1}$）。

同样对于三方晶系或六方晶系的晶体采用四个晶轴定向，其晶面指数按照轴顺序依次排列，晶面指数的一般形式写作（$hkil$），其中限制条件：$h+k+i=0$。如图 5.18 所示，三晶轴中典型晶面（100）和（001）分别对应着四晶轴中的（$10\bar{1}0$）和（0001），同样，

(110) 对应 $(11\bar{2}0)$，而 $(1\bar{1}1)$ 对应 $(1\bar{1}01)$。四晶轴的前三位晶面指数均满足限制条件。

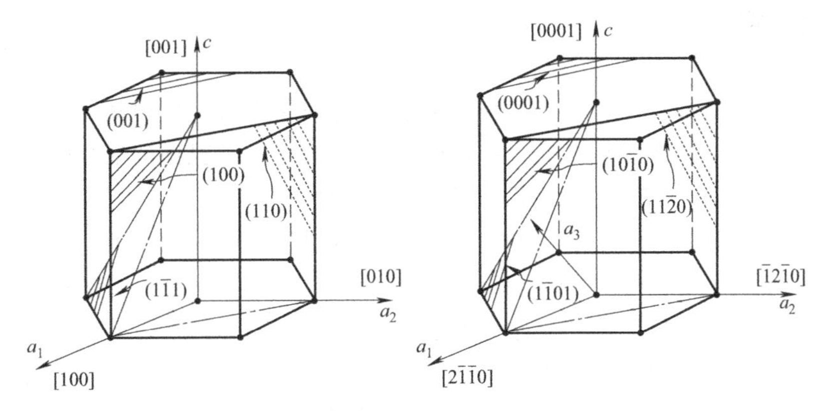


图 5.18　三晶轴和四晶轴的典型晶面符号

### 5.3.3　单形符号

代表单形各晶面在空间位置的符号称为单形符号（简称形号）。即在单形中选择一个代表晶面，把该晶面符号改用 $\{hkl\}$，代表一种单形，这种符号就是单形符号。

单形是由对称要素联系起来的一组晶面，单形上的晶轴是由该对称要素（点群）选择的，因此，同一单形的各晶面与晶轴都有着相同的相对位置。如立方体的每一个晶面都与一个晶轴垂直，与另两个晶轴平行（图 5.19）。因此，同一单形的各个晶面的指数绝对值不变，而只有顺序与正负号的区别。如立方体有六个晶面，其晶面符号分别为 (100)、$(\bar{1}00)$、(010)、$(0\bar{1}0)$、(001)、$(00\bar{1})$。因此，可在单形中选择某一晶面，代表单形各晶面在晶体上的空间方位。

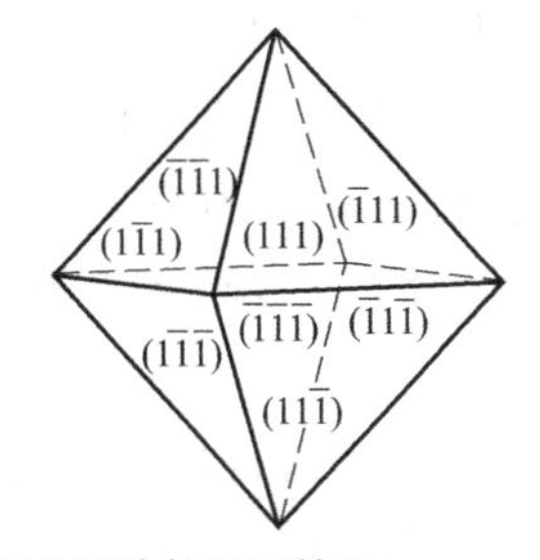


图 5.19　立方体和八面体的晶面符号

在选择单形的代表晶面定形号时，一般是选择正指数最多的晶面，同时还应遵循“先前、次右、后上”的原则。也就是说，选择的代表晶面一般应处于各晶轴的正向。根据这一原则，上述的立方体的单形符号应为 {100}，八面体的单形符号为 {111}。

关于图 5.1 所示的两个晶体，同属于 $L^4 4L^2 5PC$ 点群，都是由四方柱和四方双锥组成的聚形，左侧聚形是由四方柱 {100} 和四方双锥 {101} 聚合，而右侧聚形则可写成由四方柱 {100} 和四方双锥 {111} 聚合。

## 5.4　晶向族和晶面族

晶体是对称的，不仅体现在结构和外形上，而且也表现在物理和化学性质的对称。下面通过晶向族和晶面族来进一步解释晶体的对称性。

### 5.4.1 晶向族

晶体中因对称关系而等同的各组晶向组成一个晶向族。即晶体中某些晶向在空间位向上不同，但晶向原子排列情况相同，称为等价晶向，所有等价晶向的集合可归为一个晶向族，用〈*RSW*〉表示，三个量之间没有任何分隔符号。

对于立方晶系来说，[100]、[$\bar{1}$00]、[010]、[0$\bar{1}$0]、[001]、[00$\bar{1}$] 六个等价晶向，它们的性质完全相同，用符号〈100〉表示，写成〈100〉= [100] + [$\bar{1}$00] + [010] + [0$\bar{1}$0] + [001] + [00$\bar{1}$]，采用代表性晶向 [100] 换成〈100〉来表示该晶向族。若对于晶向族〈123〉，其晶向指数为变换顺序和正负号，具有 48 个等价晶向。如果不是立方晶系，改变晶向指数的顺序，所表示的晶向可能不是等同的。例如，对于四方晶系的〈100〉= [100] + [$\bar{1}$00] + [010] + [0$\bar{1}$0] 只由 4 个等价晶向组成，而〈001〉= [001] + [00$\bar{1}$] 只有 2 个等价晶向。对于四方晶系的晶体，其 3 个晶向不全为等价晶向，因为其方向上的原子距离分别是 $a_0=b_0\neq c_0$，沿着 $c_0$ 方向不同于 $a_0$、$b_0$ 方向，晶体性质并不相同。

### 5.4.2 晶面族

在晶体中因对称关系而等同的各组晶面组成一个晶面族。即晶体中某些晶面在空间位向上不同，但晶面原子排列情况相同，称为等价晶面。晶体内凡是晶面间距和晶面上原子排列分布情况完全相同，只是空间位向不同的一组等价晶面的集合称为晶面族，用 {*hkl*} 表示，与单形符号表达形式相同，采用代表性晶面指数表达。

对于立方晶系来说，晶面族 {100} =(100)+($\bar{1}$00) +(010)+(0$\bar{1}$0) +(001)+(00$\bar{1}$)，由 6 个等价晶面组成。同理，晶面族 {123}，其晶面指数为变换顺序和正负号，具有 48 个等价晶面。但对于其他晶系，由于各个晶系的对称性不同，等价晶面的数目有所不同。例如，对于正交晶系，{100} = (100) + ($\bar{1}$00)、{010} = (010) + (0$\bar{1}$0) 和 {001} = (001) + (00$\bar{1}$)，分别只由 2 个等价晶面组成，这 3 个晶向不为等价晶面，因为其方向上的原子距离分别是 $a_0\neq b_0\neq c_0$，在 3 个不同晶面上原子排列规律不同。

不同晶面族的晶面间距不相同。同一晶面族的原子排列方式相同，晶面间的间距相同。

晶面间距是晶面指数为（*hkl*）的晶面相邻两个晶面之间距离，用 $d_{(hkl)}$ 表示。*h*、*k*、*l* 为（*hkl*）的晶面指数，$a_0$、$b_0$、$c_0$ 为点阵常数，$\alpha$、$\beta$、$\gamma$ 为轴角，则 $d_{(hkl)}$ 一般表达式可写成：

$$d_{(hkl)}=f(a_0,b_0,c_0,\alpha,\beta,\gamma,h,k,l) \tag{5.2}$$

由于不同晶系的对称性不同，具体表达式可进一步简化，下面列举不同晶系的具体形式。

三斜晶系：

$$\frac{1}{d^2_{(hkl)}}=\frac{1}{1+2\cos\alpha\cos\beta\cos\gamma-\cos^2\alpha-\cos^2\beta-\cos^2\gamma}$$

$$\times\left[\frac{h^2\sin^2\alpha}{a_0^2}+\frac{k^2\sin^2\beta}{b_0^2}+\frac{l^2\sin^2\gamma}{c_0^2}+\frac{2hk}{a_0b_0}(\cos\alpha\cos\beta-\cos\gamma)\right.$$

$$+\frac{2kl}{b_0c_0}(\cos\beta\cos\gamma-\cos\alpha)+\frac{2hl}{a_0c_0}(\cos\gamma\cos\alpha-\cos\beta)\Big] \tag{5.3}$$

单斜晶系：

$$\frac{1}{d^2_{(hkl)}}=\frac{h^2}{a_0^2\sin^2\beta}+\frac{k^2}{b_0^2}+\frac{l^2}{c_0^2\sin^2\beta}-\frac{2hl\cos\beta}{a_0c_0\sin^2\beta} \tag{5.4}$$

斜方晶系：

$$\frac{1}{d^2_{(hkl)}}=\frac{h^2}{a_0^2}+\frac{k^2}{b_0^2}+\frac{l^2}{c_0^2} \tag{5.5}$$

四方晶系：

$$\frac{1}{d^2_{(hkl)}}=\frac{h^2+k^2}{a_0^2}+\frac{l^2}{c_0^2} \tag{5.6}$$

六方晶系：

$$\frac{1}{d^2_{(hkl)}}=\frac{4}{3}\left(\frac{h^2+hk+k^2}{a_0^2}\right)+\frac{l^2}{c_0^2} \tag{5.7}$$

立方晶系：

$$\frac{1}{d^2_{(hkl)}}=\frac{h^2+k^2+l^2}{a_0^2} \tag{5.8}$$

晶向族和晶面族中等价晶向和等价晶面的数目，在晶体诸多性质中体现，例如，晶体的晶格滑移系统的多少，由等价晶面和等价晶向共同构成的等价系统所决定，体心立方金属（铁、铜等）滑移系统有 48 个之多，通常易于滑移而产生塑性形变。而对于多晶 X 射线衍射中的多重性因子也是由晶面族中等价晶面数目决定的。

# 5.5 晶带定律

晶体上各个晶面相互间不是孤立的，它们可以通过一定的方式联结起来，从而构成晶面间的某种组合。凡是平行于同一晶棱方向的各晶面可组合在一起，由对称要素将一组晶面联系组合起来。

## 5.5.1 晶带和晶带轴的概念

平行或相交于同一直线的所有晶面构成一个晶带，此直线称为它们的晶带轴。属此晶带的晶面称为晶带面。晶体上彼此交棱相互平行的一组晶面的组合构成一个晶带。

晶带轴是指用以表示晶带方向的一根直线，它通过晶体中心，平行于该晶带的所有晶面的交棱。晶带用晶带轴的晶向符号 $[rsw]$ 表示。

必须注意，虽然晶带符号与晶向符号是同样形式的一个符号，但作为晶向符号时，它只代表一个晶棱方向；而作为晶带符号时，它代表与此晶棱方向平行的一组晶面。

## 5.5.2 晶带定律

德国学者魏斯（Christian Samuel Weiss）于 1805～1809 年间所确定的晶带定律（zone law）又称魏斯定律（Weiss zone law），其内容为：晶体上的任一晶面至少同时属于两个晶带，或者说，平行于两个相交晶带的公共平面必为一可能晶面。

晶带定律可表示为：同一晶带上晶带轴［$rsw$］和该晶带的晶带面（$hkl$）之间存在以下关系：

$$hr+ks+lw=0 \tag{5.9}$$

凡满足此关系的晶面都属于以［$rsw$］为晶带轴的晶带。

晶带定律的应用主要体现在：已知两个晶面，求包含此二晶面的晶带符号；求同时属于某两个已知晶带，该晶面的晶面符号；判断某一已知晶面是否属于某个已知的晶带；由四个互不平行的已知晶面，或四个已知晶带，求出晶体上一切可能的晶面与晶带（即晶棱）。

① 两不平行的晶面（$h_1k_1l_1$）和（$h_2k_2l_2$），可确定其晶带轴［$rsw$］。

$$h_1r+k_1s+l_1w=0$$

$$h_2r+k_2s+l_2w=0$$

整理可得：$r:s:w=(k_1l_2-k_2l_1):(l_1h_2-l_2h_1):(h_1k_2-h_2k_1)$

也可表示成：

$$\frac{\begin{array}{c|ccccc|c} h_1 & k_1 & & l_1 & & h_1 & & k_1 & l_1 \\ & & \times & & \times & & \times & & \\ h_2 & k_2 & & l_2 & & h_2 & & k_2 & l_2 \end{array}}{[rsw]=r:s:t=(k_1l_2-k_2l_1):(l_1h_2-l_2h_1):(h_1k_2-h_2k_1)} \tag{5.10}$$

② 二晶向［$r_1s_1w_1$］和［$r_2s_2w_2$］所决定的晶面（$hkl$）。

$$hr_1+ks_1+lw_1=0$$

$$hr_2+ks_2+lw_2=0$$

整理可得：$h:k:l=(s_1w_2-s_2w_1):(w_1r_2-w_2r_1):(r_1s_2-r_2s_1)$

如有两个晶面（$h_1k_1l_1$）和（$h_2k_2l_2$）同属于某一个晶带［$rsw$］，则 $r$、$s$、$w$ 值唯一，也就是说，两个不平行的晶面不可能同属于两个晶带。因为如另有一个晶带［$rsw$］包含此两个晶面，那么由晶带定义，（$h_1k_1l_1$）和（$h_2k_2l_2$）有一交线属于［$rsw$］晶带，另有一交线属于［$rsw$］晶带，即两个晶面有两个交线，这是不可能的，所以它们只能同属一个晶带。反过来，同理可得：两个晶带不可能同时包含两个不平行的晶面。

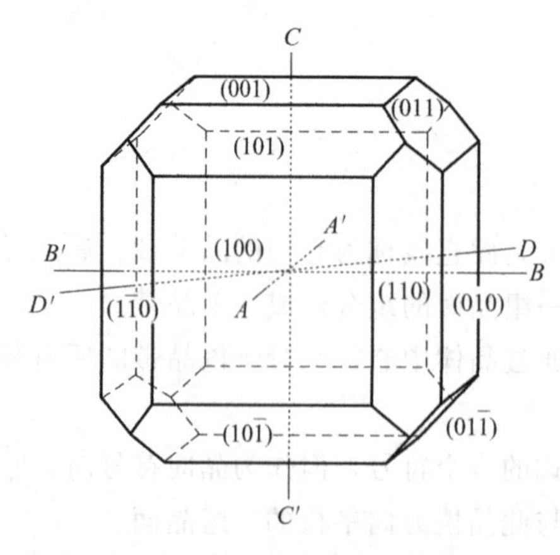


**图 5.20**　晶体的晶带轴与晶面之间的关系

如图 5.20 所示，某立方晶系的晶体，竖直方面的晶面（100）、（110）、（010）、（1$\bar{1}$0）…的交棱相互平行，组成一个晶带，直线 $CC'$ 即可表达为此晶带的晶带轴，此组晶棱的符号，即该晶带轴的符号为［001］(或者［00$\bar{1}$］）晶带。还有晶面（100）分别与直线 $BB'$ 和 $CC'$ 平行，则晶面

(100) 也分属于 [010] 和 [001] 两个晶带，即反过来，可由 [010] 和 [001] 两个晶带确定晶面 (100)。

## 习题五

1. 在立方晶胞图中画出以下晶面和晶向：($3\bar{1}1$)、($10\bar{1}$)、[130] 和 [$\bar{1}21$]。
2. 晶面符号为 (0$kl$) 和 (001) 的晶面分别在单斜、斜方和四方晶系中与三个结晶轴的关系如何（垂直、斜交)?
3. 试比较晶向符号和晶面符号两者在构成形式及指数含义上的异同。
4. 单斜晶系中的 [100] 代表什么方向（用与结晶轴的相对关系表达)?
5. 立方晶系中的 [110]、[111] 分别平行于立方体中的什么方向?
6. 设某一单斜晶系晶体上有一晶面，它在三个结晶轴上的截距之比为 1∶1∶1。试问此晶面米氏符号是否为 (111)? 如果此种情况分别出现于斜方、四方和立方晶系晶体中时，它们的该晶面米氏符号应分别写成什么? 并说明原因（指数值不能确定者可用字母代替，但相同指数须用相同的字母表示)。
7. 有一斜方晶系的晶体，已知单位面 (111) 与轴 $X$、$Y$、$Z$ 的截距比为 1.5∶1∶2.2。今有 $A$ 面与晶轴截距比为 0.75∶1∶1.1，$B$ 面截距比为 3∶2∶6.6，$C$ 面与 $X$、$Y$ 轴截距比为 3∶4，和 $Z$ 轴平行，试写出 $A$、$B$、$C$ 面的米氏符号。
8. 晶棱方向和行列方向的规定有什么差别? [110] 方向在斜方、四方和立方晶系晶体中各代表什么方向（表示为与晶轴之间的相对关系)? 表述晶带定律，并估算下列几组晶面所处的晶带：(123) 与 (011)；(203) 与 (111)；(415) 与 (110)；(112) 与 (001)。
9. 判断下列不同晶系晶体中若干组晶面与晶面、晶面与晶棱以及晶棱与晶棱之间的空间关系（平行、斜交、垂直或特殊角度)：

等轴、四方和斜方晶系：(001) 与 [001]、(010) 与 [010]、[110] 与 [001]、(110) 与 (010)；

单斜晶系：(001) 与 [001]、[100] 与 [001]、(001) 与 (100)、(100) 与 (010)；

三、六方晶系：($11\bar{2}0$) 与 (0001)、($1\bar{2}10$) 与 [$1\bar{2}10$]、($10\bar{1}0$) 与 [$10\bar{1}0$]。

10. 斜方晶系文石的形态和晶面见图 5.21，（后面的晶面符号在指数下加了下划线)。试按各个晶面符号回答下列问题：① [001] 晶带包含的晶面；② [100] 晶带包含的晶面；③ [010] 晶带包含的晶面；④ [110] 晶带包含的晶面；⑤晶面 (001)、(110)、($00\bar{1}$) 和 ($\bar{1}\bar{1}0$) 是否属于一个晶带?

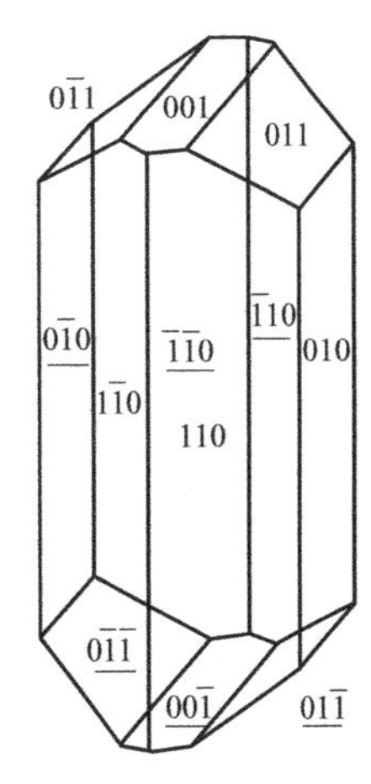


**图 5.21**　文石的形态和晶面

# 第 6 章　晶体内部结构的对称要素

前面已讨论了晶体的基本性质和晶体外形等一系列宏观几何规律。晶体具有这些特征的根本原因在于它内部的格子构造，只有用格子构造理论才能统一地解释它们。晶体内部的微观对称有异于其宏观对称，只有在对晶体宏观和微观对称了解的基础之上，才能完整描述晶体的结构。本章首先介绍晶体内部的微观对称元素及操作，再着重讨论空间群及其相关问题。空间群是一个非常重要的概念，它描述了晶体结构中的对称性，在涉及晶体结构的计算、衍射等诸方面是一个最基本的概念。

## 6.1　微观对称要素

晶体外形的对称性取决于晶体内部构造的对称，两者是相互联系的，彼此统一的。但是，晶体外形是有限图形，它的对称是宏观有限图形的对称；而在研究体内部结构的时候，可以作为无限图形来对待，它的对称属于微观无限图形的对称。因此这两者之间既互相联系，又互有区别。

晶体的微观对称的主要特点是：一是在晶体结构中，平行任何一个对称要素有无穷多的和它相同的对称要素。二是在晶体构造中出现了一种在晶体外形上不可能有的对称操作——平移操作。从而在晶体内部构造中除了其有外形上可能出现的那些对称要素之外，还出现了一些特有的对称要素。

晶体内部构造特有的对称要素：平移轴（translation axis）、螺旋轴和象移面（glide plane）。以下分别介绍。

### 6.1.1　平移轴

平移轴为一直线方向，相应的对称操作为沿此直线方向平移一定的距离。对于具有平移轴的图形，当施行上述对称操作后，可使图形相同部分重复。在平移这一对称操作中，能够使图形复原的最小平移距离，称为平移轴的移距。

在晶体内部构造的空间格子中，任一行列方向是一个平移轴，行列的结点间距即为平移轴的移距。任何一个空间格子具有无穷多的平移轴，平移轴的集合组成了平移群。空间格子共有 14 种，故晶体的平移群集合——平移群也有 14 种，称之为 14 种移动格子。

## 6.1.2 象移面

象移面（或称滑移面）是在晶体结构中一个假想的平面和平行此平面的某一直线方向。相应的对称操作为：对于此平面的反映和沿此直线方向平行移动一定距离后，构造中的每一个点与其相同的点重合，整体构造复原。其平移的距离等于该方向行列结点间距的一半。借助象移面所进行的复合操作可称为反映＋平移。

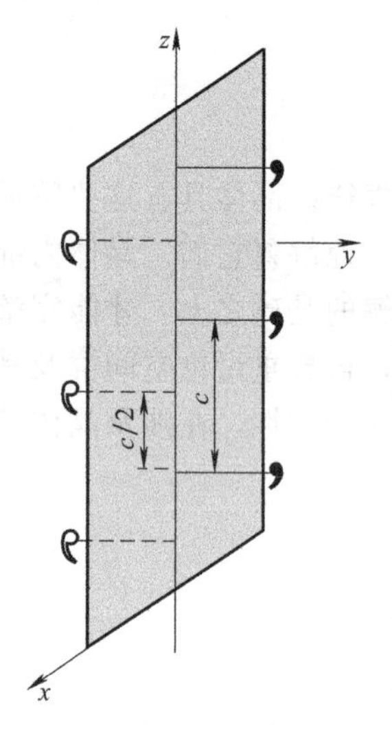


**图 6.1** c 滑移面的立体图解

象移面按其滑动方向和移距可以分为 $a$、$b$、$c$、$n$、$d$ 五种。

象移面的符号随在面上的滑动方向而异。象移面 $a$、$b$、$c$ 表示其滑移的方向分别沿着平行于三个晶轴 $a$、$b$、$c$ 方向滑移，而滑移的距离分别为该结晶轴上结点间距的一半，即 $1/2a$、$1/2b$、$1/2c$。象移面 $n$ 和 $d$ 是沿着任意两个结晶轴交角的角平分线方向滑移的，对于 $n$ 象移面其移距为 $1/2(a+b)$、$1/2(a+c)$ 或 $1/2(b+c)$；对于 $d$ 象移面其移距为 $1/4(a+b)$、$1/4(a+c)$ 或 $1/4(b+c)$。例如，闪锌矿、NaCl 晶体、金刚石等晶体。

图 6.1 为 $c$ 滑移面的立体图解。从图 6.1 中可见，图形实心“逗号”均沿 $z$ 方向向上或向下移动 $1/2c$（$c$ 为结点间距）后，再相对于 $xz$ 平面进行反映，可使得图中实心和空心的“逗号”重合。其他滑移面，可依据类似的分析方法来理解。

要注意不同滑移面所规定的滑移矢量、移距以及反映面皆有所不同。各种滑移面在 3 个轴方向上滑移矢量如图 6.2 所示。

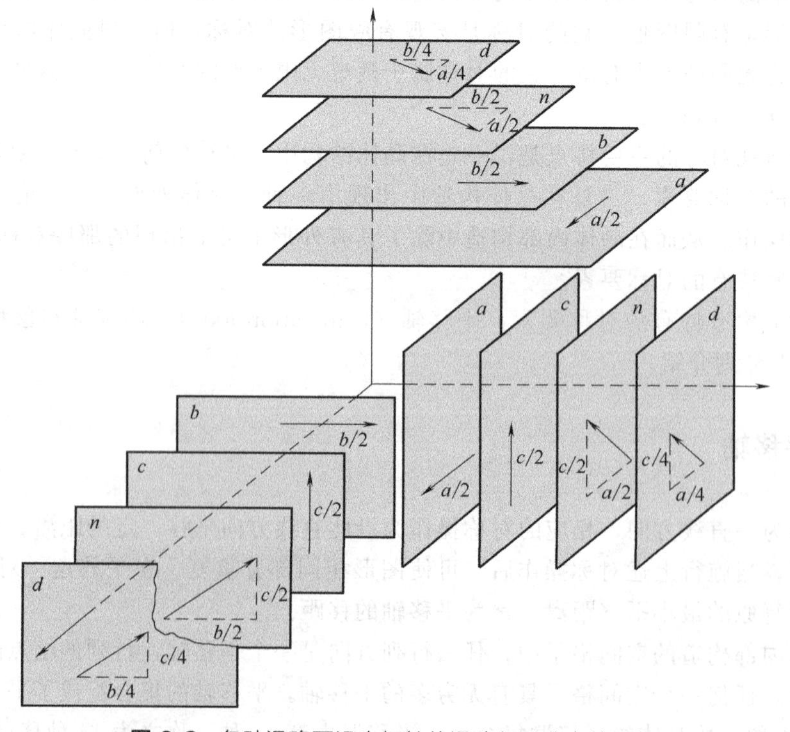


**图 6.2** 各种滑移面沿坐标轴的滑移矢量分布的图解

### 6.1.3 螺旋轴

螺旋轴为晶体构造中一条假想直线，当构造围绕此直线一定角度，并平移一定距离后，构造中的每一质点都与其相同的质点重合，整体构造复原。借助螺旋轴所对应的复合操作为旋转＋平移。

螺旋轴根据旋转方向可分为左旋、右旋、中性螺旋轴。左旋方式是指顺时针旋转。如同左手法则，大拇指伸直的方向为平移方向，四指并拢弯曲的方向为旋转方向。而右旋方式则是逆时针旋转，如同右手法则。如图6.3所示。旋转方式左右性质等同，为中性螺旋轴。

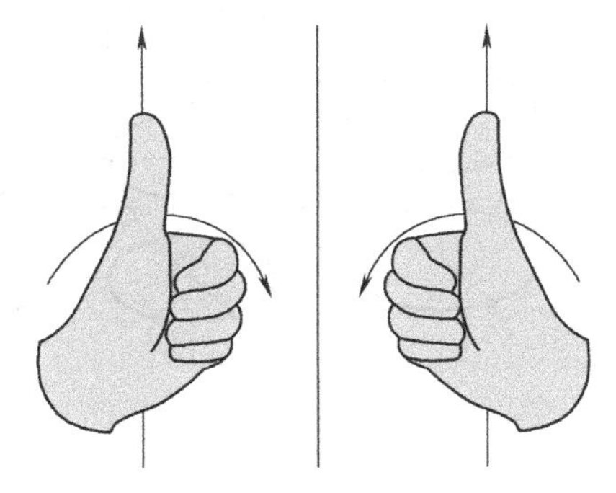

**图6.3** 左手法则和右手法则

螺旋轴根据基转角$\alpha$，可以分为二次、三次、四次和六次螺旋轴。每一种螺旋轴又可根据其移距与平行该轴的结点间距的相对大小分为一种或几种。对称轴可以视为移距$t=0$的螺旋轴。

螺旋轴的国际符号使用$n_s$表示，$n$为螺旋轴的轴次，$s$为小于$n$的自然数。若沿螺旋轴方向的结点间距标记为$T$，则质点平移的距离$t=(s/n)T$（逆时针旋转），其中$t$称为螺距。螺旋轴有$2_1$、$3_1$、$3_2$、$4_1$、$4_2$、$4_3$、$6_1$、$6_2$、$6_3$、$6_4$、$6_5$共11种。至于一次螺旋轴，实际上只是一个简单的一次对称轴，无特殊意义。

举例：$4_1$意为按右旋方向旋转90°后移距$1/4T$；而$4_3$意为按右旋方向旋转90°后移距$3/4T$。那么，$4_1$和$4_3$是什么关系？

$4_3$在旋转2个90°后移距$2\times3/4T=1T+1/2T$，旋转3个90°后移距$3\times3/4T=2T+1/4T$。$T$的整数倍移距相当于平移轴，可以剔除，所以，$4_3$相当于旋转270°移距$1/4T$，也即反向旋转90°后移距$1/4T$。所以，$4_1$和$4_3$是旋向相反的关系。

规定：$4_1$为右旋，$4_3$则为左旋。但$4_3$右旋时移距为$3/4T$。即螺旋轴的国际符号$n_s$是以右旋为准的。

凡$0<s<n/2$者，为右旋螺旋轴（包括$3_1$、$4_1$、$6_1$、$6_2$）；

凡$n/2<s<n$者，为左旋螺旋轴（包括$3_2$、$4_3$、$6_4$、$6_5$）；

而$s=n/2$者，为中性螺旋轴（包括$2_1$、$4_2$、$6_3$）。

现将各种螺旋轴对比分述，如图6.4所示：

(1) 二次螺旋轴。$2_1$为螺旋轴，其中2为轴次（旋转180°），移距为1/2结点间距。

(2) 三次螺旋轴有两种：$3_1$表示右旋时移距为$1/3T$，$3_2$表示右旋时移距为$2/3T$（左旋$1/3T$）。

(3) 四次螺旋轴有三种：$4_1$、$4_2$和$4_3$，其逆时针旋转后，移距分别为$1/4T$、$2/4T$、$3/4T$（左旋$1/4T$）结点间距。其中$4_2$为双轨中性螺旋轴是双轨螺旋的，即在垂直螺旋轴同一层面网上，两个节点同时旋转（90°）和滑移（$t=1/2T$），经过两个晶胞（$2T$）复原而形成双轨螺旋。

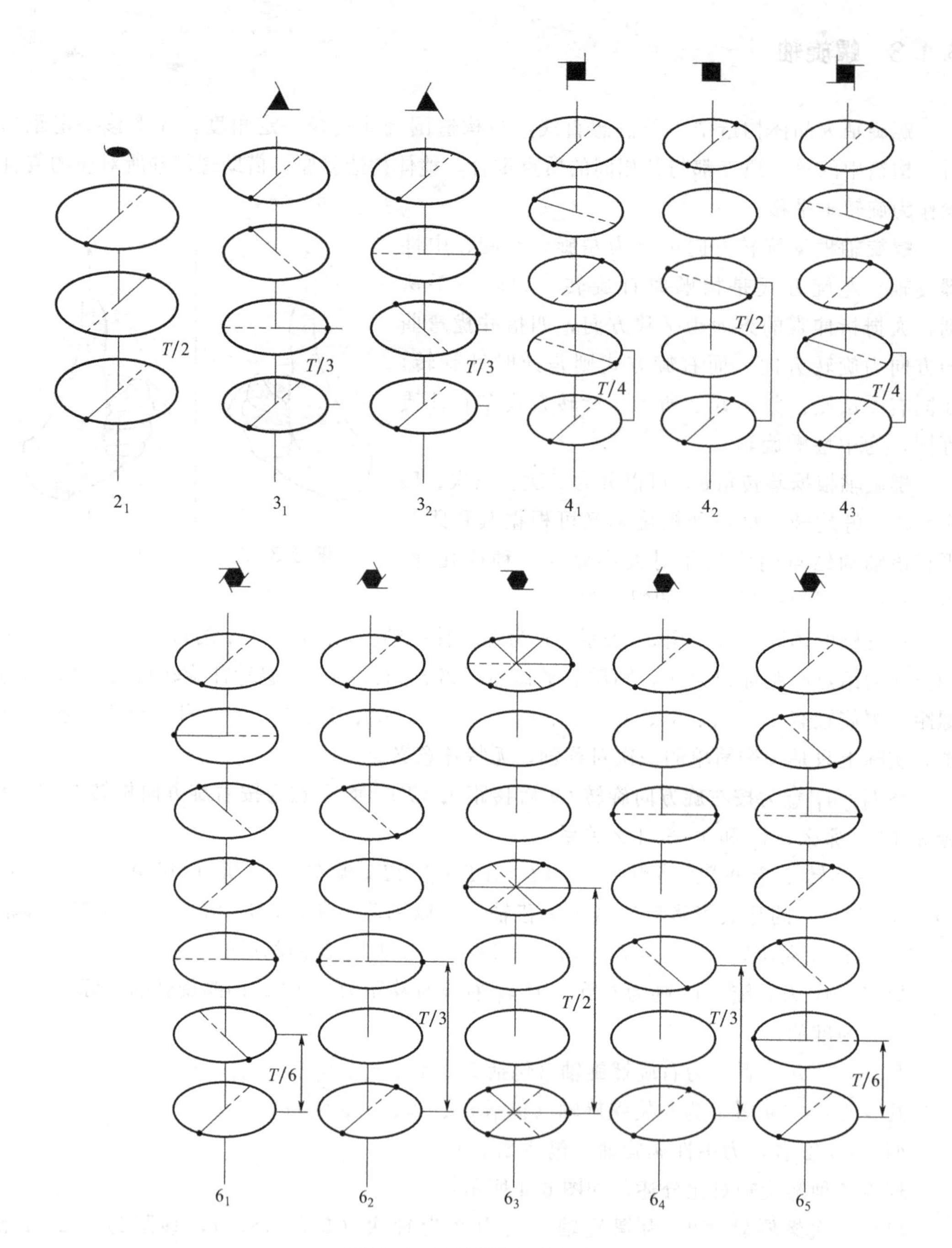


**图 6.4** 11种螺旋轴的图解

（4）六次螺旋轴有五种：$6_1$、$6_2$、$6_3$、$6_4$、$6_5$，移距分别为 $1/6T$、$2/6T$、$3/6T$、$4/6T$（左旋 $1/3T$）、$5/6T$（左旋 $1/6T$）结点间距。$6_2$ 和 $6_4$ 为双轨螺旋轴，而 $6_3$ 为三轨中性螺旋轴，即在垂直螺旋轴同一层面网上，三个节点同时旋转和滑移而成三轨，需平移三个晶胞（$3T$）完成复原。

各种对称元素、书写记号和图示记号见表 6.1。

**表 6.1** 各种对称元素、书写记号和图示记号

| 对称元素类型 | 书写记号 | 图示记号 | |
|---|---|---|---|
| 对称中心 | $\bar{1}$ | O | |
| 对称面 | *m* | 垂直纸面 | 在纸面内 |
| 滑移面 | a、b、c |  在纸面内滑移 | 箭头表示滑移方向 |
| | | 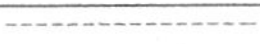 离开纸面滑移 | |
| | *n* | 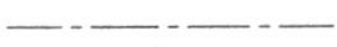 |  |
| | *d* |  |  |
| 旋转轴 | 2<br>3<br>4<br>6 | |  |
| 螺旋轴 | $2_1$<br>$3_1$　$3_2$<br>$4_1$　$4_2$　$4_3$<br>$6_1$　$6_2$　$6_3$　$6_4$　$6_5$ | 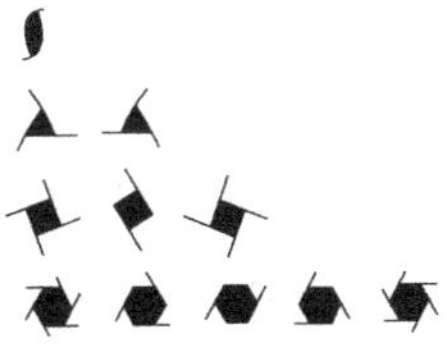 |  |
| 倒转轴 | $\bar{3}$<br>$\bar{4}$<br>$\bar{6}$ | | |

# 6.2 空间群符号及等效点系

## 6.2.1 空间群的概念

晶体外形的宏观对称包括了对称轴、对称面和对称心，其相应的对称操作只有旋转、反映和反伸，对称元素均交于一点（晶体的中心），并且在进行对称操作时至少该点是不变的。因此，宏观对称元素的集合也称为点群。晶体内部结构的对称被视为无限图形，除了具有宏观对称元素之外，还出现了平移轴、滑移面、螺旋轴等包含平移操作的微观对称元素。

所谓空间群（space group）就是晶体内部结构所有对称元素的集合。空间群共有 230 种，它是由费德洛夫于 1890 年和申夫利斯于 1891 年分别独立推导出来的，故亦称为费德洛夫群（Fedrov group）或申夫利斯群（Schoenflies group）。230 种空间群简略形式的国际符号以及对应的点群符号列于附录中。

对于晶体几何外形这种有限图形，平移操作是不成立的，因而点群中所有对称元素只有方向上的意义。对于晶体结构这种无限图形而言，其平移因素的意义表现在两个方面：

（1）对任一晶体结构，总是有无限多方向不同的平移轴存在。平移轴使得晶体结构中的其他所有对称元素在空间必然呈周期性重复。所以空间群中的每一种对称元素，其数量都是无限的，它们不仅都有一定的方向，而且其中的每一个对称元素各自还有确定的位置，相互间可以借助于平移轴的作用而重复。

（2）平移还可以与反映或旋转操作相结合，从而出现晶体外部宏观对称所不能存在的滑移面和螺旋轴等微观对称元素。所以，晶体结构中可能出现的对称元素的种类，远多于晶体几何外形上可能存在的对称元素种类。从而它们的组合——空间群的数目也将远多于点群数目，从 32 种点群扩展到 230 种空间群。

点群和空间群体现了晶体外形对称与内部结构对称的统一，空间群可看成是由两部分组成的：一部分是晶体结构中所有平移轴的集合，即所谓的平移群；另一部分就是与点群相对应的其他对称元素的集合，它们在空间的相互取向与点群中的情况完全一致，但每一方向上的同种对称元素的数目均无限，它们的相对位置由平移群来规定。此外，与相应的点群比较，这些对称元素可以仍然是对称面或对称轴，也可能已变成了滑移面或同轴次的螺旋轴。例如，对应晶体外形 $L^4$ 的方向，在内部结构中可能有 $4_1$、$4_2$ 和 $4_3$。如图 6.5 为 NaCl 结构中在垂直（001）面的对称要素，既有对称轴 4，又有螺旋轴 $4_2$ 和 $2_1$。但它们在晶体外形上，只能表现出轴次最高的对称轴 4，其余的螺旋轴都不出现。

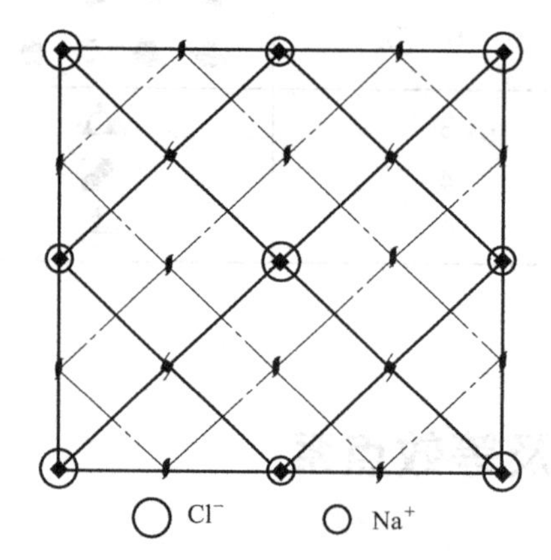


**图 6.5**　NaCl 结构中在垂直（001）面的对称要素

## 6.2.2　空间群的符号

空间群的国际符号与点群的国际符号的书写顺序相同，也是按照所属的不同晶系，每个位分别表示晶体一定方向（指定的方向）上所存在的对称要素（如表 2.5 点群及空间群国际符号中的方向性规定）。

表示空间群常用两种符号，即国际符号和申夫利斯符号。

空间群的国际符号也包含了两个部分：前半部分是平移群的符号，即布拉维格子的符号，按格子类型的不同而分别用字母 $P$，$R$，$I$，$C$（$A$，$B$），$F$ 等表示；后半部分则与其相应点群的符号基本相同，只是要将某些宏观对称元素的符号换成相应的微观对称元素的符号。空间群国际符号包含了点阵类型和对称元素及其分布等信息。以第 62 号空间群 $C_{2h}^{16}$-$Pnma$ 为例，其国际符号中的 $P$ 代表原始格子，点群为斜方晶系的 $mmm$，由于在 [100] 方向有 $n$ 滑移面，在 [010] 方向有对称面 $m$，在 [001] 方向上存在 $a$ 滑移面，故而点群符号 $mmm$ 换成了 $nma$。又如金刚石的空间群符号为 $O_h^7$-$Fd3m$，其国际符号中的 $F$ 代表面心格子，点群为立方晶系的 $m3m$，由于在 [001] 方向有 $d$ 滑移面，故而点群符号 $m3m$ 换成了 $d3m$。

空间群的申夫利斯符号构成很简单，只是在点群的申夫利斯符号的右上角加上序号就可以了。这是因为属于同一点群的晶体可以分别隶属几个空间群。例如点群 $C_{2h}$-$\frac{2}{m}$，可以分属 6 个空间群，其空间群的申夫利斯符号就记为 $C_{2h}^1$，$C_{2h}^2$，$C_{2h}^3$，$C_{2h}^4$，$C_{2h}^5$，$C_{2h}^6$。

国际符号的优点是能直观地看出空间格子类型以及对称元素的空间分布，其缺点是同一种空间群由于定向不同以及其他因素可以写成不同的形式。如第 62 号空间群，可以写为 $Pnma$，也可表达为 $Pbnm$，两者之间基矢的关系为 $(a, b, c)_{Pnma}=(a, b, c)_{Pbnm}$。申夫利斯符号虽然不能看出格子类型和对称元素的空间分布，但每一申夫利斯符号只与一种空间群相对应。习惯上两者并用，中间用“-”隔开，如 $C_{2h}$-$Pcca$。

## 6.2.3 等效点系

### 6.2.3.1 等效点和等效点系

等效点也叫作对称等效点，是指一个点经过某一指定的对称元素的对称操作后，与另外一个等效点完全重合，那么这两个点就互为对称等效点。在晶体学里，等效点可以代表晶体外形对称多面体的晶面（在集合晶体学），也可以代表基元结构（在微观空间对称里）。

等效点系（set of equivalent position）：从一个初始点出发，经过某一个给定的对称群（几何晶体学里为点群，它可能含有一个对称元素，也可能是一组对称元素的组合）全部对称操作的反复进行直至循环重复为止。所导出的一组对称等效点称为该点群的“等效点系”。

一般情况下，可按照初始点与对称元素的位置关系，将等效点系分成两种类型：

① 一般位置等效点系。在给定点群里，若初始点的坐标 $(x, y, z)$ 是位于任意位置，所推导出来的等效点系为该点群的一般位置等效点系。

② 特殊位置等效点系。若初始点位于特殊位置，即三个坐标变量中具有常数 [如 $(x, 0, z)$、$(x, 0, 0)$、$(0, 0, 0)$ 等]，或者三个变量之间具有某种特定关系 [如 $(x, x, z)$、$(x, x, x)$、$(2x, x, z)$ 等]，如初始点坐标处于对称元素的位置上，所导出的等效点系就为该点群的特殊位置等效点系。

显然在所有的 32 种点群里，每种点群都有一个一般位置等效点系，而大多数点群里，它的特殊位置等效点系却可能具有多种，以 $2/m$ 点群为例（如图 6.6）进行说明：(1) 初始点位于对称面；(2) 初始点位于二次轴；(3) 初始点位于对称面与二次对称轴的交点上。

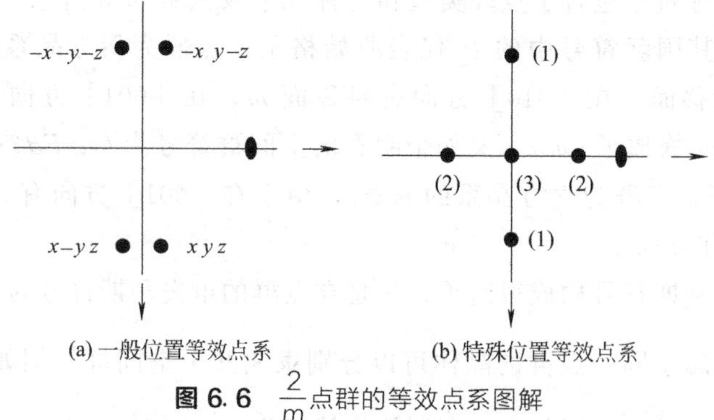


(a) 一般位置等效点系 (b) 特殊位置等效点系

**图 6.6** $\frac{2}{m}$点群的等效点系图解

对于 $2/m$ 点群，由图 6.6（a）可看出，一般位置等效点系数目为 4。特殊位置由图 6.6（b）所标注，可得出：(1) 初始点位于对称面，等效点数目为 2；(2) 初始点位于二次轴，等效点数目为 2；(3) 初始点位于对称面与二次轴交点上，等效点数目为 1。

每个点群只有一个等效点系，而且它具有的等效点数目是最多的，一般位置等效点系等效点数目总是特殊位置等效点系等效点数目的整数倍。

### 6.2.3.2 等效点系的推导

一个等效点系的组成是从一个初始点出发，经过该点群全部对称元素的反复对称操作，直至互相重复封闭所导出的一组对称等效点。

例如：已知点群的国际符号为 $6mm$，请推导出此点群的全部对称元素及其坐标，以及此点群的一般位置等效点系和各种特殊位置等效点系的坐标。

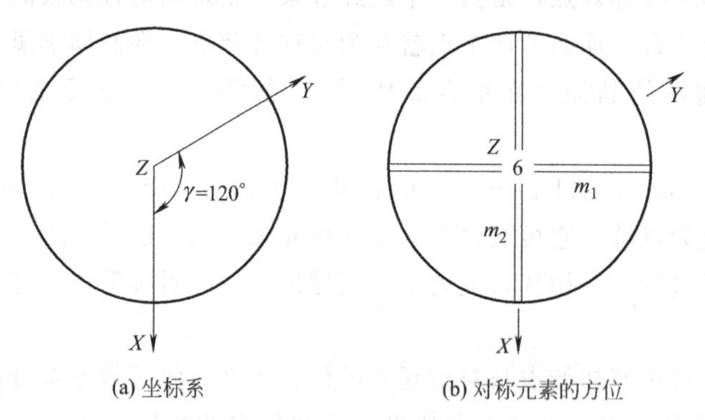


(a) 坐标系 (b) 对称元素的方位

**图 6.7** 建立坐标系和确定对称元素方位的平面图

(1) 从国际符号 $6mm$ 可知为六方晶系。选取坐标系 $X$、$Y$、$Z$，确定坐标系，如图 6.7（a）所示，采用三轴定向，其中 $Z$ 轴垂直于纸面。

(2) 确定基本对称元素在坐标系里的方位，并将它们标在投影图中。从六方晶系的定位中可知，如图 6.7（b）所示，点群符号里的 6 次对称轴与结晶轴 $Z$ 轴［001］方向重合，而两个对称面 $m_1$、$m_2$ 的法线方向分别与［100］、［120］方向重合。

(3) 运用对称元素组合的定律和推导方法可推导出从任意初始点出发，各个等效点及所有对称元素。

(4) 参考图中各等效点的坐标，确定其中所有对称元素的坐标。依据等效点系的坐标变换，从任意点的坐标（$x$，$y$，$z$）出发，可以导出所有12个一般等效点系的坐标，如图6.8（a）所示，各点的坐标分别为（$x$，$y$，$z$）；（$x-y$，$-y$，$z$）；（$x-y$，$x$，$z$）；（$x$，$x-y$，$z$）；（$-y$，$x-y$，$z$）；（$x$，$-y$，$z$）；（$-x$，$-y$，$z$）；（$y-x$，$y$，$z$）；（$y-x$，$-x$，$z$）；（$-x$，$y-x$，$z$）；（$y$，$y-x$，$z$）；（$-x$，$-y$，$z$）。

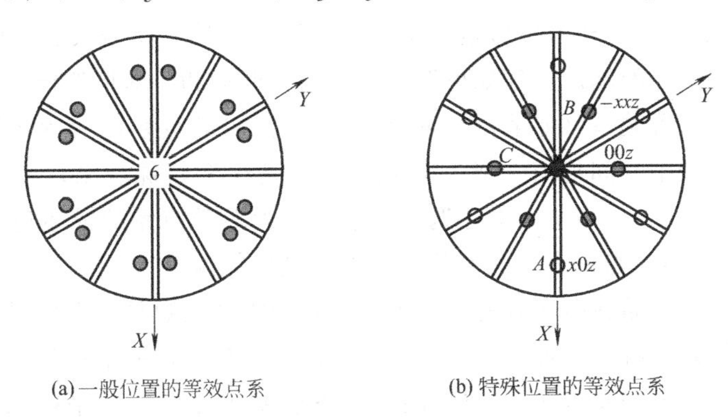


(a)一般位置的等效点系　(b)特殊位置的等效点系

**图6.8**　等效点系的平面投影图解

（5）特殊位置等效点系。初始点位于特殊位置上有如下三种情况：

① 初始点$A$位于对称面$m_2$（$X$轴与$Z$轴对应的平面），此初始点坐标为（$x$，0，$z$），将此初始点坐标分别代入上述一般等效点系12个坐标点中，可以推导出6个等效点的特殊位置等效点系，各点坐标分别为（$x$，0，$z$）、（$x$，$x$，$z$）、（0，$x$，$z$）、（$-x$，0，$z$）、（$-x$，$-x$，$z$）、（0，$-x$，$z$），如图6.8（b）对称面上6个空心圆对应的坐标点所示。

② 初始点$B$位于对称面$m_1$，此初始点坐标为（$-x$，$x$，$z$），将此初始点坐标分别代入上述一般等效点系12个坐标点中，可以推导出6个等效点组成的特殊位置等效点系，各点坐标分别为（$-x$，$x$，$z$）、（$-x$，$-2x$，$z$）、（$-2x$，$-x$，$z$）、（$x$，$-x$，$z$）、（$2x$，$x$，$z$）、（$x$，$2x$，$z$），如图6.8（b）所示，对称面上6个实心圆对应的坐标点。

③ 初始点$C$位于6个对称面与六次对称轴相交的直线上，此直线的对称性为$6mm$，此时初始点的坐标为（0，0，$z$）。将此初始点代入一般位置等效点系的等效点坐标，最终只获得一套特殊等效位置等效点系（0，0，$z$），如图6.8（b）所示，对称面交线的实心位置。

### 6.2.3.3　等效点系的等效点数目

等效点系的等效点数目取决于点群所包含的对称元素的种类与数量，也取决于初始点所处的坐标位置。基于一个初始点出发，经过该点群全部对称元素的反复对称操作，直至互相重复封闭导出的一组对称等效点。

一个点群里的对称元素可以分为独立对称元素和派生对称元素，派生对称元素可以从独立对称元素的对称组合派生出来。例如：点群$mmm$中具有3个互相垂直的对称面，还有3个互相垂直的2次对称轴和一个对称中心。3个对称面可以当作独立对称元素，其他对称元素可以由3个对称面推导出来，或者把两个2次对称轴和对称中心当作独立对称元素，可以推导出点群中其他对称元素。

一般位置等效点系的等效点数目，是此点群中独立对称元素的等效点的乘积。例如$mmm$点群，每个$m$的等效点数目为2，可知等效点数目为$2\times2\times2=8$。

等效点系就是指晶体结构中由一初始点经空间群中所有对称元素的作用所推导出来的规则点系，或简单说是空间群中对称元素联系起来的一套点集。这些点所分布的空间位置称为等效位置（equivalent position）。等效点系通常都只考虑在一个单位晶胞范围内的情况，用分数坐标或者单位晶胞中点集的图形表示。空间群的等效点系的意义与32种点群对应的47种单形的意义一样。单形是认识晶体外形的基础，而等效点系则是认识晶体结构中原子对称配置规律的基础。犹如单形可划分出一般形和特殊形那样，如果等效点与某对称元素存在特定配置关系（如平行、垂直），这样的等效点系称为特殊等效点系，否则为一般等效点系，一个空间群有一套一般点系以及若干套特殊点系，分别给予不同的记号，如用 $a$，$b$，$c$，$d$，$e$，$f$，$g$ 等小写字母表示。对等效点系的描述包括重复点数、魏科夫（Wyckoff）符号、点位置上的对称性、点的坐标等内容。

重复点数就是单位晶胞内含有的一般等效点系的等效点数目，点位置上的对称性是指该套等效点系的等效点所处位置上环境的对称性，至于等效点的坐标是指对一个单位晶胞内等效点的指标，它与空间格子中结点的指标方法基本相同。其坐标以轴单位（$a$，$b$，$c$）的系数形式给出，对可确定出坐标值的特殊点系，用分数、小数、0或1来表示；对不确定值的一般点系以（$x$，$y$，$z$）表示。关于230种空间群的符号、对称性、等效点系及其坐标，以及投影的对称性和可能出现的衍射等信息，在《晶体学国际表》中均可查到。

在具体的晶体结构中，质点（原子、离子或分子）只能按等效点的位置分布。一般情况下，每一种质点各自占据一组或几组等效位置，不同种的质点不能共同占据同一套等效位置。当一晶体的宏观对称、物理性质及化学成分等已知，且已确定了其晶胞参数、空间群而需解析晶体结构（即确定该晶体中各种质点的占位情况），或者为了深入讨论晶体结构中质点的占位情况时，就必须应用等效点系的理论和知识。等效点系从几何方面解决了晶体结构中质点在空间分布的规律性问题。

例如方解石 $CaCO_3$ 其空间群为 $R\bar{3}c$，单位晶胞分子数 $Z=6$，在单位晶胞内含有30个原子，Ca、C、O原子分别占据三种等效位置：$6a$ 位置（0，0，1/4）；$6b$ 位置（0，0，0）；$18e$ 位置（$x$，0，1/4）（其中 $x=0.257$）。此处 $a$，$b$，$e$ 为等效点系的魏科夫符号。虽然单位晶胞内有30个原子，但只知道上述3个就足够了，其他27个原子的位置通过空间群对称元素的作用即可确定。这也说明，空间群的对称性使得原本复杂的事物描述起来如此简单。

晶体空间群的资料都汇编在由晶体学国际协会出版的《晶体学国际表》A卷中。在《晶体学国际表》中，230种空间群是按顺序编号的。每一种空间群都有其特有的表达方式，通常是占两页的篇幅，提供的信息包含空间群和相应点群的序号和符号、对称元素和一般等效位置配置图、原点的对称性和通过原点的对称元素、不对称单元、等效点系等。

## 习题六

1. 平移轴与滑移面（$a$、$b$ 或 $c$）之间的异同点是什么？

2. 滑移面所包含的平移对称变换，其平移距离必须等于该方向行列结点间距的一半；而对于金刚石型滑移面 $d$ 而言，其平移距离应是单位晶胞的面对角线或体对角线长度的1/4，即 1/4（$a+b$）、1/4（$b+c$）或 1/4（$a+c$）等。这两者间有无矛盾？由此推断，在具 $P$ 格子的晶体结构中能否有滑移面 $d$ 存在？

3. 解释下列空间群符号的含义：$Pm3m$、$I4/mcm$、$P6_3/mmn$、$R3c$、$Pbnm$。

4. 已知某种晶体的晶格常数为 $a \neq b \neq c$，$\alpha=\beta=\gamma=90°$。有相同的原子排列在下列位置：(0.29，0.04，0.22)、(−0.29，−0.04，−0.22)、(0.79，0.46，0.28)、(0.21，0.54，0.72)、(−0.29，0.54，−0.22)、(0.29，0.46，0.22)、(0.21，−0.04，0.72)、(0.79，0.04，0.28)，试根据上述数据确定该晶体的空间群。

# 第 7 章　晶体化学基本原理

前面各章节，主要概述晶体外形所表现的几何规律性，为认识那些几何规律所反映的实质内容，必须进一步弄清晶体的化学组成和晶体结构之间的关系。研究晶体的结构与晶体的化学组成及其性质之间的相互关系和规律的分支学科，称为晶体化学。

晶体都具有一定的化学组成和内部结构。化学组成是构成晶体的物质内容，而内部结构是使该晶体在一定条件下得以稳定存在的形式。它们两者之间的关系是内容与形式的关系，相互间存在着相互依存、相互制约的有机联系，并且是决定结晶质矿物的外部形态和各项物理性质的内在依据。这就是后面章节所要讨论的基本问题。

本章分别阐述构成晶体的质点（离子、离子团、原子及分子）本身具有的某些特性，进而讨论它们在组成晶体结构时的相互作用和规律，其中包括：离子类型、离子和原子的半径、离子或原子相互结合时的堆积方式和配位形式、键和晶格类型、类质同象、有序结构和无序结构以及同质多象、多型现象等。

## 7.1　元素的离子类型

晶体结构的具体形式，主要是由组成它的原子或离子的性质决定的，其中起主导作用的因素是原子或离子的最外层电子的构型。

天然晶体，除少数为元素的单质外，绝大部分是离子（或离子团）、原子或分子构成的化合物。在离子化合物中，阴、阳离子间的结合，主要取决于由它们的外电子层构型所决定的化学性质。通常根据离子的最外层电子的构型，将离子划分为三种基本类型（表 7.1）。

**表 7.1**　元素的离子类型

| He | Li | Be | | | | | | | | | | | B | C | N | O | F |
|---|---|---|---|---|---|---|---|---|---|---|---|---|---|---|---|---|---|
| Ne | Na | Mg | | | | | | | | | | | Al | Si | P | S | Cl |
| Ar | K | Ca | Sc | Ti | V | Cr | Mn | Fe | Co | Ni | Cu | Zn | Ga | Ge | As | Se | Br |
| Kr | Rb | Cs | Y | Zr | Nb | Mo | Tc | Ru | Rh | Pa | Ag | Cd | In | Sn | Sb | Te | I |
| Xe | Fr | Ba | La | Hf | Ta | W | Re | Os | Ir | Pt | Au | Hg | Tl | Pb | Bi | Po | At |
| Rn | Sr | Ra | Ac | | 3a | | | 3b | | | | | 4 | | | | |
| 1 | 2 | | | | | | | | | | | | | | | | |

从化学中可以知道，离子和原子的化学行为主要与它们的最外层电子构型有关。因而，由上述离子类型不同的三类离子分别组成的晶体，不仅在物理性质上有明显的差异，而且在形成条件等方面也有很大的不同。

### 7.1.1 惰性气体型离子

惰性气体型离子系指最外层具有 8 个或 2 个电子的离子。这类离子的最外层电子构型为 $ns^2np^6$ 或 $1s^2$，它与惰性气体原子的最外层电子构型相同。主要包括碱金属、碱土金属以及位于周期表右边的一些非金属元素（表 7.1 中的 2）。

属于惰性气体型离子的元素，大部分具有比较低的电离势，当与其他元素结合时，易形成惰性气体型阳离子。在自然界它们倾向于与电离势高而电子亲和能大的卤族元素及氧以明显的离子键结合，形成分布很广的卤化物、氧化物及含氧盐矿物。其中，含氧盐矿物是各类岩石的最重要的造岩矿物。通常将这些元素称为“亲氧元素”或“造岩元素”。

### 7.1.2 铜型离子

铜型离子系指最外层具有 18 个电子的一类离子，它们的电子构型为 $ns^2np^6nd^{10}$，与 $Cu^+$ 的最外层电子构型相同。主要包括位于周期表长周期右半部的有色金属和半金属元素（表 7.1 中的 4）。

属于铜型离子的元素，它们具有较高的电离势和较强的极化能力。在自然界，它们主要倾向于与极化变形较强的硫等元素相结合，形成具有明显共价键成分的硫化物及其类似化合物。这类元素形成的矿物晶体，由于常是构成金属硫化物矿床的主要矿石矿物，所以也将它们称为“亲硫元素”或“造矿元素”。

### 7.1.3 过渡型离子

过渡型离子系指最外层电子数介于 8～18 之间的一类离子。这类离子的最外层电子构型为 $ns^2np^6nd^{1\sim9}$，处于前两者之间的过渡位置，主要包括周期表中Ⅲ～Ⅷ族的副族元素（表 7.1 中的 3）。

对于过渡型离子的元素，其性质介于“亲氧元素”和“亲硫元素”之间，最外层电子数接近 8 的，易与氧结合，形成氧化物及含氧盐矿物晶体；最外层电子数接近 18 的，易与硫结合，形成硫化物；电子数居中者，如 Fe、Mn 等，则依所处介质条件的不同，既可形成氧化物，也可形成硫化物。这一类元素，在地质作用中经常与铁共生，故也称之为“亲铁元素”。

## 7.2 原子和离子半径

在原子和离子的性质中，原子或离子的大小也是一个重要的特性，它具有重要的几何意义，是晶体化学中最基本的参数之一。

在晶体结构中，呈格子状排列的原子或离子中心之间，常保持一定的距离，这一现象表明结构中的每个原子或离子各自都有一个确定的电磁场作用范围，通常把这个作用范围看成是球形的，并把它的半径作为原子或离子的有效半径来看待，原子或离子的有效半径，主要取决于它们的电子层构型。此外，既然它是一个标志电磁场作用范围大小的数值，当然就不可避免地要受到化学键性及环境因素的影响而改变其大小。因此，对原子或离子的有效半径绝不可理解为一个固定不变的常数。

实际上，在晶体结构中原子或离子与周围的质点以不同的化学键力结合时，它的有效半径就会有明显的差异。对应于三种不同的化学键，就有离子半径、共价半径及金属原子半径的区别。此外，离子的有效半径与离子在晶体结构中实际的配位数有关，配位数高时半径大，配位数低时半径小；对于过渡金属离子，其有效半径还随化合价及自旋状态的不同而不同。

如果按周期表形式列出各元素的共价半径和金属原子半径，可以看出原子半径和离子半径变化的一些规律：

（1）对于同种元素的原子半径，其共价半径总是小于金属原子半径。

（2）对于同种元素的离子半径来说，阳离子的半径总是小于该元素的原子半径，且正价愈高，半径愈小；而阴离子的半径总是大于该元素的原子半径，且负价愈高，半径愈大。当化合价相同时，离子半径随配位数的增高而增大。

（3）对于同一族元素，原子和离子半径随元素周期数的增加而增大；对同一周期的元素，原子半径和阳离子半径随原子序数的增加而减小；而从周期表左上方到右下方的对角线方向上，阳离子的半径彼此近于相等。

（4）在镧系和锕系元素中，元素的阳离子半径随原子序数增加而略有减小，即所谓的镧系收缩和锕系收缩。且因受镧系收缩的影响，镧系以后的诸元素与同族中的上面一个元素相比，半径差很小，以至相等。

（5）一般情况下，阳离子半径都小于阴离子半径；大多数阳离子半径在 0.5～1.2Å（为了和资料统一，此处仍沿用 Å 为单位）的范围内，而阴离子半径则在 1.2～2.2Å 之间。

离子半径和原子半径在晶体化学研究方面具有很重要的意义。弄清并熟悉这些数据及其变化规律，对于理解和阐明矿物晶体结构类型的变化，矿物化学组成的变异以及有关物理性质的变化等都是非常重要的。

## 7.3　球体的最紧密堆积原理

晶体是具有格子构造的固体，其内部质点在三维空间呈周期性地规则排列，这种规则排列是质点间引力和斥力达到平衡的结果。这就意味着，晶体结构中，质点之间趋向于尽可能相互靠近，形成最紧密堆积，以达到内能最小，使晶体处于最稳定状态。

1611 年，开普勒首先提出了球体的三维密堆积，即球体的最紧密堆积。原子和离子可看成是具有一定半径的球体。因此，晶体结构就如同是这些球体的堆积。在具有离子键和金属键的晶体中，一个金属离子或原子与异号离子或其他原子相结合的能力，是不受方向和数量限制的。它们力求与尽可能多的质点接触，借以实现使体系处于最低能量状态的最紧密堆积。所以，研究球体的最紧密堆积将有助于我们理解具体的晶体结构。

球体的最紧密堆积，有等大球体的最紧密堆积和不等大球体的紧密堆积两种情况，分别讨论如下：

## 7.3.1 等大球体的最紧密堆积

将等大的球体在一个平面内做最紧密排列时，只能构成如图 7.1（a）所示的一种形式。从图中不难看出，每个球体（记为 A 位）都只能与周围的六个球相接触，每个球的周围都存在两类弧线三角形空隙，一类标记“▽”的顶角向下（记为 B 位），另一类标记“△”的顶角向上（记为 C 位），两类空隙相间分布。在第一层球上堆积第二层球时，为使球体堆积得最紧密，只能将球堆放在第一层球所形成的三角形空隙（B 或 C）上。然而，两种堆积并无实质区别。图 7.1（b）中的第二层球都堆放在 B 类空隙上，若将该图旋转 180°便与将第二层球堆在 C 类空隙上的情况完全相同。

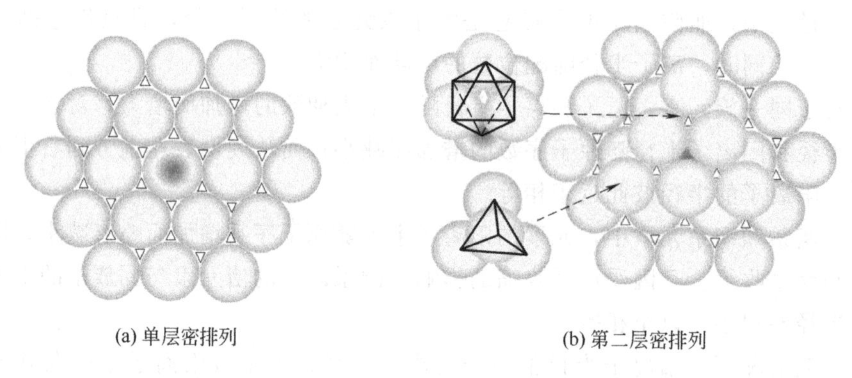

(a) 单层密排列　　(b) 第二层密排列

**图 7.1** 等大球体在平面最紧密堆积和第二层堆积情况

两层球做最紧密堆积时，便形成球体在三维空间的最紧密堆积。此时，对于两层球来讲，则两层之间出现了两种不同空隙［如图 7.1（b)]：一种是由六个球体围成的空隙；另一种是由四个球体围成的空隙。这样，当继续堆积第三层球时，就将有两种完全不同的堆积方式：

第一种堆积方式是将第三层球堆放在第一层与第二层的四个球围成的空隙上方。此时，第三层球与第一层球所在的位置（A）相重复。堆第四层球时将球放在第二层与第三层的四个球围成的空隙上方，这样第四层球便与第二层球所在的位置相重复，如此循环堆积下去，其结果将出现 ABABAB…的周期性重复（两层重复，A、B 代表球体所在位置)。在这样的最紧密堆积中，因等同点是按六方格子排列的，故称为六方最紧密堆积，其最紧密排列的球层平行于（0001)，如图 7.2 所示。

第二种堆积方式是在由六个球围成的空隙上进行的，即将第三层球（C）堆放在第一层与第二层的六个球围成的空隙之上。此时，第三层球与前两层球的位置均不重复，当堆积第四层球时（即将球放在第二层与第三层的六个球围成的空隙之上)，才与第一层球的

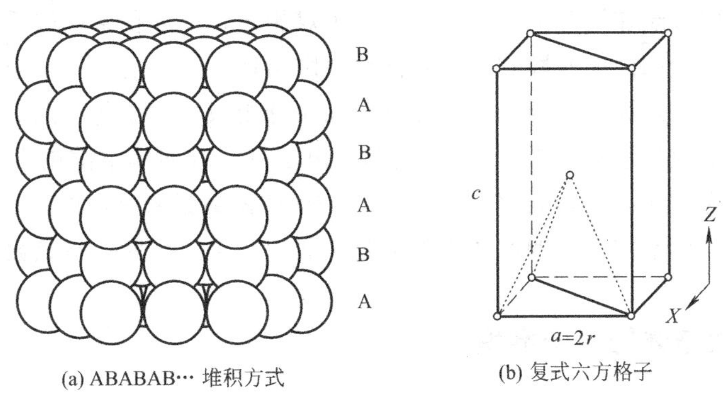

(a) ABABAB… 堆积方式　　(b) 复式六方格子

**图 7.2**　六方最紧密堆积

位置（A）相重复，继而出现第五层与第二层重复，第六层与第三层重复。如此循环堆积下去，其结果将是 ABCABCABC…的周期重复，如图 7.3（a）所示。在这样的最紧密堆积中，因等同点是按立方面心格子分布的，故称之为立方最紧密堆积，其最紧密堆积的球层平行于立方面心格子（111）面网，如图 7.3（b）所示。

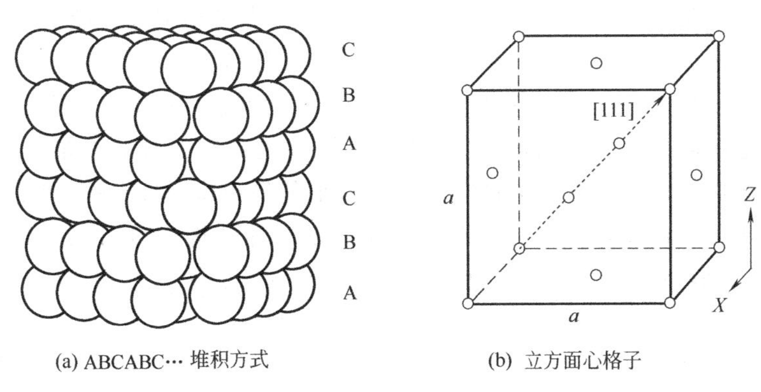

(a) ABCABC… 堆积方式　　(b) 立方面心格子

**图 7.3**　立方最紧密堆积

等大球体的最紧密堆积方式，最基本的就这两种。此外，在一些化合物的晶体结构中，还可以出现更多层重复的周期性堆积，如 ABACABACABAC…四层重复，AB-CACBABCACB ABCACB…六层重复等不同形式。

等大球体的最紧密堆积对于了解自然界金属元素单质晶体或金属的晶体结构是很适宜的。因为在它们的晶体结构中，同种金属原子常体现为等大球体的最紧密堆积。不仅如此，上述两种最紧密的堆积方式也是大多数离子晶体结构中质点堆积的最基本形式。

在等大球的最紧密堆积中，球体间仍有空隙存在。通常采用质点堆积系数 $k$（空间利用率）来表征堆积系统总孔隙的大小，其计算公式：$k$＝晶胞中质点总体积/晶胞体积。据计算，这种等大球的最紧密堆积，质点堆积系数 $k$ 为 74.05%，换言之，空隙占整个晶体空间的 25.95%。按照空隙周围球体的分布情况，可将两侧球体之间空隙分为两种：一种空隙是由四个球围成的，球体中心的连线构成一个四面体形状，称之为四面体空隙；另一种空隙由六个球围成，球体中心的连线构成一个八面体形状，称之为八面体空隙［图 7.1（b）］，四面体空隙较八面体空隙的空间小。

四面体空隙和八面体空隙的数目与球数之间有一定的关系。从图 7.1（b）中可以看出，第二层球中的任意一个球与第一层中所有邻接的球之间可形成四个四面体空隙和三个八面体空隙，它们分布在该球的下半部周围。不难想象，当堆积第三层后，在该球的上半部周围必将还有四个四面体左隙和三个八面体空隙出现。这就是说，每个球的周围都有八个四面体空隙和六个八面体空隙。如果晶胞为 $n$ 个球组成，由于每个四面体空隙由 4 个球组成，则四面体空隙的总数应为 $2n$ 个；同理，由于每个八面体空隙由六个球围成，而八面体空隙的总数为 $n$ 个。所以，当有 $n$ 个等大的球体做最紧密堆积时，就会有 $2n$ 个四面体空隙和 $n$ 个八面体空隙，即四面体空隙数是球数的两倍，八面体空隙数则与球数相等。

## 7.3.2　不等大球体的紧密堆积

当大小不等的球体进行堆积时，通常可认为其中较大的球将以某种紧密堆积方式之一进行堆积，而较小的球体则依自身体积的大小填入其中的空隙中，以形成紧密堆积。这样的堆积，实际上恰相当于离子化合物晶体的情况，即半径较大的阴离子做最紧密堆积，而阳离子填充在它们的空隙中。如食盐晶体的结构（图 7.4）就是如此，其中阴离子 $Cl^-$ 做立方最紧密堆积，金属阳离子 $Na^+$ 填充在所有的八面体空隙中。

然而，这并不是说所有的离子晶体结构中，阴离子都能做典型的最紧密堆积。这是由于填充空隙的阳离子的大小不一定恰好适合八面体空隙或四面体空隙的大小。一般情况下，往往是阳离子稍大于空隙，当阳离子填充空隙后，就会将包围空隙的阴离子略微撑开一些（这并不意味着提高晶体的内能，恰恰相反，这也是使晶体具有最小内能的一种方式，因为这样可以降低同号离子间的排斥能），从而使得阴离子只能做近似的最紧密堆积，甚至会出现某种形式的变形。如金红石（$TiO_2$）的晶体结构（图 7.5）就是这样，其中 $Ti^{4+}$ 占据的是一种畸变了的八面体空隙，$O^{2-}$ 只做近似的六方最紧密堆积。

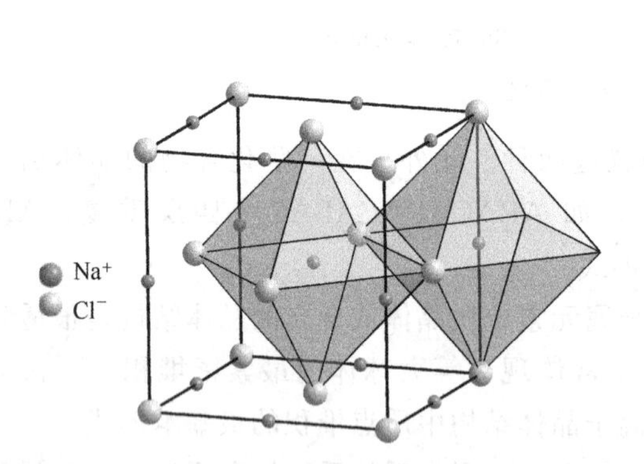

**图 7.4**　NaCl 的晶体结构中的 [ $NaCl_6$ ] 八面体

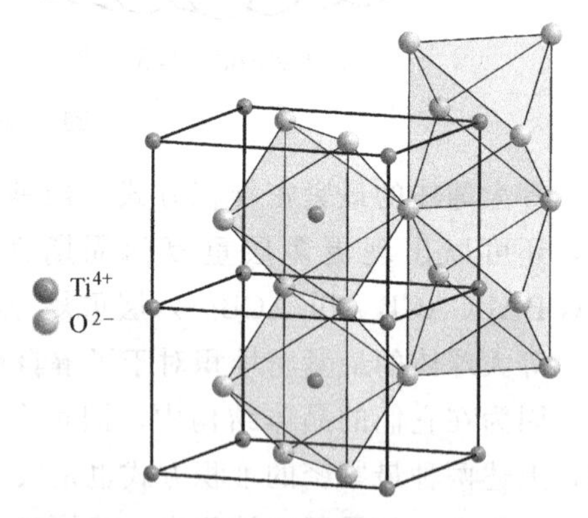

**图 7.5**　金红石结构中的 [ $TiO_6$ ] 八面体

## 7.3.3　配位数和配位多面体

在晶体结构中，原子或离子总是按照一定的方式与周围的原子或离子相接触。通常把每个原子或离子周围与之相接触的原子个数或异号离子的个数称为该原子或离子的配位数，而把各配位离子或原子的中心连线所构成的多面体称为配位多面体。例如，食盐(NaCl) 的结构（图 7.4）中，每个 $Na^+$ 的周围都有 6 个 $Cl^-$ 与之相接触，$Na^+$ 的配位数即为 6，由 $Cl^-$ 所构成的配位多面体为八面体，$Na^+$ 位于八面体的中心，$Cl^-$ 则位于八面体的六个角顶上。

配位数和配位多面体两者都是用来表征晶体结构中质点间相互配置状况的，但鉴于不同的配位多面体形态可能具有相同的配位数（如配位数为 6 时，配位多面体可以是正八面体、变形的八面体及三方柱等不同的形态），所以用配位多面体来表征晶体结构含义更为明确。从这种意义出发，可以把晶体结构看成是由配位多面体彼此相互联结构成的一种体系，如金红石的晶体结构，就是以（Ti-O）八面体（变形八面体）彼此共棱、共角顶联结而构成的这种体系（图 7.5）。尽管如此，配位数仍然是表征晶体结构的基本参数之一。

配位数的大小是由多种因素决定的，其中最重要的因素是质点的相对大小、堆积的紧密程度和质点间的化学键性质。

同一种元素的原子，以纯金属键结合并成最紧密堆积时，每个原子都与周围的 12 个原子相接触，显然，这时每个原子最高的配位数为 12，如自然铜、自然金等；如果金属原子不做最紧密堆积时，配位数就要降低，如 α-Fe 的结构中，铁原子依立方体心格子的形式堆积，其配位数为 8。但总的说来，自然金属总是具有最高或较高的配位数。

同一种元素的原子以共价键相结合时，由于共价键具有方向性和饱和性，所以与之相接触的原子的数目仅取决于成键的个数，其配位数不受球体最紧密堆积规律的支配，如金刚石（C）中碳原子形成四个共价键，配位数为 4，而石墨（C）中碳原子形成三个共价键，故 C 的配位数为 3。总之，具有典型共价键或共价键占优势的单质或化合物，都具有较低的配位数，一般不大于 4。

对于离子化合物来讲，阳离子的配位数主要取决于阳离子的半径 $r^+$ 和阴离子的半径 $r^-$ 的比值 $r^+/r^-$。配位数与离子半径比值之间的关系如表 7.2 所示。



**表 7.2** 阳、阴离子半径比值（$r^+/r^-$）与阳离子配位数

| $r^+/r^-$ | 阳离子配位数 | 配位多面体形状 | 图形 | 实例 |
|---|---|---|---|---|
| 0 | 2 | 哑铃状 | | 干冰（$CO_2$） |
| 0.155 | 3 | 正三角形 | | $B_2O_3$ |
| 0.225 | 4 | 四面体 | | 闪锌矿（β-ZnS） |
| 0.414 | 6 | 八面体 | | 食盐（NaCl） |
| 0.732 | 8 | 立方体 | | 萤石（$CaF_2$） |

续表

| $r^+/r^-$ | 阳离子配位数 | 配位多面体形状 | 图形 | 实例 |
|---|---|---|---|---|
| 1 | 12 | 截角立方体<br>（立方最紧密堆积） |  | 铜（Cu） |
| 1 | 12 | 截顶两个三方双锥的聚形（六方紧密堆积） |  | 锇（Os） |

注：通常情况下表中图形中阳离子与周围配位的阴离子接触。

表 7.2 中 $r^+/r^-$ 的各种值，是在假定离子具有固定半径的条件下，用几何方法计算出来的。其数值是指示各种配位数的稳定边界。

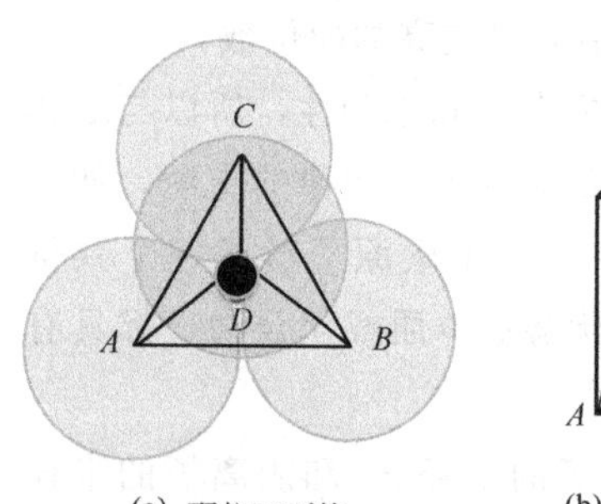

(a) 配位四面体

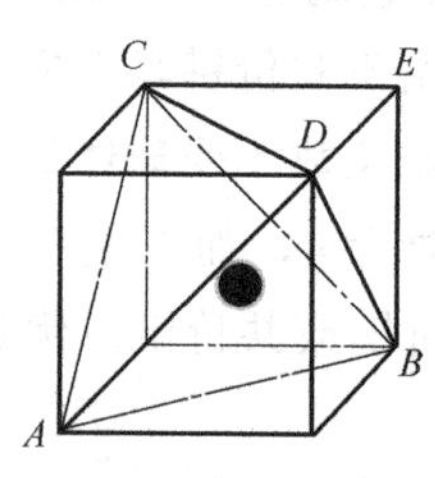

(b) 立方体中正四面体

**图 7.6** 配位四面体中 $r^+/r^-$ 的几何关系

现以配位数为 4 的情况说明如下：图 7.6（a）表示一个配位四面体，位于配位多面体中心的阳离子充填于被分布在四面体顶角上的四个阴离子围成的四面体空隙中，并且恰好与周围的四个阴离子均紧密接触。如图 7.6（b）所示，在立方体中取四面体，则中心阳离子处于立方体的体心位置，根据几何关系可知：$|AB|=2r^-$，$|AE|=2(r^++r^-)$，$|AE|=\sqrt{3}/\sqrt{2}\,|AB|$，$r^+/r^-=0.155$。

对于八面体配位，$r^+/r^-=0.414$，此值应是阳离子配位数为 4 时的下限值。当 $r^+/r^-<0.414$ 时，就表明阳离子过小，不能同时与周围的四个阴离子都紧密接触，阳离子有可能在其中移动，这样的结构显然是不稳定的。要保持阴、阳离子间紧密接触，该阳离子只能存在于较八面体空隙小的四面体空隙中。由此可见，作为配位数为 6 下限值的 0.414，这时也就成为配位数为 4 的上限值了。即当 $r^+/r^-$ 的值等于或接近 0.414 时，该阳离子就有配位数为 4 和 6 两种配位的可能。同理，表 7.2 中的 $r^+/r^-=0.732$，是根据配位立方体的情况计算出来的，它既是配位数为 8 时的下限值，同时也是配位数为 6 时的上限值。所以，阳离子配位数为 6 时的稳定界限是 $r^+/r^-$ 的值为 0.414～0.732 之间。不过，当比值向 0.732 接近时，阳离子就要将配位阴离子“撑开”一些；当比值等于 0.732 时，则阴离子只能做近似最紧密堆积。

离子化合物中，大多数阳离子的配位数为 6 和 4，其次是 8。在基本上没有共价键参与的情况下，阴、阳离子半径的比值通常不会低于 0.225，也即不会出现二次的配位数。在某些晶体结构中，还可能有 5、7、9 和 10 的配位数，不过比较少见。

自然矿物毕竟是地质作用的产物，矿物晶体结构中原子或离子的配位数必然也要受到形成时的温度、压力及介质成分等外界因素的影响。同一种离子在高温下形成的晶体中常呈现比较低的配位数，而在低温下形成的晶体中则呈现较高的配位数。如 $Al^{3+}$ 可有 4 和 6 两种配位数，在高温下形成的长石和似长石等晶体中配位数为 4，而在低温下形成的高岭石等黏土矿物晶体中的配位数则为 6。这意味着配位数有随温度升高而减小的倾向。对于压力来说，配位数则随压力增加而增大。例如 $Fe^{2+}$ 和 $Mg^{2+}$ 一般配位数为 6，但在高压下形成的矿物，如铁铝榴石和镁铝榴石中配位数为 8。此外，配位数也常因组分浓度的改变而发生变化，例如，在岩浆结晶过程中，当碱金属离子的浓度增大时，有利于 $Al^{3+}$ 的配位数为 4；当 $Si^{4+}$ 不足时，除 $Al^{3+}$ 外，还可能有 $Ti^{4+}$、$Fe^{3+}$ 等以配位数为 4 置换 $Si^{4+}$。

总之，影响配位数高低的因素是多方面的。在分析晶体结构中各种质点的配位数时，要具体对象具体分析。如对离子化合物来讲，一般情况下，质点的相对大小是决定配位数的最重要因素，根据 $r^+/r^-$ 的值，即可推出该离子可能的配位数。表 7.3 为常见阳离子与 $O^{2-}$ 结合时的配位数。

**表 7.3**　常见阳离子与氧离子结合的配位数

| 配位数 | 阳离子 |
|---|---|
| 2 | $B^{3+}$，$C^{4+}$，$N^{5+}$ |
| 4 | $Be^{2+}$，$B^{3+}$，$Al^{3+}$，$Si^{4+}$，$P^{5+}$，$S^{6+}$，$Cl^{7+}$，$V^{6+}$，$Cr^{5+}$，$Mn^{7+}$，$Zn^{2+}$，$Ge^{4+}$，$Ga^{3+}$ |
| 6 | $Li^{+}$，$Mg^{2+}$，$Al^{3+}$，$Sc^{3+}$，$Ti^{4+}$，$Cr^{3+}$，$Mn^{2+}$，$Fe^{2+}$，$Co^{2+}$，$Ni^{2+}$，$Cu^{2+}$，$Zn^{2+}$ |
| 6~8 | $Na^{+}$，$Ca^{2+}$，$Sr^{2+}$，$Y^{3+}$，$Zr^{4+}$，$Cd^{3+}$，$Ba^{2+}$，$Ce^{4+}$，$Lu^{3+}$，$Hf^{4+}$，$Th^{4+}$ |
| 8~12 | $Na^{+}$，$K^{+}$，$Ca^{2+}$，$Rb^{+}$，$Sr^{2+}$，$Cs^{+}$，$Ba^{2+}$，$La^{3+}$，$Ce^{3+}$，$Pb^{2+}$ |

## 7.3.4　离子的极化

在讨论离子半径时，实际是把离子作为点电荷来考虑，就是认为离子的正负电荷的中心是重合的且位于离子的中心［图 7.7 (a)］。但是，离子在外电场的作用下，其正负电荷的中心不再是重合的，就会产生偶极现象［图 7.7 (b)］。此时离子的形状不再是球形，其大小也发生变化。因此，离子的极化是指离子在外电场作用下，改变其形状和大小的现象。

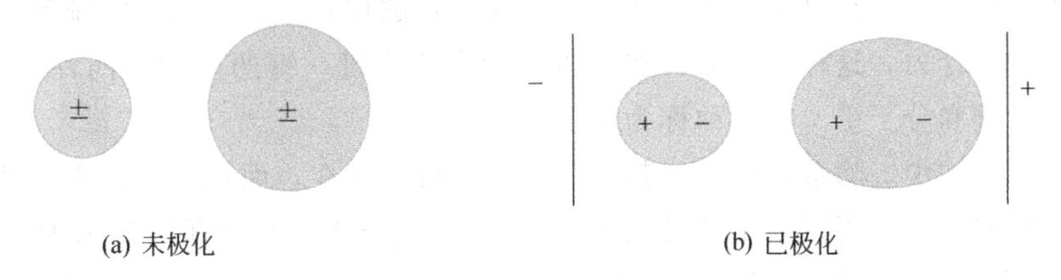


**图 7.7**　离子极化作用示意图

在离子晶体结构中，阴、阳离子都受到相邻异号离子电场的作用而被极化；同时，它们本身的电场又对邻近异号离子起极化作用。因此，极化过程包括两个方面：

(1) 一个离子在其他离子所产生的外电场的作用下发生极化，即被极化。

(2) 一个离子以其本身的电场作用于周围离子，使其他离子极化，即主极化。对于被极化程度的大小，可以用极化率 $\alpha$ 来表示：

$$\alpha=\frac{\overline{\mu}}{E} \tag{7.1}$$

式中，$E$ 为离子所在位置的有效电场强度；$\overline{\mu}$ 为诱导偶极矩。$\overline{\mu}=el$；$e$ 为电荷；$l$ 为极化后正负电荷中心的距离。

主极化能力的大小，可用极化力 $\beta$ 来表示：

$$\beta=\frac{W}{r^2} \tag{7.2}$$

式中，$W$ 为离子的电价；$r$ 为离子半径。

在离子晶体中，一般阴离子半径较大，易于变形而被极化，而主极化能力较低。阳离子半径相对较小，当电价较高时其主极化作用大，而被极化程度较低。

离子晶体中的离子极化，电子云互相穿插，缩小了阴、阳离子之间的距离，使离子的配位数、离子键的键性以至晶体的结构类型发生变化。

**表 7.4** 离子极化对卤化银晶体结构的影响

| 项目 | AgCl | AgBr | AgI |
|---|---|---|---|
| $Ag^+$ 和 $X^-$ 的半径之和/nm | 0.115+ 0.181= 0.296 | 0.115+ 0.196= 0.311 | 0.115+ 0.220= 0.335 |
| $Ag^+$-$X^-$ 的实测距离/nm | 0.277 | 0.288 | 0.299 |
| 极化靠近值 | 0.019 | 0.023 | 0.036 |
| $r^+/r^-$ | 0.635 | 0.587 | 0.523 |
| 实际配位数 | 6 | 6 | 4 |
| 理论结构类型 | NaCl | NaCl | NaCl |
| 实际结构类型 | NaCl | NaCl | 立方 ZnS |

表 7.4 中，银的三个卤化物阴离子不同，$\alpha$ 值也不同，它们在晶体结构中的极化也不同，以至在离子的配位数、键性和结构类型上发生变化。

### 7.3.5 元素的电负性

在晶体结构中，质点（原子或离子）固定在一定的位置上做有规则的排列，质点之间都具有一定的结合力，这种结合力，在晶体结构中称为键。键的形式有四种，即金属键、离子键、共价键和分子键。前三种称为化学键。

在硅酸盐晶体中，除金属键外，其他三种键都可以存在，而且存在着离子键向共价键的过渡。鲍林曾指出，用元素电负性的差值 $\Delta X=X_A-X_B$ 来计算化合物中离子键的成分。表 7.5 列出了元素的电负性值。如 NaCl，$\Delta X=3.0-0.9=2.1$，以离子键为主；SiC，$\Delta X=2.5-1.8=0.7$，以共价键为主；而 $SiO_2$，$\Delta X=3.5-1.8=1.7$，Si—O 键既有离子性也有共价性。因此，可以看出，两个元素电负性的差值越大，结合时离子键的成分越高。反之，就会以共价键的成分为主。在硅酸盐晶体结构中，纯粹的离子键或共价键是不多的，而是存在着键的过渡形式。键性对晶体结构的影响前面已有实例。但是，必须说明，以电负性差值判断离子键成分的高低仅有定性的参考价值，因为对电负性这一概念还有争议。

**表 7.5** 元素的电负性值（X）

| Li 1.0 | Be 1.5 | | | | | | | | | | | B 2.0 | C 2.5 | N 3.0 | O 3.5 | F 4.0 |
|---|---|---|---|---|---|---|---|---|---|---|---|---|---|---|---|---|
| Na 0.9 | Mg 1.2 | | | | | | | | | | | Al 1.5 | Si 1.8 | P 2.1 | S 2.5 | Cl 3.0 |
| K 0.8 | Ca 1.0 | Sc 1.3 | Ti 1.5 | V 1.6 | Cr 1.6 | Mn 1.5 | Fe 1.8 | Co 1.8 | Ni 1.8 | Cu 1.9 | Zn 1.6 | Ga 1.6 | Ge 1.8 | As 2.0 | Se 2.4 | Br 2.8 |
| Rb 0.8 | Sr 1.0 | Y 1.2 | Zr 1.4 | Nb 1.6 | Mo 1.8 | Tc 1.9 | Ru 2.2 | Rh 2.2 | Pd 2.2 | Ag 1.9 | Cd 1.7 | In 1.7 | Sn 1.8 | Sb 1.9 | Te 2.1 | I 2.5 |
| Cs 0.7 | Ba 0.9 | La~Lu 1.1~1.2 | Hf 1.3 | Ta 1.5 | W 1.7 | Re 1.9 | Os 2.2 | Ir 2.2 | Pt 2.2 | Au 2.4 | Hg 1.9 | Tl 1.8 | Pb 1.8 | Bi 1.9 | Po 2.0 | At 2.2 |
| Fr 0.7 | Ra 0.9 | Ac 1.1 | Th 1.3 | Pa 1.5 | U 1.7 | Np~No 1.3 | | | | | | | | | | |

# 7.4 晶体中的键型与晶格类型

晶体结构中的各个原子、离子（离子团）或分子相互之间必须以一定的作用力相维系，才能使它们处于平衡位置，而形成稳定的格子构造。质点之间的这种维系力，称为键。当原子和原子之间通过化学结合力相维系时，一般就称为形成了化学键。化学键的形成，主要是由于相互作用的原子，它们的价电子在原子核之间进行重新分配，以达到稳定的电子构型的结果。不同的原子，由于它们得失电子的能力（电负性）不同，因而在相互作用时，可以形成不同的化学键。典型的化学键有三种：离子键、共价键和金属键。另外，在分子之间还普遍存在着范德华力，这是一种非化学性的，而且是较弱的相互吸引作用，故不能称为化学键，通常叫范德华键或分子键。三种化学键连同分子键一起，总称为键的四种基本形式。另外，在某些化合物中，氢原子还能与分子内或其他分子中的某些原子之间形成氢键。它是由氢原子的独特性质（体积小、只有一个核外电子）而产生的一种特殊作用。

实际上在典型的三种化学键之间常存在着相互过渡的关系，即有过渡型键的存在。这是由于在实际晶体结构中，价电子所处的状态是可以改变的。例如，一个共价键中的电子，通常它只能在某一共价键的电子轨道上运动，表现为共价键性，但也可能在某一瞬间变为只在某一个原子的外层轨道上运行，从而又表现出离子键性。对于这样的化合物来讲，就认为是具有过渡型键性。事实上，晶体中的化学键往往都或多或少具有过渡性，即使通常被认为是具有典型离子键的 NaCl 晶体中，据测定仍含有少量的共价键成分。在离子化合物中，通常可以根据相互结合的质点的电负性差值大小来确定键型的过渡情况，即离子键和共价键各占的百分比。

晶体的键性不仅是决定晶体结构的重要因素，而且也直接影响着晶体的物理性质。具有不同化学键的晶体，在晶体结构和物理性质上都有很大的差异。反之，各种晶体，其内点间的键性相同时，在结构特征和物理性质方面常常表现出一系列的共同性。因此，通常根据晶体中占主导地位的键的类型，将晶体结构划分为不同的晶格类型。对应于上述基本键型，可将晶体结构划分为四种晶格类型：

### 7.4.1 离子晶格

在这类晶格中，结构单位为得到和失去电子的阴、阳离子，它们之间靠静电引力相互联系起来，从而形成离子键。它们的电子云一般不发生显著变形而具有球形的对称，即离子键不具有方向性和饱和性。因此，结构中离子间的相互配置方式，一方面取决于阴、阳离子的电价是否相等，另一方面取决于阳、阴离子的半径比值。通常阴离子呈最紧密或近于最紧密堆积，阳离子充填于其中的空隙并具有较高的配位数。

离子晶格中，由于电子都属于一定的离子，质点间的电子密度很小，对光的吸收较少，易使光通过，从而导致晶体在物理性质上表现为低的折射率和反射率，透明或半透明、具非金属光泽和不导电（但熔融或溶解后可以导电）等特征。晶体的力学性能、硬度与熔点等则随组成晶体的阴、阳离子电价的高低和半径的大小有较宽的变化范围。

### 7.4.2 原子晶格

在这种晶格中，结构单位为原子，在原子之间以共用电子对的方式达到稳定的电子构型的同时电子云发生重叠，并把它们相互联系起来，形成共价键。矿物中的共价键还有分子轨道、杂化轨道以及配位场等模式。由于一个原子形成共价键的数目是取决于它的价电子中未配对的电子数，且共用电子对只能在适当的一定方向上联结（即共价键具有方向性和饱和性），因此在结构中，原子之间的配置视键的数目和取向而定。晶体结构的紧密程度远比离子晶格低，配位数也偏小。具有这类晶格的晶体，在物理性质上的特点是不导电（即使熔化后也不导电），透明或半透明，具有非金属光泽，一般具有较高的熔点和较大的硬度。

### 7.4.3 金属晶格

在这种晶格中，作为结构单位的是失去外层电子的金属阳离子和一部分中性的金属原子，从金属原子上释放出来的价电子，作为自由电子弥散在整个晶体结构中，把金属阳离子相互联系起来，形成金属键。结构中每个原子的结合力都是按球形对称分布的（即不具有方向性和饱和性），同时各个原子又具有相同或近于相同的半径，因此整个结构可看成是等大球体的堆积，并且通常都是呈最紧密堆积，具有最高或很高的配位数。

具有金属晶格的晶体，在物理性质上的最突出特点是它们都为电和热的良导体，不透明，具有金属光泽，有延展性，硬度一般较小。

### 7.4.4 分子晶格

与其他晶格的根本区别在于其结构中存在着真实的分子。分子内部的原子之间通常以共价键相联系，而分子与分子之间则以分子键相结合。由于分子键不具有方向性和饱和性，所以分子之间有可能实现最紧密堆积。但是，因分子不是球形的，故最紧密堆积的形式就极其复杂多样。

分子晶体的物理性质，一方面取决于分子间的键性（如低的熔点、可压缩性和热膨胀率大、硬度小等），另一方面也与分子内部的键性有关（如大部分分子晶体不导电，透明，具有非金属光译）。此外，在一系列有机化合物和某些矿物中常有氢键存在，后者如冰、氢氧化物及含水化合物等。由于 $H^+$ 的体积很小，它只能位于两个原子之间，所以配位数不超过 2。值得注意的是，晶体结构中氢键的存在，对晶体的物理性质如折射率、硬度及解理等也有一定的影响。

最后还需要指出的是，在一些矿物的晶体结构中，基本上只存在某一种单一的键力，如自然金的晶体结构中只存在金属键，金刚石只有共价键等，这样的晶体被称为单键型晶体。对具有过渡型键的晶体，两种键性融合在一起不能明显分开，从键本身来说仍然只是单一的一种过渡型键，也属于单键型晶体。其晶格类型的归属，以占主导地位的键为准，例如金红石中，Ti-O 间的键性就是一种以离子键为主向共价键过渡的过渡型键，应归属于离子晶格。但是还有许多晶体结构，如方解石 $Ca[CO_3]$ 的晶体结构中，在 C-O 之间存在着以共价键为主的键性，而 Ca-O 之间则为以离子键为主的键性，并且这两种键性在结构中是明显彼此分开的，像这类晶体，则属于多键型晶体。它们的晶格类型的归属，以晶体的主要性质系取决于哪一种键性为划分依据。类似于方解石的其他含氧盐晶体矿物，其物理性质大多由 $O^{2-}$ 与络阴离子之外的金属阳离子之间的键性所决定，因而在划分晶格类型时，应归属于离子晶格。但在对晶体结构及各种物理性质作全面考察和分析时，则不能忽视结构的多键型特征。



## 7.5 矿物晶体的结构规律

### 7.5.1 哥氏结晶化学定律

哥希密特（Goldschmidt）曾经指出："晶体的结构取决于其组成质点的数量关系、大小关系与极化性能。"这个概括一般称为哥希密特结晶化学定律，简称结晶化学定律。

结晶化学定律定性地概括了影响晶体结构的三个主要因素。对于离子晶体，则反映出：

（1）物质的晶体结构一般可按化学式的类型分别进行讨论。在无机化合物的结晶化学中，一般按化学式的类型 AX、$AX_2$、$A_2X_3$ 等来讨论。化学式类型不同，则意味着组成晶体的质点之间的数量关系不同，因而晶体结构必不相同。例如，$TiO_2$ 和 $Ti_2O_3$ 中正离

子和 $O^{2-}$ 的数量关系分别为 1∶2 和 2∶3，前者为 $AX_2$ 型化合物，具有金红石型结构，后者则为 $A_2X_3$ 型化合物，具有刚玉型结构，所以两者的结构是不同的。

(2) 晶体中组成质点的大小不同，反映了离子半径比值（$r^+/r^-$）不同，因而配位数和晶体结构也不相同。

(3) 晶体中组成质点的极化性能不同，反映了各离子的极化率（$\alpha$）不同，则晶体结构也不相同。

实际上，晶体结构组成质点的数量关系、大小关系与极化性能，取决于晶体的化学组成。在这里，化学组成是指化学式所表示的质点的种类与数量关系。

综上所述，在一般情况下，从结构角度考虑可以认为，离子晶体结构与离子的数量、离子半径比值（$r^+/r^-$）和离子的极化性能（$\alpha$、$\beta$）三个因素有关，其中何者起决定性的作用，要看具体情况而定，不能一概而论。

### 7.5.2 鲍林规则

在对晶体结构长期鉴定的基础上，鲍林（Pauling）提出了五项规则。这些规则不仅对复杂的离子晶体结构的了解具有重要的实用意义，而且对于共价键键合同时具有部分离子键性质的晶体，也同样富有意义。但对于主要是共价键键合性质的晶体，鲍林规则是不适用的。

(1) 第一规则（半径规则或多面体规则）。鲍林指出：围绕着每一个阳离子周围，形成一个阴离子配位多面体，阴阳离子间的距离取决于它们的半径之和，阳离子的配位数取决于它们的半径之比。

必须指出，实际晶体结构往往受多种因素影响，并不完全符合这一条规则，会出现一些例外情况。当 $r^+/r^-$ 值处于临界值（如 0.414、0.732 等）附近时，在不同晶体中同一阳离子的配位数不同，如 $Al^{3+}$ 与 $O^{2-}$ 配位时，既可以形成铝氧四面体，又可以形成铝氧八面体。另外，当阴、阳离子产生明显极化时，也会使阳离子配位数降低。一般情况下，大多数的阳离子配位数为 4～8 之间。

(2) 第二规则（电价规则）。在一个稳定的晶体结构中，从所有相邻的阳离子达到一个阴离子的静电键的总强度，等于阴离子的电荷数。对于一个规则的配位多面体而言，中心阳离子达到每一个配位阴离子的静电键强度 $S$，等于该阳离子的电荷数 $Z$ 除以它的配位数 $n$，即

$$S=Z/n \tag{7.3}$$

这就是鲍林第二规则，又称为静电价规则。静电价规则，对于规则配位多面体配位结构是比较严格的规则，因为，它必须满足静电平衡的原理。例如，萤石结构中，$Ca^{2+}$ 的配位数为 8，则 Ca—F 键的静电键强度为 $S=2/8=1/4$，$F^-$ 的电荷数为 1，因此，每一个 $F^-$ 是四个 Ca—F 配位立方体共有角顶，或者说 $F^-$ 的配位数是 4。

电价规则的应用范围可以推广到全部离子型结构。$S$ 的偏差很小，一般不超过 1/6。$S$ 的偏差一般发生在稳定性较差的结构中。几乎在所有已知的硅酸盐结构中，$Si^{4+}$ 的 $O^{2-}$ 多面体都是配位数为 4 的正四面体，可以用［$SiO_4$］表示，称之为硅氧四面体。［$SiO_4$］中的 $Si^{4+}$ 与 $O^{2-}$ 的静电键强度为 $S=4/4=1$，由于 $O^{2-}$ 的电价为 2，所以每一个

$O^{2-}$一般都共用于两个四面体之间。

（3）第三规则（多面体的共顶、共棱和共面规则）。在分析离子型晶体结构中的负离子多面体相互间连接方式时，电价规则只能指出共用同一个顶点的多面体数，但不能指出两个多面体所共用的顶点数［究竟是共用一个顶点（共顶），还是共用二个顶点（共棱）或是三个顶点（共面）］。

鲍林第三规则指出：在一个配位的结构中，负离子配位多面体共用的棱，特别是共用面的存在会降低这个结构的稳定性，尤其是电价高、配位数低的离子，这个效应更加显著。

因为当负离子多面体在共用顶点、棱或面时，多面体中心距离会发生变化。如表 7.6 所示，当两个四面体共用一个顶点时，设其中心距离为 1，则共用二个顶点（共棱）、三个顶点（共面）时分别为 0.58、0.33。两个八面体共用一个顶点时中心距离为 1，共用二个及三个顶点时为 0.71 及 0.58。随着正离子间距减小，正离子间的静电斥力增加，因此使结构的稳定性降低。

**表 7.6**　配位多面体以不同方式相连时两个中心阳离子的距离变化

| 连接方式 | 共用顶点数 | 配位三角形 | 配位四面体 | 配位八面体 | 配位立方体 |
|---|---|---|---|---|---|
| 共顶 | 1 | 1 | 1 | 1 | 1 |
| 共棱 | 2 | 0.5 | 0.58 | 0.71 | 0.82 |
| 共面 | 3 或 4 | — | 0.33 | 0.58 | 0.58 |

利用鲍林第三规则可以解释硅氧四面体［$SiO_4$］一般只共用一个顶点，没有发现共棱和共面。而在 $TiO_2$ 结构中的钛氧八面体［$TiO_6$］可以共用一条棱。在某些场合下，两个铝氧八面体［$AlO_6$］可以共用一个面。

（4）第四规则。在一个含有不同阳离子的晶体结构中，电价高而配位数小的那些阳离子特别倾向于共角连接，不倾向于相互共有配位多面体（共棱或共面）的要素。这一规则实际上是第三规则的延伸。

这是因为，一对阳离子之间的互斥力是按电价数的平方关系成正比增加的。在一个均匀的结构中，不同程度的配位多面体很难有效地堆积在一起。就是说，在晶体结构中，化学上相同离子，其周围的配位情况也应该类似。如果在一个晶体结构中，有多种阳离子存在，则电价高、配位数低的阳离子的配位多面体趋向尽可能互不相连，它们之间由其他阳离子的配位多面体隔开，至多也可能以共顶方式相连。

（5）第五规则（节约规则）。在一个晶体结构中，本质不同的结构组元的种类，倾向于为数最少，即所有相同的离子，在可能范围内，它们和周围的配位关系往往是相同的。例如，含有氧、硅及其他阳离子的晶体中，不会同时存在［$SiO_4$］$^{4-}$和［$Si_2O_7$］$^{6-}$等不同组成的构造单元，尽管这两种配位体都符合静电价规则。又如，1 个 $O^{2-}$可以同时与 2 个 $Ca^{2+}$、1 个 $Al^{3+}$和 1 个 $Si^{4+}$配位，也可以与 2 个 $Al^{3+}$和 1 个 $Si^{4+}$配位或者 4 个 $Ca^{2+}$和 1 个 $Si^{4+}$配位。但后者不符合节约规则，实际晶体中都是以前一种方式配位的。

鲍林规则虽早在 1928 年就提出了，但在以后又通过几千个晶体结构分析，一再得到证实。必须指出，鲍林规则仅适用于带有不明显共价键性的离子晶体，而且还有少数例外情况。例如，链状硅酸盐矿物透辉石，硅氧链上的活性氧得到的阳离子静电价强度总和为23/12或19/12（小于2），而硅氧链上的非活性氧得到的阳离子静电价强度总和为5/2（大于2），不符合静电价规则，但仍然能在自然界中稳定存在。

## 7.6 晶体场理论和配位场理论

### 7.6.1 晶体场理论

（1）晶体场理论的基本概念。在一系列过渡元素化合物的晶格中，出现了不少无法解释的问题，无法用简单的静电理论做出判断。这种情况的出现，主要是由过渡元素离子的晶体场效应引起的。晶体场理论是化学成键的一种模式，认为晶体结构中的每一个离子都处于一个结晶场之中。结晶场也称为配位体场，是指晶格中阳离子周围的配位体与阳离子成配位关系的阴离子所形成的一个静电势场。

中心阳离子处于静电势场之中。在此，配位体是被作为点电荷看待的。在原子中，s亚层只有一个s轨道，p亚层包含$p_x$、$p_y$、$p_z$三个轨道，d亚层包含$d_{xy}$、$d_{xz}$、$d_{yz}$、$d_{x^2-y^2}$、$d_{z^2}$ 5个轨道，每个轨道可容纳自旋方向相反的一对电子。各个轨道电子云的形状特征为：s轨道呈球形；p轨道均呈哑铃状，沿坐标轴方向伸展；d轨道呈瓣状，其中$d_{x^2-y^2}$和$d_{z^2}$轨道沿坐标轴方向伸展，$d_{xy}$、$d_{xz}$、$d_{yz}$轨道则沿坐标轴的对角线方向伸展（如图7.8所示）。

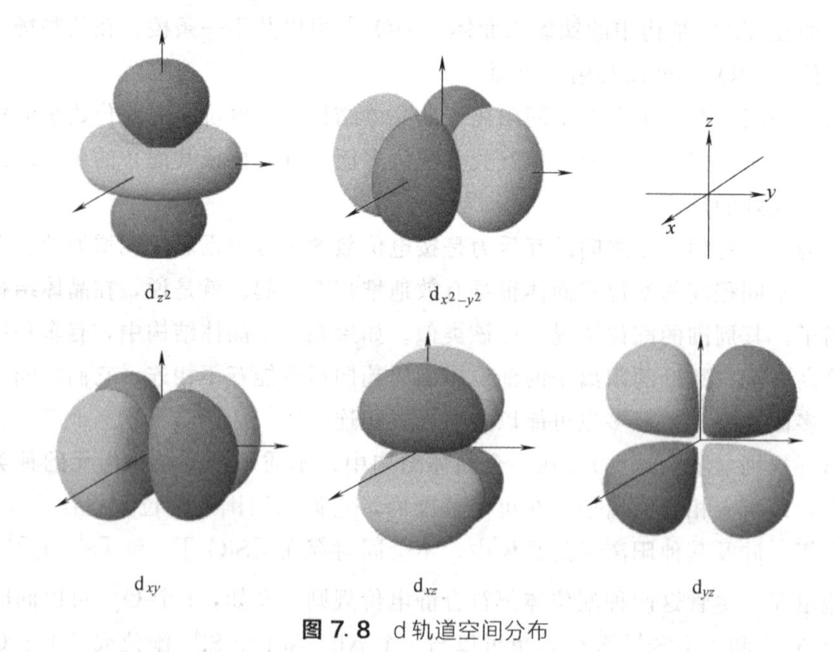


**图7.8** d轨道空间分布

惰性气体型离子的核外电子排布为$1s^2$或$\cdots ns^2np^6$，铜型离子的核外电子排布为$\cdots ns^2np^6nd^{10}$。这两种类型的离子，它们的各个电子轨道在空间叠合呈球形对称分布。

但是，过渡元素离子则与它们不同，其核外电子排布为$\cdots ns^2np^6nd^{0\sim10}$，其特点是一般都具有未填满的 d 电子层，从而其各个电子轨道在空间叠合，一般就不呈球形对称分布。此外，一个过渡元素离子，当它处于球形对称的势场中时，5 个 d 轨道具有相同的能量，即所谓的五重简并。电子占据任一轨道的概率均相同，但依洪特规则分布，亦即在等价轨道（能量状态相同的轨道）上排布的电子，将尽可能分占不同的轨道，且自旋平行，以便使整个体系处于最低的能量状态。

但是，与通常的极化效应有所不同，当一个过渡元素离子进入晶格中的配位位置，亦即处于一个结晶场中时，它与周围的配位体相互作用。一方面，过渡元素离子本身的电子层结构将受到配位体的影响而发生变化，使得原来能量状态相同的 5 个 d 轨道发生了分裂，导致部分 d 轨道的能量状态降低而另一部分 d 轨道的能量则增高，其分裂的具体情况将随结晶场的性质、配位体的种类和配位多面体形状的不同而异。另一方面，配位体的配置也将受到中心过渡元素离子的影响而发生变化，引起配位多面体的畸变，一般情况下，周围配位体对中心过渡元素离子的影响是主要的，相反的影响只在某些离子的情况下才较为显著。

以下分别阐述晶体场理论的几个主要方面，以及晶体场理论在结晶学中应用的两个实例。

(2) d 轨道的晶体场分裂。首先考虑一个过渡元素离子在正八面体结晶场中的情况。例如，当 6 个带负电荷的配位体（$O^{2-}$ 等阴离子或者 $H_2O$ 等偶极分子的负端）分别沿三个坐标轴 $\pm X$、$\pm Y$ 和 $\pm Z$ 的方向向中性过渡金属阳离子接近，最终形成正八面体络离子时，中心离子中沿坐标轴方向伸展的 $d_{z^2}$ 和 $d_{x^2-y^2}$ 轨道便与配位体处于迎头相碰的地位，这两个轨道上的电子将受到带负电荷的配位体的推斥作用，因而能量增高；而沿着坐标轴对角线方向伸展的 $d_{xy}$、$d_{xz}$ 和 $d_{yz}$ 轨道，它们因正好插入配位体的间隙中而能量较低。这样，原来能量相等的 5 个 d 轨道，在结晶场中便分裂成两组：一组是能量较高的 $d_{z^2}$ 和 $d_{x^2-y^2}$ 轨道组，称为 $e_g$ 组轨道；另一组是能量较低的 $d_{xy}$、$d_{xz}$ 和 $d_{yz}$ 轨道组，称为 $t_{2g}$ 组轨道。对于晶格中位于配位八面体的过渡金属离子来说，它所处的情况如图 7.9 所示。

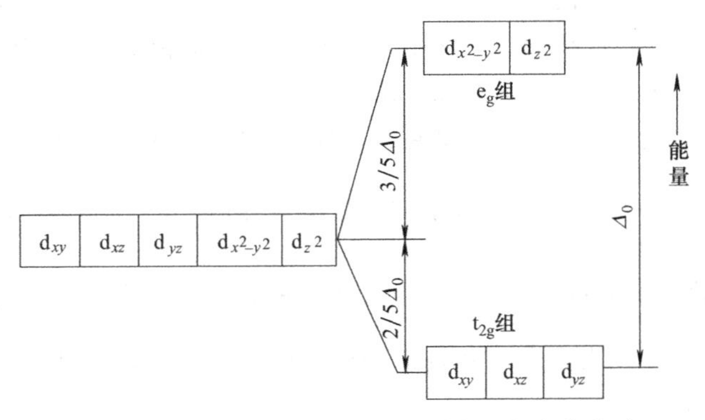


**图 7.9**　d 轨道能量在配位八面体结晶场中的分裂

在此，$e_g$ 轨道中的每个电子所具有的能量 $E(e_g)$ 与 $t_{2g}$ 轨道中每一个电子的能量 $E(t_{2g})$ 的差，称为晶体场分裂参数。在正八面体场中，将它记为 $V_o$（下标 o 代表处于八面体配位场中）。

$$V_o = E(e_g) - E(t_{2g}) \tag{7.4}$$

d轨道在结晶场中能量上的分离，服从于所谓的“重心”规则。亦即如果以未分裂时的d轨道的能量，也就是说以离子处于球形场中时d轨道的能量作为0（由于晶体场理论只涉及能量相对大小的问题，因此完全可以不必考虑其绝对能量值到底是多少)，则应有：

$$4E(e_g)+6E(t_{2g})=0 \tag{7.5}$$

于是

$$E(e_g)=\frac{3}{5}V_o,\ E(t_{2g})=-\frac{2}{5}V_o \tag{7.6}$$

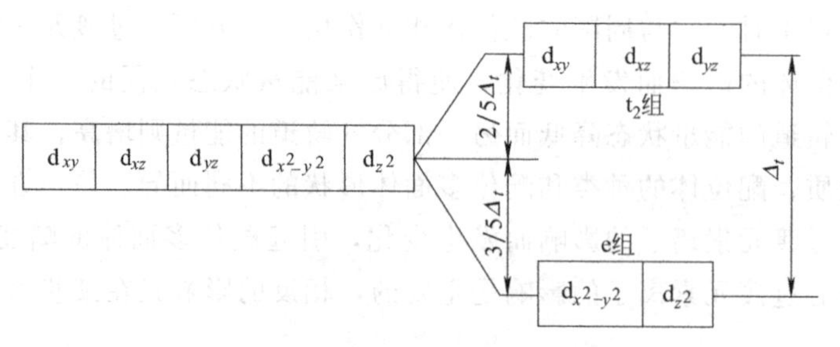


**图 7.10** d轨道能量在配位八面体结晶场中的分裂

如果不是在一个八面体场中，而是处于一个四面体配位的结晶场中，此时 $d_{z^2}$ 和 $d_{x^2-y^2}$ 轨道恰好插入配位体的间隙之中，而 $d_{xy}$、$d_{xz}$ 和 $d_{yz}$ 轨道与配位体靠得较近，结果产生了与正八面体结晶场中的能量状态正好相反的变化，即 $d_{xy}$、$d_{xz}$ 和 $d_{yz}$ 三个轨道（此时称为 $t_2$ 组轨道）的能量增高，而 $d_{z^2}$ 和 $d_{x^2-y^2}$ 两个轨道（称为e组轨道）则能量降低（如图7.10)。相应的晶体场分裂参数记为 $V_t$（下标t代表处于四面体配位场中)，其等于：

$$V_t=E(t_2)-E(e) \tag{7.7}$$

式(7.7) 中的 $E(t_2)$ 与 $E(e)$ 分别为 $t_2$ 组轨道和e组轨道中电子的能量。同样地，基于“重心”规则，可得出：

$$E(e)=-\frac{3}{5}V_t,\ E(t_2)=\frac{2}{5}V_t \tag{7.8}$$

实际晶体中阳离子位置的对称性，或者说它的配位多面体的对称性，往往低于正八面体或正四面体的对称。在这样的结晶场中，原来是五重简并的5个d轨道，在能量上可以分裂成3组、4组以至5组彼此分开的轨道。

(3) 晶体场稳定能。从式(7.6) 可知，与处于球形场中的离子相比，在八面体结晶场中，$t_{2g}$ 组轨道中的每一个电子将使离子的总静电能降低 $\frac{2}{5}V_o$，亦即使离子的稳定程度增加 $\frac{2}{5}V_o$；而 $e_g$ 组轨道中的每一个电子，则使离子的总能量增高 $\frac{3}{5}V_o$，稳定程度则减少 $\frac{3}{5}V_o$。因此，当一个过渡元素离子从d轨道未分裂的状态进入八面体配位位置中时，它的总静电能将改变 $\varepsilon_o$：

$$\varepsilon_o=\frac{2}{5}V_oN(t_{2g})-\frac{3}{5}V_oN(e_g) \tag{7.9}$$

式中，$N(t_{2g})$ 和 $N(e_g)$ 分别为 $t_{2g}$ 组和 $e_g$ 组轨道内的电子数。根据电子排布的规则，$\varepsilon_o$ 不可能出现正值，把这一能量改变的负值称为晶体场稳定能，其符号为CFSE。在数值上，CFSE=$|\varepsilon_o|$，它代表位于配位多面体中的离子，与处于球形场中的同种离子相

比在能量上的降低，也就是代表晶体场给予离子的一种稳定作用。

对于四面体结晶场来说，基于完全相同的原理，根据式(7.8) 的关系，此时其离子总静电能的改变 $\varepsilon_t$ 降为：

$$\varepsilon_t=\frac{2}{5}V_t N(t_2)-\frac{3}{5}V_t N(e) \tag{7.10}$$

式(7.10) 中，$N(t_2)$ 和 $N(e)$ 分别为 $t_2$ 组和 e 组轨道内的电子数。对于任何其他的结晶场，都可按此原理类推。

因此，过渡元素离子在一个给定的结晶场中，其晶体场稳定能的具体数值，将取决于两个因素，一是离子本身的电子构型，二是晶体场分裂参数 $\Delta$ 的大小。

不同的过渡元素离子，它们在电子构型上的差别，主要表现在 d 电子的数目及其排布方式的不同上。对于一个给定的离子而言，d 电子数是确定的，但 d 电子的排布方式在不同的晶体场中可能有差别。当离子处于球形场中时，其电子的排布遵循洪特规则，将尽可能多地分别占据空的轨道，且自旋平行；只有当五个 d 轨道全为半满时，才开始自旋成对地充填。当两个电子处于同一轨道中时，静电斥力将增大，因此，要迫使电子在同一个轨道中成对自旋，必须给予一定的能量，来克服所增加的这部分静电斥力，这一能量称为电子成对能，记为 $P$（气态的自由离子的 $P$ 值可由理论计算得出）。当离子处于一个晶体场中，例如某个八面体场中时，d 轨道便分裂成能量差为 $\Delta_0$ 的 $t_{2g}$ 和 $e_g$ 两组轨道。此时，d 电子的排布将受到两种相反倾向的影响；为了尽可能地降低体系的总能量，$\Delta_0$ 的影响要求电子尽可能先充填能量较低的 $t_{2g}$ 轨道，但 $P$ 的影响则要求电子尽可能多地分占一切空的轨道。在时，$\Delta_0<P$ 是弱场条件，电子只有在自旋平行地分占了全部五个 d 轨道之后，才开始在能量较低的 $t_{2g}$ 轨道中再次充填而形成自旋成对，因而离子具有尽可能多的、自旋平行的不成对电子，处于所谓的高自旋状态。反之，在强场条件下，$\Delta_0>P$，电子只有在 $t_{2g}$ 轨道全被自旋成对的电子填满之后，才开始充填 $e_g$ 轨道，此时，离子处于所谓的低自旋状态。

于是，例如 $Co^{2+}$（$3d^7$），在八面体场的弱场条件下，其 7 个 d 电子中首先有 3 个电子分占 $t_{2g}$ 组的三个轨道，且自旋平行；然后因 $\Delta_0<P$，故又有 2 个电子自旋平行地分占 $e_g$ 组的两个轨道，从而使 d 轨道达到半满；这时最后的 2 个电子才再次充填 $t_{2g}$ 组中的两个轨道而自旋成对，从而构成高自旋态的 $t_{2g}$ 的电子排布，按式（7.9）计算，其 CFSE 为（4/5）$\Delta_0$。但如果是在八面体场的强场条件下，当 $t_{2g}$ 组的三个轨道半满，由于此时 $\Delta_0>P$ 故接着不是充填 $e_g$ 组轨道，而是再次充填 $t_{2g}$ 组轨道，使之自旋成对地达到全满；然后剩下的一个电子最后才充填 $e_g$ 组轨道，构成低自旋态的 $(t_{2g})^6$ $(e_g)^1$ 的 d 电子排布，此时相应的 CFSE 为（9/5）$\Delta_0$。对于四面体而言，弱场条件下 $Co^{2+}$ 的 7 个 d 电子的充填顺序应当是：e 组半满，然后 $t_2$ 组半满，最后 e 组全满。强场条件下的顺序则是：e 组半满，然后 e 组全满，最后 $t_2$ 组半满。显然，这两种充填顺序的最终结果并无差别，都得出 $(e)^4$ $(t_2)^3$ 的 d 电子排布方式，相应地两者的 CFSE 均为（6/5）$\Delta_t$。表 7.7 列出了过渡元素离子在八面体场中的电子排布和由式(7.9) 计算所得的总静电能的改变，不论 d 电子数为 1 或 9，其总静电能的变化都为负值。表中 CFSE 取绝对值，并分列出 d 电子排布和晶体场稳定化能。

表 7.7 过渡元素离子在八面体场中的电子排布和晶体场稳定能

| 离子 | d电子数 | 弱场（高自旋）d电子排布 | 弱场 CFSE | 强场（低自旋）d电子排布 | 强场 CFSE |
|---|---|---|---|---|---|
| $Sc^{3+}$ | 0 | $(t_{2g})^0(e_g)^0$ | 0 | $(t_{2g})^0(e_g)^0$ | 0 |
| $Ti^{3+}$ | 1 | $(t_{2g})^1(e_g)^0$ ↑ | $\frac{2}{5}\Delta_0$ | $(t_{2g})^1(e_g)^0$ ↑ | $\frac{2}{5}\Delta_0$ |
| $V^{3+}$ | 2 | $(t_{2g})^2(e_g)^0$ ↑↑ | $\frac{4}{5}\Delta_0$ | $(t_{2g})^2(e_g)^0$ ↑↑ | $\frac{4}{5}\Delta_0$ |
| $V^{2+}$，$Cr^{3+}$ | 3 | $(t_{2g})^3(e_g)^0$ ↑↑↑ | $\frac{6}{5}\Delta_0$ | $(t_{2g})^3(e_g)^0$ ↑↑↑ | $\frac{6}{5}\Delta_0$ |
| $Cr^{2+}$，$Mn^{3+}$ | 4 | $(t_{2g})^3(e_g)^1$ ↑↑↑↑ | $\frac{1}{2}\Delta_0$ | $(t_{2g})^4(e_g)^0$ ↑↓↑↑ | $\frac{8}{5}\Delta_0$ |
| $Mn^{2+}$，$Fe^{3+}$ | 5 | $(t_{2g})^3(e_g)^2$ ↑↑↑↑↑ | 0 | $(t_{2g})^5(e_g)^0$ ↑↓↑↓↑ | $\Delta_0$ |
| $Fe^{2+}$，$Co^{3+}$ | 6 | $(t_{2g})^4(e_g)^2$ ↑↓↑↑↑↑ | $\frac{2}{5}\Delta_0$ | $(t_{2g})^6(e_g)^0$ ↑↓↑↓↑↓ | $\frac{12}{5}\Delta_0$ |
| $Co^{2+}$ | 7 | $(t_{2g})^5(e_g)^2$ ↑↓↑↓↑↑↑ | $\frac{4}{5}\Delta_0$ | $(t_{2g})^6(e_g)^1$ ↑↓↑↓↑↓↑ | $\frac{9}{5}\Delta_0$ |
| $Ni^{2+}$ | 8 | $(t_{2g})^6(e_g)^2$ ↑↓↑↓↑↓↑↑ | $\frac{6}{5}\Delta_0$ | $(t_{2g})^6(e_g)^2$ ↑↓↑↓↑↓↑↑ | $\frac{1}{2}\Delta_0$ |
| $Cu^{2+}$ | 9 | $(t_{2g})^6(e_g)^3$ ↑↓↑↓↑↓↑↓↑ | $\frac{1}{2}\Delta_0$ | $(t_{2g})^6(e_g)^3$ ↑↓↑↓↑↓↑↓↑ | $\frac{2}{5}\Delta_0$ |
| $Zn^{2+}$ | 10 | $(t_{2g})^6(e_g)^4$ ↑↓↑↓↑↓↑↓↑↓ | 0 | $(t_{2g})^6(e_g)^4$ ↑↓↑↓↑↓↑↓↑↓ | 0 |

至于晶体场分裂参数Δ的具体数值，通常是根据对吸收光谱的研究来测定的。显然，将所测得的Δ值乘以相应的系数，即可得出离子的晶体场稳定化能CFSE的具体数值。对于常见的第一过渡系列的离子而言，在硫化物中一般都是低自旋的，在氧化物和硅酸盐中，除$Co^{3+}$外，都是高自旋的。由于从高自旋配合物过渡到低自旋配合物时，金属离子被配位体屏蔽的作用下降，这相当于增大了有效电负性，因此，低自旋配合物带有的共价键性质，应当比相应的高自旋配合物强。

（4）八面体位置优先能。对任何一个给定的过渡元素离子而言，它们在八面体结晶场中的晶体场稳定能（CFSE）总是大于在四面体结晶场中的CFSE。由这两者的差所得出的每摩尔分子能量，称为八面体位置优先能（八面体择位能），符号为OSPE（octahedral site preference energy）。它代表位于八面体结晶场中的一个离子，与它处于四面体结晶场中时的情况相比，在能量上的降低。OSPE将促使离子优先进入八面体配位位置，故称为八面体位置优先能。表7.8所示为一些过渡金属氧化物的晶体场稳定能和八面体位置优先能。

表 7.8 一些过渡金属氧化物的晶体场稳定能和八面体位置优先能

| 3d电子数 | 离子 | CFSE/(J/mol) | | OSPE/(J/mol) |
|---|---|---|---|---|
| | | 八面体场 | 四面体场 | |
| 0 | $Sc^{3+}$ | 0 | 0 | 0 |
| 1 | $Ti^{3+}$ | 96.72 | 64.48 | 32.24 |
| 2 | $V^{3+}$ | 128.54 | 120.17 | 8.37 |

续表

| 3d 电子数 | 离子 | CFSE/(J/mol) | | OSPE/(J/mol) |
|---|---|---|---|---|
| | | 八面体场 | 四面体场 | |
| 3 | $Cr^{3+}$ | 251.22 | 55.69 | 195.53 |
| 4 | $Mn^{3+}$ | 150.31 | 44.38 | 105.93 |
| 5 | $Mn^{2+}$，$Fe^{3+}$ | 0 | 0 | 0 |
| 6 | $Fe^{2+}$ | 47.73 | 31.40 | 16.33 |
| 7 | $Co^{2+}$ | 71.6 | 62.81 | 8.79 |
| 8 | $Ni^{2+}$ | 122.68 | 27.22 | 95.46 |
| 9 | $Cu^{2+}$ | 92.95 | 27.63 | 65.32 |
| 10 | $Zn^{2+}$ | 0 | 0 | 0 |

(5) 畸变效应。对于具有 $d^9$、$d^4$ 过渡金属离子来说，它们在正八面体配位位置中是不稳定的，从而将导致 d 轨道的进一步分裂，使配位位置发生某种偏离 $O_h$ 对称的变形，以便使离子稳定。这一现象称为畸变效应，或称扬-特勒效应（Jahn-Teller effect）。

上述现象可以用 $Cu^{2+}$（$3d^9$）为例来说明。$Cu^{2+}$ 在八面体结晶场中的电子构型为 $(t_{2g})^6$ $(e_g)^3$，与呈 $O_h$ 对称的 $d^{10}$ 壳层相比，它缺少一个 $e_g$ 电子。如所缺的为 $d_{x^2-y^2}$ 轨道中的一个电子，那么，与 $d^{10}$ 壳层的电子云密度相比，$d^9$ 离子在 $xy$ 平面内的电子云密度就要显得小一些，于是，有效核正电荷对位于 $xy$ 平面内的四个带负电荷的配位体的吸引力，便大于对 $z$ 轴上的两个配位体的吸引力，从而形成 $xy$ 平面内的四个短键和 $z$ 轴方向上的两个长键，使配位正八面体畸变成沿 $z$ 轴拉长了的配位四方双锥体。这种情况就相当于在八面体结晶场中，位于 $xy$ 平面内的四个配位体向着中心的 $Cu^{2+}$ 靠近，同时 $z$ 轴方向的两个配位体则背中心离子向外移动，便产生了能级分裂。结果，配位多面体变成了沿 $z$ 轴伸长的四方双锥形状，原来 6 个键长相等的键，变成了 4 个短键和 2 个长键，中心的 $d^9$ 离子在此情况下，由于能级最高的 $d_{x^2-y^2}$ 轨道中只有一个电子，因而中心的 $d^9$ 离子将获得一半 $\beta$ 的额外稳定能，从而得以在畸变的配位位置中稳定下来。

(6) 尖晶石的晶体化学。尖晶石是具有 $AB_2O_4$ 一般化学式的复氧化物。其中氧离子接近于紧密堆积的立方格子。当二价阳离子占据四面体配位位置而三价阳离子占据八面体配位位置时，这样的结构即正尖晶石结构，如铬铁矿 Fe [$Cr_2$] $O_4$。如果半数的三价阳离子占据四面体配位位置，而另一半三价阳离子与二价阳离子一起占据八面体配位位置，则形成所谓反尖晶石结构，例如磁铁矿 $Fe^{3+}$ [$Fe^{2+}Fe^{3+}$] $O_4$。尖晶石结构中这种现象的存在，用经典的晶体化学理论是无法解释的，但可以由晶体场理论得到合理的解释。

① 磁铁矿 $Fe_3O_4$ 中 Fe 离子的 OSPE 值：$Fe^{2+}=4.0$；$Fe^{3+}=0$，则 $Fe^{2+}$ 优先进入八面体位置，而 $Fe^{3+}$ 进入剩下一半的八面体配位位置及四面体配位位置。

② 铬铁矿：Fe [$Cr_2$] $O_4$，由于 $Cr^{3+}$ 的 OSPE=46.7，$Fe^{2+}$ 的 OSPE=3.9，因而，$Cr^{3+}$ 优先占据八面体配位位置，$Fe^{2+}$ 只好进入四面体配位位置。

此外，$ZnMn_2O_4$ 和 $CuFe_2O_4$ 形成四方畸变的结构，也可用晶体场理论来解释。

### 7.6.2 配位场理论的概念

以上概述了晶体场理论的基本原理，并举了晶体场理论在结晶学中应用的两个实例。应用晶体场理论，还可以解释过渡元素离子化合物的其他许多特性，包括应用于结晶学、矿物学、地球化学中的许多问题。

应当指出，过渡元素化学是很复杂的，在解决这方面的问题上，晶体场理论虽然前进了一大步，但仍然有明显的不足之处。这是因为晶体场理论认为，在中心阳离子与配位体之间的化学键是离子键，相互间不存在电子轨道的重叠，亦即没有共价键的形成；此外，晶体场理论还把配位体当作点电荷来处理。但是，这种假设的前提，在过渡元素的一系列共价化合物中，例如在硫化物、含硫盐及其类似化合物中，显然是不能适用的。所以，晶体场理论迄今主要限于应用在过渡金属（基本上都是第一过渡系列的元素）的氧化物和硅酸盐（主要是铁镁硅酸盐）中。

为了克服上述缺陷，在晶体场理论的基础上，又发展了配位场理论。后者除了考虑到由配位所引起的纯粹静电效应以外，还适当考虑了共价成键的效应，引用了分子轨道理论，来考虑中心过渡金属原子与配位体原子之间的轨道重叠对于化合物能级的影响，但基本上仍采用晶体场理论的计算方式。所以，配位场理论实际上就是分子轨道理论与晶体场理论两者的结合。但是，它比晶体场理论有更广泛的适应性。

## 7.7 类质同象

物质结晶时，结构中某种质点（原子、离子、络阴离子或分子）的位置被性质相似的杂质质点所占据，随着这些质点间相对量的改变，只引起晶格参数及物理、化学性质的规律变化，但不引起晶格类型（键性及晶体结构形式）发生质变的现象，称为类质同象（或称同晶置换）。发生类质同象的晶体，仍保持一种晶相，这种晶体称为固溶体（或称混合晶体，简称混晶）。如同液体溶液含有溶剂和溶质之分，固溶体中，外来杂质为溶质，基质晶体为溶剂。由于外来杂质质点的引入，破坏了质点排列的有序性，引起周围势场的畸变，造成结构的不完整，显然它是一种组成点缺陷。

在固溶体中，不同组分的结构基元之间是以原子尺度相互混合的，这种混合并不破坏原有的晶体结构。如以 $Al_2O_3$ 晶体中掺杂少量 $Cr_2O_3$ 为例，$Al_2O_3$ 为溶剂，$Cr^{3+}$ 溶解在 $Al_2O_3$，占据 $Al^{3+}$ 空间位置，这种质点间关系，习惯上称为“置换”或“替代”。这种置换，并不破坏 $Al_2O_3$ 的晶格构造。

又如菱铁矿 $Fe[CO_3]$ 和菱镁矿 $Mg[CO_3]$ 之间，由于 $Fe^{2+}$ 和 $Mg^{2+}$ 具有相似的性质，彼此可以相互置换，从而形成一系列 Mg、Fe 含量不同的固溶体：菱铁矿 $Fe[CO_3]$、铁菱镁矿 (Mg, Fe) $[CO_3]$、镁菱铁矿 (Fe, Mg) $[CO_3]$、$Mg[CO_3]$ 等。它们具有相同的晶格类型，仅晶格参数及性质随 $Mg^{2+}$ 被 $Fe^{2+}$ 置换量的增加作规律的变化。

本小节只引出类质同象的概念，对于类质同象的类型，类质同象产生的条件等方面将在第 11 章中展开论述。

## 7.8 同质多象、有序-无序结构及多型

前面各节主要讨论的是化学组成与晶体结构之间的关系问题。但是，晶体的结构还受外界环境的影响。在一定的条件下，晶体形成的热力学条件及其他外界因素可以是决定晶体结构的主导因素。同质多象，结构的有序-无序现象及多型现象等，就是形成条件决定或影响晶体结构的有力佐证。

### 7.8.1 同质多象

化学成分相同的物质，在不同的热力学条件下，结晶成结构不同的几种晶体的现象，称为同质多象。例如碳（C），在不同的地质作用过程中，可结晶成属于立方晶系的金刚石和属于六方晶系的石墨（一部分属于三方晶系），两者成分相同，但结构各异。这种现象的出现，是由结晶时的热力学条件不同所致。金刚石的形成条件与石墨不同，它是在较高温度和极大的静压力下结晶的。

一般把成分相同而结构不同的晶体称为某成分的同质多象变体。上述的金刚石和石墨就是碳的两个同质多象变体。若一种物质成分以两种变体出现，称为同质二象，以三种变体出现，就称为同质三象，等等。如金红石、锐钛矿和板钛矿就是 $TiO_2$ 的同质三象变体。

同一物质成分的每个变体都有自己的内部结构、形态、物理性质以及热力学稳定范围，所以在晶体学中，把同质多象的每一个变体都看作一个独立的晶相，给予不同的晶相名称，或在名称之前标以希腊字母作前缀以示区别。例如金刚石和石墨、α-石英和 β-石英等。

由于同质多象的各变体是在不同的热力学条件下形成的，即各变体都有自己的热力学稳定范围，因此，当外界条件改变到一定程度时，为在新条件下达到新的平衡，各变体之间就可能在结构上发生转变，即发生同质多象转变。

根据转变时的速度和晶体结构改变的程度，可将同质多象转变分为两类：

（1）位移式转变。当两个变体结构间差异较小，不需要破坏原有的键或只改变最邻近的配位，只要质点从原先的位置稍作位移，就可从一种变体转变为另一种变体，这种转变称为位移式转变或高低温型转变。这类转变是在一个确定的温度下发生的，一般可迅速完成，并且转变通常是可逆的。如 $SiO_2$ 的两个变体 β-石英（三方晶系）和 α-石英（六方晶系）之间的转变就属于这种类型。α-石英中 Si—O—Si 的键角均在 153.2°左右，而 β-石英中 Si—O—Si 的键角均在 141.8°左右，在转变时，只是 Si—O—Si 的连线偏转 12.4°（图 7.11）就可完成，在常压下它们与温度有如下关系：

$$\alpha\text{-石英} \xrightleftharpoons{573^\circ C} \beta\text{-石英}$$

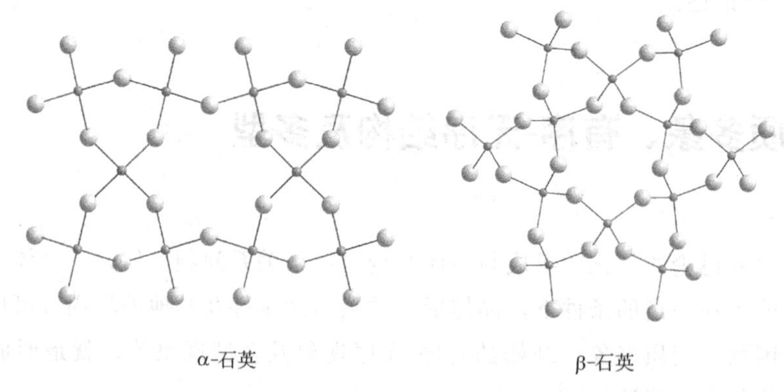


**图 7.11** α-石英和 β-石英晶体沿 *C* 轴投影图

箭头表示转变的方向，往复箭头表示结构的转变朝两个方向都可迅速进行，是可逆的。箭头上方的数字是常压下发生转变的温度，称为相的转变点。

(2) 重建式转变。当变体结构间差异较大时，在转变过程中需要首先破坏原变体的结构，包括键性、配位数及堆积方式等的变化，才能重新建立起新变体的晶体结构，这类转变也称为高温型转变。重建式转变一般是不可逆的，且转变的速度很缓慢，而且还需要外界供给较大的能量，以加速转变的进行。否则，一种变体在新的热力学条件下虽已变得不稳定，但仍有可能长期保持此种不稳定状态，而不发生任何同质多象转变。如石墨变为金刚石时，因要求原石墨中C原子的三个 $sp^2$ 杂化轨道（呈平面三角形配位）和一个 π 轨道改变成四个 $sp^3$ 杂化轨道以构成一组按四面体取向的与其他C原子相联系的键。在这个转变过程中，不仅需要增大压力，而且需要很高的温度及催化剂的参与才能完成。其他如文石到方解石的转变（$O^{2-}$ 的六方最紧密堆积转变为立方最紧密堆积）也属于这种方式。

需要指出的是，某些物质成分的各个变体，可以在几乎相同的温度与压力条件下形成，而且都是稳定的，如 $Fe[S_2]$ 的两个变体黄铁矿和白铁矿。它们的成因比较复杂，一般认为与介质的酸碱度有关，$Fe[S_2]$ 在碱性介质中形成黄铁矿，而在酸性介质中则生成白铁矿。

同质多象现象在晶体中是较为常见的。由于它们的出现与形成时的外界条件有密切关系，因此，借助于它们在某些地质体中的存在，可以帮助我们推测有关该地质体形成时的物理化学条件。另外，在工业上还可利用同质多象变体的转变规律，改造晶体的结构，以获得所需要的矿物材料，满足生产上的要求，如利用石墨制造人造金刚石等。

### 7.8.2 有序-无序结构

当两种原子或离子在晶体结构中占据等同的构造位置时，如果它们占据任何一个等同位置的概率是相同的，即两种质点相互间的分布没有一定的秩序，这样的晶体结构就称为无序结构［图 7.12 (a)］；如果它们相互间的分布是有规律的，即两种质点各自占有特定的位置，则这样的结构就称为有序结构［图 7.12 (b)］。

有序-无序结构在晶体中极为广泛，除了在类质同象置换的情况下出现有序-无序现象外，甚至在化学组成固定的某些晶体中也同样可以出现有序-无序结构。例如黄铜矿

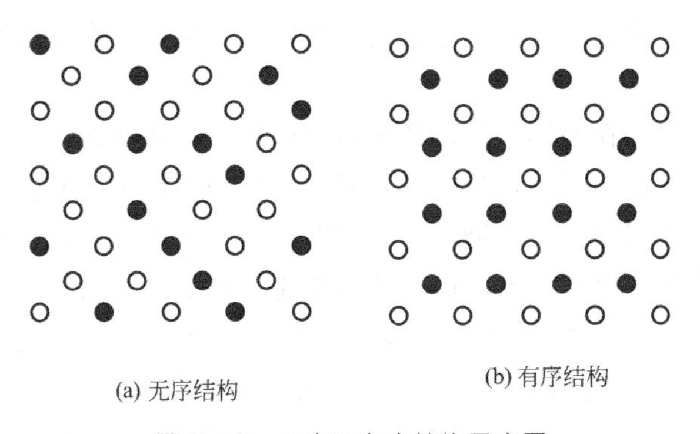


**图 7.13**　无序和有序结构示意图

($CuFeS_2$) 晶体，当温度高于 550℃时，阴离子 $S^{2-}$ 做立方最紧密堆积，阳离子 $Cu^{2+}$ 和 $Fe^{2+}$ 占据半数四面体配位位置，晶体为无序结构，属立方晶系 $\bar{4}3m$ 对称型，$a_0=0.529nm$；但在温度低于 550℃时形成的黄铜矿晶体中，处于四面体配位位置中的 $Cu^{2+}$ 和 $Fe^{2+}$ 做有规律的相间分布，成为完全的有序结构，从而破坏了晶体的立方对称，形成犹如两个原来的立方晶胞沿 $Z$ 轴重叠而成的四方晶胞（图 7.13），属 $\bar{4}2m$ 对称型，$a_0=0.525nm$，$c_0=1.032nm$。

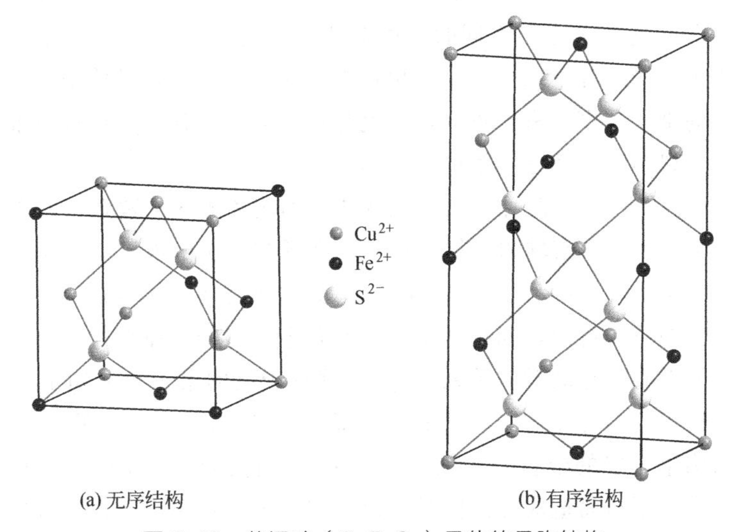


**图 7.13**　黄铜矿（$CuFeS_2$）晶体的晶胞结构

在完全有序和完全无序之间，还存在着部分有序的过渡状态。在部分有序结构中，只有部分质点有选择地占据特定的位置，而另一部分质点则无序地占据任意位置。结构的有序程度称为有序度。晶体结构的有序度在一定的条件下是可以改变的，或者说，有序-无序之间是可以相互转化的。物质在结晶过程中，质点倾向于进入特定的结构位置，形成有序结构，以最大限度地降低自由能。但是，热扰动的存在以及晶体的快速生长，都促使质点占据任意可能的位置，从而形成了无序结构。显然无序结构不是最稳定的状态。随着热力学条件的改变，其中主要是温度的变化，结构状态会发生改变，当温度降低时，无序结构会向有序结构转变；反之，当温度升高时，可促使晶体从有序结构向无序结构转变。由无序向有序的转变作用，称为有序化。晶体结构的有序化过程有长有短，在地质作用中，大多数晶体结构的有序化过程常经历很长的地质时期，由部分有序逐渐增大有序度，直至转变为完全有序。

晶体有序度的不同，在晶体结构以及由结构所决定的物理性质方面都会有所反映。有序和无序两者属于不同结构类型，显然，它们在某些物理性质上的差异应是很明显的。而部分有序，晶体结构虽属于同一类型，但有序度不同，结构也会有细微的变化，因此，某些物理性质也会随着其有序度的不同而连续地变化。确定晶体结构的有序、无序，最直接的方法是测定质点的分布位置，如采用 X 射线结构分析、电子衍射法、红外光谱法等。但又因为有序-无序现象影响到晶体物理性质的变化，所以比较简便的方法是测定物理性质，间接地推断其有序-无序的情况。常用的方法有 X 射线衍射法、光学方法和热力学方法等，根据晶体结构的有序度，可以帮助我们确定晶体的形成温度或冷却历史，从而有助于了解地质体的形成条件。目前有关长石、辉石、角闪石等矿物有序度的研究，已成为矿物学和理论岩石学的重要课题之一。此外，有序度的研究，对材料的微观结构和性质的确定，也具有很重要的实际意义。

## 7.8.3 多型

同种化学成分所构成的晶体，当其晶体结构中的结构单位层相同，而结构单位层之间的堆积顺序，也即重复方式有所不同时，由此所形成的不同结构的变体，即为多型。显然，多型是同质多象的一种特殊类型，它出现在广义的层状结构晶体中，同种物质的不同的多型只是在层的堆积顺序上有所不同，也就是说，多型的各个变体仅以堆积层的重复周期不同相区别，所以多型也就是一维的同质多象。

例如 ZnS，早已知道它有两种同质多象变体，即阴离子 $S^{2-}$ 做立方最紧密堆积的闪锌矿和阴离子 $S^{2-}$ 做六方最紧密堆积的纤维锌矿。在纤维锌矿中现已了解至少有 154 种不同的多型变体，其结构单元层的高度为 0.312nm，这也就是各变体晶胞高度 $C_0$ 的公因数。

从众多的实例中可以得出，同种物质成分的各个多型变体在平行结构单位层的方向上晶胞参数相等（或者有一定的对应关系），而在垂直于层的第三个方向上，各变体的晶胞高度则相当于结构单位层的厚度（在纤锌矿的例子中为 0.312nm）的整数倍，其倍数即为单位晶胞中结构单位层的数目。显然，这是由于它们晶体内部的结构单位层都是相同的，仅层的堆积顺序不同而造成的。同时，由于层的堆积顺序不同，还可能导致结构的对称性——空间群甚至于晶系也不相同。

与同质多象变体不同，一种物质成分的不同多型因为它们在最近邻原子的相互作用方面全都具有同样的性质，所以不同的多型具有近于相同的内能；它们在形态和物理性质上，也几乎没有差别，有时甚至同一种物质的若干多型在一个晶块上同时出现。故此，在矿物学中，把多型的不同变体仍看成是同一个晶相。书写时，在晶相名之后加相应的多型符号，中间用横线相连。如石墨有六方晶系的 $2H$ 型和三方晶系的 $3R$ 型两种多型变体，前者书写为石墨-$2H$，后者书写为石墨-$3R$。表示多型的符号有多种，这里采用的多型符号是目前国际上常用的一种，它由一个数字和一个字母组成。前面的数字表示多型变体单位晶胞内结构单位层的数目，即重复层数，后面的大写斜体字母指示多型变体所属的晶系。如果有两个或两个以上的变体属于同一个晶系，而且有相等的重复层数时，则在字母右下角再加下标以示区别，如白云母-2$M_1$、白云母-2$M_2$ 等。

不同多型的产生，归于各种各样的因素，诸如热力学因素、晶格振动、二级相变等。但实验上的发现也已证明，堆积层错和位错在多型的生长中起着决定性作用，而在解释多型生长的机理中，最有希望的是辅以螺旋位错的层错扩张机理。不过，热力学的影响也是不能忽视的，特别是对于像 SiC 和 ZnS 等高温下生长的多型物质更是如此。

多型现象在许多人工合成的晶体中和具有层状结构的晶体中都有发现，看来它是具有层状结构晶体的一种普遍特征。因此，对物质多型的研究，在结晶学、矿物学、固体物理学、冶金学和材料科学领域中，无论在理论上还是在实用上都具有重要的意义。

## 习题七

1. 二层等大球密堆积时其方式只有一种，如图 7.1（b）。试问，该图形中做最小重复的基本周期是什么？画出其点阵构造图形。这是一个二维还是三维结构？

2. 当有 $n$ 个等大球体做最紧密堆积时，必定有 $n$ 个八面体空隙与 $2n$ 个四面体空隙。计算单层等大球密堆积时每个球所均摊的弧形三角形空隙的数目。

3. 与 A1（面心立方最紧密堆积）和 A3（六方最紧密堆积）型密堆积（如 Au、Os）相比，A4 型密堆积（如金刚石）的空间利用率仅为 34.01 %（前两者为 74.05 %），换言之，其堆积的紧密程度远低于前两者。但为什么金刚石的硬度却远大于金属 Au 和 Os（A2 型为体心立方紧密堆积）？

4. 半径为 $r$ 的等大球进行密堆积，若球体围成正三角形空隙、四面体空隙、立方体空隙时，分别计算空隙中心至顶点的距离。

5. 若八面体中相对角顶间的距离为 1，试计算当两个配位八面体以共顶、共棱、共面连接时，其两个中心阳离子间的最大距离分别是多少？

6. 已知共价键具有饱和性和方向性的特点，而离子键则没有。但为什么在一个离子晶格中，每种离子都各有有限的配位数和特定取向的配位多面体连接方式？

7. 典型的化学键有三种：离子键、共价键和金属键。此外，还有范德华键（分子键）和氢键等。试从键性特征分析具有上述键型晶体的物理性质特点。

8. 试对比一般所指的同质多象现象与有序-无序现象及多型性三者的主要异同。

9. 有序-无序相变是一类典型的相变，其受温度的影响比较明显。一般情况下，温度高趋向无序，温度低则有利于有序。对于黄铜矿（$CuFeS_2$）亦是如此，如何理解这样的现象？

10. 证明等径圆球面心立方最密堆积的空隙率为 25.9%。

# 第 8 章　典型晶体结构类型

材料的性质是晶体内部结构的反映，人们可以通过材料组成、结构、性质关系的研究揭示材料的光、电、磁、热及其他宏观性质产生机理，从而通过改变其内部结构和组织状态，达到改变材料的性能，实现对材料在更广泛领域中应用的目的。固体材料在高温条件下的物理化学过程，如晶体结构的缺陷、扩散、相变、固相反应和烧结，是晶体结构中质点通过扩散、迁移完成的，其动力学过程与晶体结构有关。晶体结构也是研究晶体生长及新材料制备的重要基础。本章对晶体结构的主要类型做讨论。

## 8.1　晶体结构的表征

晶体的结构虽然与它们的化学组成、质点的相对大小和极化性质有关，但是，并非所有化学组成不同的晶体，都有不同的结构。从晶体结构的对称性考虑，只可能存在 230 种不同的类型，晶体结构的对称性取决于晶体中质点的排列方式，也就是由晶体结构决定。因此，化学组成不同的晶体，可以有相同的结构类型。而同一种化学组成，也可以出现不同的结构类型。在此，将通过讨论一些有代表性的晶体结构，来认识部分与无机非金属材料专业有关的晶体结构类型。

在了解一个晶体结构时，往往需表述下列几项内容：①晶系；②对称类型；③组成部分及键型；④配位数 CN 值；⑤晶胞中结构单元数目 $Z$ 及位置；⑥格子形式。需要说明的是，在具体结构论述中，常以一种矿物为代表进行描述，而结构类型所代表的是一系列矿物，不仅仅是其中一个，根据这一道理，在掌握各种结构类型的基础上，可举一反三，搞清同一类型中其他矿物的结构与性质。

晶体结构表述方法。为便于了解和掌握晶体中质点的分布规律，依据不同晶体结构特点及对称性高低，通常对晶体结构的描述采用三种不同的表达方式。

（1）坐标法。对于对称性较高的晶体结构，并且单位晶胞中质点数目较少，采用坐标法能准确定位质点的空间分布位置。例如，NaCl 晶体中 $Cl^-$、$Na^+$ 在单位晶胞中的坐标分布：

$Cl^-$：000，$\frac{1}{2}\frac{1}{2}0$，$\frac{1}{2}0\frac{1}{2}$，$0\frac{1}{2}\frac{1}{2}$；

$Na^+$：$\frac{1}{2}\frac{1}{2}\frac{1}{2}$，$00\frac{1}{2}$，$0\frac{1}{2}0$，$\frac{1}{2}00$。

（2）球体堆积法。球体堆积法对于金属晶体和一些简单的离子晶体有用。尤其离子晶体中存在不同离子质点，某种离子按某种球体的堆积方式排列，其他不同尺寸的离子填充所形成的空隙位置，便于了解不同类型质点的分布规律。如氯化钠的晶体结构，其中 $Cl^-$ 按立方紧密堆积，$Na^+$ 处于全部的八面体空隙中。

（3）配位多面体及其连接方式描述法。对结构比较复杂的晶体，常采用这种方法。如硅酸盐的晶体结构，其结构单元是硅氧四面体。不同的连接方式，导致硅酸盐晶体结构类型不同。此种方法，便于理解不同结构类型的结构特点。

# 8.2 典型晶体结构

本章按照元素晶体和无机化合物的不同化学配比的顺序，依次阐述典型晶体结构。

## 8.2.1 元素晶体

在此主要介绍单质碳的晶体结构，除石墨与金刚石两种常见晶体，富勒烯（$C_{60}$）、碳纳米管等都是碳元素的单质，它们互为同素异形体。

（1）金刚石型结构。属于立方晶系，空间群为 $Fd3m$，对称型为 $3L^4 4L^3 6L^2 9PC$，晶胞参数为 $a_0=0.356$nm，单位晶胞中原子数 $Z=8$，图 8.1（a）所示为金刚石的晶胞结构。

晶胞中 C 原子呈现两套立方面心格子沿［111］晶向相互穿插分布，其中一套的 4 个碳原子位于所有立方面心的结点位置，另一套的 4 个碳原子位于 1/2 的 8 个小立方体中心。CN=4，即每个碳周围都有 4 个碳，碳原子之间形成 $sp^3$ 的共价键。如图 8.1（b）所示，所有四面体与相邻的四面体以共顶方式连接。

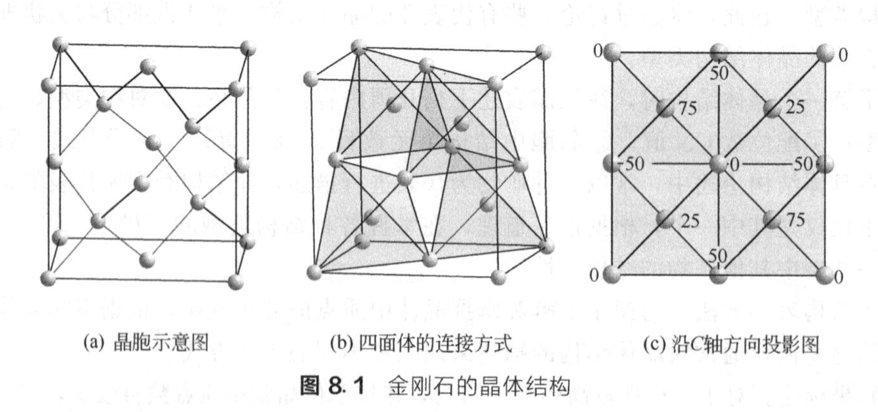


**图 8.1** 金刚石的晶体结构

C 原子的空间坐标：000，$\frac{1}{2}\frac{1}{2}0$，$\frac{1}{2}0\frac{1}{2}$，$0\frac{1}{2}\frac{1}{2}$，$\frac{3}{4}\frac{1}{4}\frac{1}{4}$，$\frac{1}{4}\frac{3}{4}\frac{1}{4}$，$\frac{1}{4}\frac{1}{4}\frac{3}{4}$，$\frac{3}{4}\frac{3}{4}\frac{3}{4}$。若将晶胞高度设置为 100，则晶胞中碳原子沿 $C$ 轴方向投影如图 8.1（c）所示，图中示出碳原子的高度投影值。

金刚石是硬度最高的材料，纯净的金刚石具有极好的导热性，金刚石还具有半导体性。因此，金刚石可作为高硬度切割材料、磨料及钻井用钻头、集成电路中的散热片和高温半导体材料。

具有金刚石型结构的材料：Si、Ge、灰锡（α-Sn）和人工合成的立方氮化硼（cBN）。

（2）六方石墨型结构。石墨晶体具有典型的层状结构，碳原子排列成六方网状层，石墨有 $2H$ 和 $3R$ 两种多型。重复层状为 2 的是石墨 $2H$ 多型，属六方晶系，即通常所指的石墨。重复层状为 3 的则为石墨 $3R$ 多型，属三方晶系。两种多型的区别在于结构单元层的堆垛方位不同。设任取一六方网层为起点层，并选出一个菱面体平面晶胞，如图 8.2 所示，在 $2H$ 多型中，第二层六网层在第一层方位的基础上沿 $X$ 轴的正方向和 $U$ 轴的负方向的角平分线方向平移 1/2 质点间距，后续（第三）层在第二层的方位上向后退 1/2 质点间距，回到与第一层的相同方位，即实现了两层一重复的事实。这种平移过程可以用最紧密堆积原理来理解：如果后续单元层按前进一定距离、后退相同距离方式堆积就形成两层一重复的堆积体；如果后续单元层始终按向一个方向前进相同距离的方式堆积就形成三层一重复的堆积体，例如 $3R$ 多型结构中的各六方网层就按这种规律堆积。所以 $3R$ 多型结构的重复特点是三层一重复。$3R$ 型石墨结构层的重复周期与金刚石相同（ABC），所以 $3R$ 型石墨在合成金刚石时容易转变成金刚石，使合成的产率提高。但在天然石墨结构中两种多型石墨不能单独分离出来。在这里主要讨论六方石墨（α-石墨）的晶体结构。

$2H$ 空间群为 $P6_3/mmc$，对称型为 $L^6 6L^2 7PC$，晶胞参数为 $a_0=0.246\text{nm}$、$c_0=0.670\text{nm}$，$Z=4$。

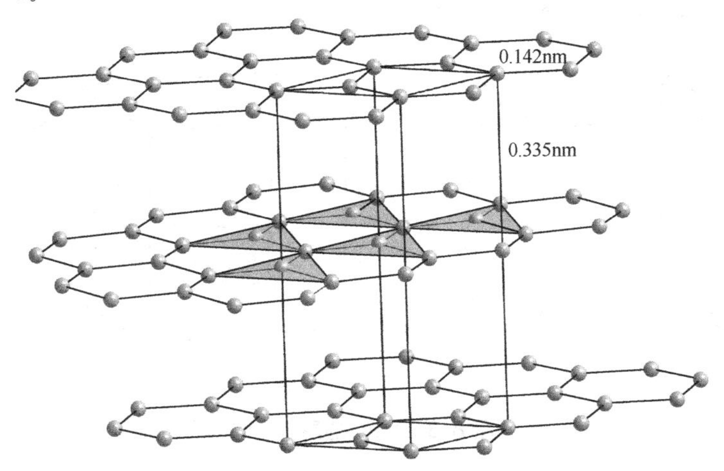


**图 8.2**　六方石墨的晶体结构

图 8.2 为六方石墨的晶体结构，在同一层中，碳原子连成六边环蜂窝状分布，每个碳原子周围都有 3 个碳原子，碳原子之间的距离均为 0.142nm，呈三角形配位。同层中碳原子之间为 $sp^2$ 杂化的共价键，存在非定域的大 π 键，每一层中碳原子呈六边环拼接的无限平面层形分子。碳原子的四个外层电子在层内形成三个共价键，多余的一个电子可以在层内移动，与金属中自由电子类似，因此，在平行碳原子层的方向具有良好的导电性。而层与层间以分子键相连，间距为 0.335nm，层间结合作用较弱，表现在垂直于 $C$ 轴方向具有很好的解理性。所谓解理性：晶体具有沿某些确定方位的晶面劈裂的性质。

石墨硬度低，易于加工，熔点高，润滑性好，导电性良好，可以用于制作高温坩埚、发热体和电极，机械工业上可做润滑剂。人工合成的六方氮化硼与石墨结构相同。

金刚石和石墨的化学组成都是碳（C），但结构不同，性质差异很大。金刚石和石墨为同质多晶现象的体现。

## 8.2.2 AX 型晶体结构

AX 型晶体是二元化合物中最简单的一个类型，它有四种主要的结构类型：氯化铯型、氯化钠型、ZnS 闪锌矿型和 ZnS 纤锌矿型。现分述如下：

（1）NaCl 型结构

空间群为立方晶系 $Fm3m$，对称型为 $3L^4 4L^3 6L^2 9PC$，晶胞参数为 $a_0=0.563\text{nm}$，$Z=4$。质点的空间坐标：

$Cl^-$：000，$\frac{1}{2}\frac{1}{2}0$，$\frac{1}{2}0\frac{1}{2}$，$0\frac{1}{2}\frac{1}{2}$；

$Na^+$：$\frac{1}{2}\frac{1}{2}\frac{1}{2}$，$00\frac{1}{2}$，$0\frac{1}{2}0$，$\frac{1}{2}00$。

图 8.3（a）所示为 NaCl 晶体结构对应的晶胞，结构中 $Cl^-$ 做面心立方密堆积，$r^+/r^-=0.56$（0.414～0.732），$Na^+$ 填充在全部八面体空隙中。$Na^+$ 的配位数 CN 为 6，$Cl^-$ 的配位数为 6，构成［$NaCl_6$］八面体，八面体之间共用两个顶点，即以共棱的方式相连［图 8.3（b）］。NaCl 型结构在三维方向上键力分布比较均匀，因此其结构无明显解理，破碎后其颗粒呈现多面体形状。

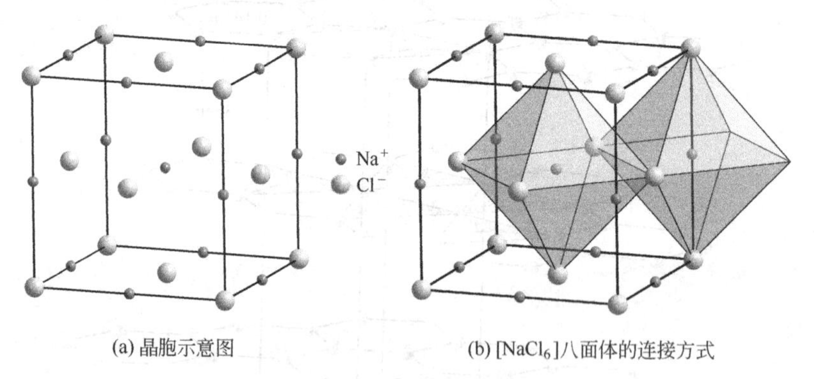


(a) 晶胞示意图　　(b) [$NaCl_6$]八面体的连接方式

**图 8.3** NaCl 的晶体结构

具有 NaCl 型结构（又称岩盐型结构）的晶体有：MgO、CaO、SrO、BaO、FeO、CoO。这些氧化物通常具有很高的熔点，尤其是 MgO（方镁石），其熔点高达 2800℃左右，是碱性耐火材料镁砖中的主要晶相。

（2）氯化铯型结构

空间群为立方晶系 $Pm3m$，对称型为 $3L^4 4L^3 6L^2 9PC$，晶胞参数为 $a_0=0.411\text{nm}$，$Z=1$。

质点的空间坐标：

$Cl^-$：000；$Cs^+$：$\frac{1}{2}\frac{1}{2}\frac{1}{2}$。

CsCl 是立方原始格子（如图 8.4），$r^+/r^-=0.91$（0.732～1），$Cl^-$ 处于立方原始格子的八个角顶上，$Cs^+$ 位于立方体的中心（立方体空隙），$Cs^+$ 的 CN=8，单位晶胞中有一个 $Cl^-$ 和一个 $Cs^+$，配位多面体在空间以共面形式连接。

具有 CsCl 型结构的晶体有 CsBr、CsI、TiCl、$NH_4Cl$ 等。

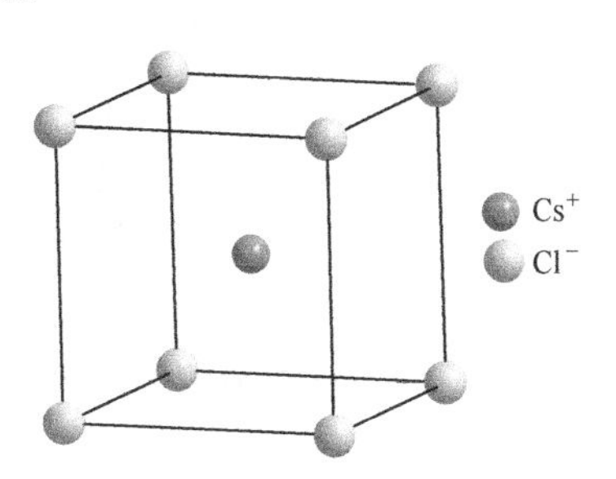


**图 8.4**　CsCl 的晶体结构

（3）ZnS 闪锌矿（β-ZnS）型结构

空间群为立方晶系 $F\bar{4}3m$，对称型为 $3L_i^4 4L^3 6P$，晶胞参数为 $a_0=0.540$nm，$Z=4$。

质点的空间坐标：

$S^{2-}$：000，$\frac{1}{2}\frac{1}{2}0$，$\frac{1}{2}0\frac{1}{2}$，$0\frac{1}{2}\frac{1}{2}$；

$Zn^{2+}$：$\frac{3}{4}\frac{1}{4}\frac{1}{4}$，$\frac{1}{4}\frac{3}{4}\frac{1}{4}$，$\frac{1}{4}\frac{1}{4}\frac{3}{4}$，$\frac{3}{4}\frac{3}{4}\frac{3}{4}$。

闪锌矿晶胞结构如图 8.5（a），$S^{2-}$ 呈立方最紧密堆积，位于立方面心的结点位置，$Zn^{2+}$ 交错地分布于 1/8 小立方体的中心，即 1/2 的四面体空隙中。由于 $r^+/r^-=0.09/0.184=0.49$，理论上 $Zn^{2+}$ 的 CN=6，实际上，极化形成极性共价键导致配位数下降为 4，形成［$ZnS_4$］四面体。实际 $Zn^{2+}$ 的 CN=4。如图 8.5（b）所示，［$ZnS_4$］配位四面体在空间以共顶方式相连接。［$ZnS_4$］四面体以同向“一坐三”的方式在空间中堆积。其（001）面上的投影见图 8.5（c）。

属于闪锌矿型结构的晶体：β-SiC、GaAs、AlP 等。

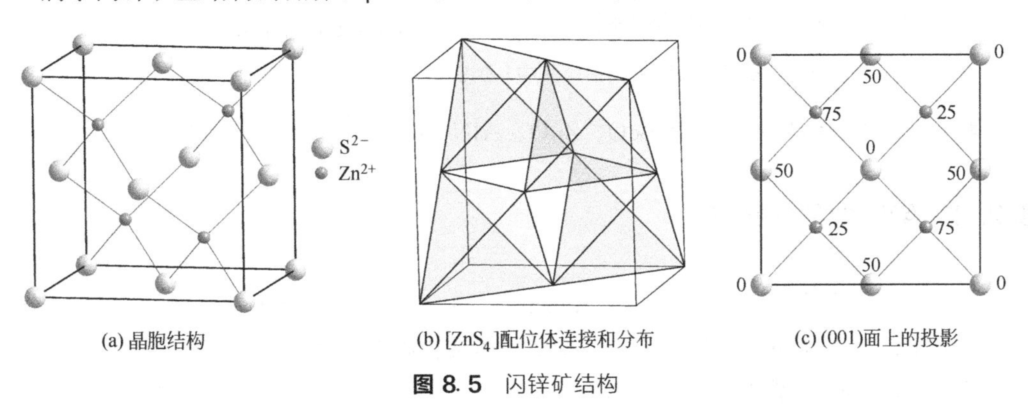


**图 8.5**　闪锌矿结构

（4）ZnS 纤锌矿（α-ZnS）型结构

空间群为六方晶系 $P6_3mc$，对称型为 $L^6 6P$，晶胞参数为 $a_0=0.382$nm、$c_0=0.625$nm，六方柱晶胞中 ZnS 的晶胞分子数为 6，平行六面体晶胞中为 2。六方柱晶胞和平行六面体晶胞结构如图 8.6 所示。

质点的空间坐标：

α-ZnS 的晶胞可用底面为菱形的平行六面体表示。$S^{2-}$：000，$\frac{2}{3}\frac{1}{3}\frac{1}{2}$；$Zn^{2+}$：$00\left(u-\frac{1}{2}\right)$，$\frac{2}{3}\frac{1}{3}u$，其中 $u=0.875$。

配位体和配位数：结构中 $S^{2-}$ 做六方密堆积，$r^+/r^-=0.48$，$S^{2-}$ 填入 1/2 的四面体

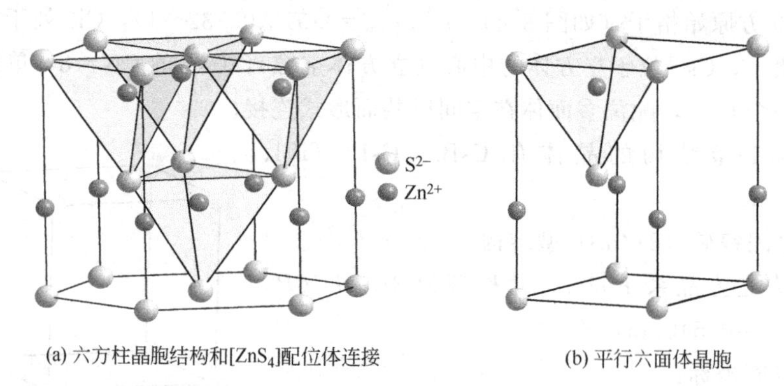


(a) 六方柱晶胞结构和[$ZnS_4$]配位体连接　　(b) 平行六面体晶胞

**图 8.6** 铅锌矿结构

空隙中。$Zn^{2+}$ 的 CN＝4，形成［$ZnS_4$］四面体。如图 8.7 所示，［$ZnS_4$］四面体均以共顶连接，在（0001）面，以反向"一坐三"的方式在空间中堆积。

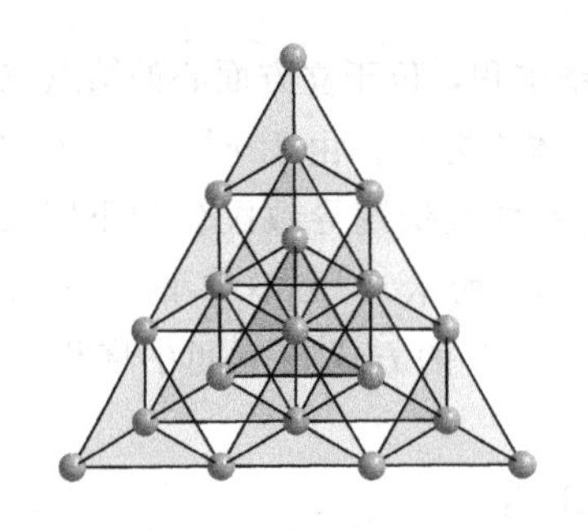

(a) 闪锌矿中[$ZnS_4$]四面体在(111)面上的排列

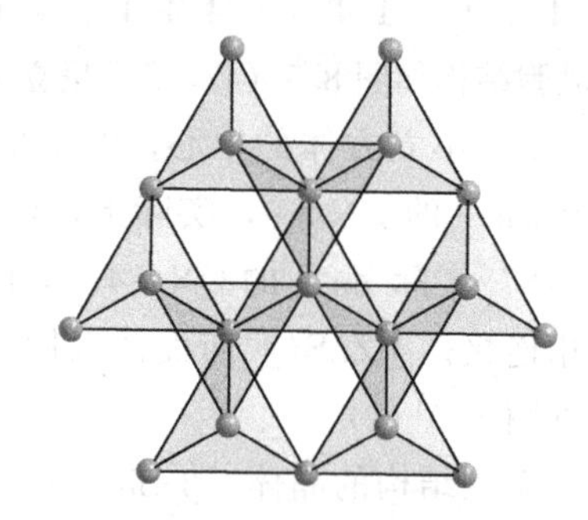

(b) 铅锌矿中[$ZnS_4$]四面体在(0001)面上的排列

**图 8.7** 闪锌矿和铅锌矿中［$ZnS_4$］四面体的排列方式

属于纤锌矿型结构的晶体有 BeO、ZnO、AlN、α-SiC 等。

### 8.2.3 $AX_2$ 型晶体结构

$AX_2$ 型结构主要有萤石（$CaF_2$，fluorite）型、金红石（$TiO_2$，rutile）型、碘化镉（CdI）型和石英型（$SiO_2$）结构等，石英型晶体结构将在下章介绍。

（1）$CaF_2$(萤石)型结构

空间群为立方晶系 $Fm3m$，对称型为 $3L^4 4L^3 6L^2 9PC$，晶胞参数为 $a_0$＝0.545nm，$Z$＝4。

质点的空间坐标：

$Ca^{2+}$：000，$\frac{1}{2}\frac{1}{2}0$，$\frac{1}{2}0\frac{1}{2}$，$0\frac{1}{2}\frac{1}{2}$；

$F^-$：$\frac{1}{4}\frac{1}{4}\frac{1}{4}$，$\frac{1}{4}\frac{1}{4}\frac{3}{4}$，$\frac{1}{4}\frac{3}{4}\frac{1}{4}$，$\frac{1}{4}\frac{3}{4}\frac{3}{4}$，$\frac{3}{4}\frac{1}{4}\frac{1}{4}$，$\frac{3}{4}\frac{1}{4}\frac{3}{4}$，$\frac{3}{4}\frac{3}{4}\frac{1}{4}$，$\frac{3}{4}\frac{3}{4}\frac{3}{4}$。

萤石型结构晶胞及在（001）面投影如图 8.8（a）和（b）所示。

配位体和配位数：$r^+/r^-$＝0.85（0.732～1.000），$Ca^{2+}$ 的 CN＝8，形成［$CaF_8$］立方体。根据静电价规则，$F^-$ 的 CN＝4。

如图 8.8（c）和（d），$CaF_2$ 结构中质点的堆积可分别从两个方面描述：

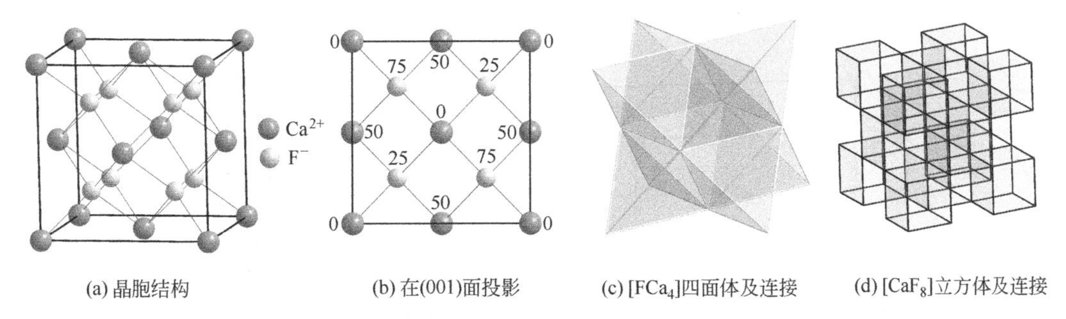


**图 8.8** 萤石型结构

① $Ca^{2+}$作为基本堆积。$Ca^{2+}$做立方密堆积，$F^-$填充了全部的8个四面体空隙。全部八面体空隙都没有填充，可作为$F^-$的填隙位，这类结构可形成阴离子填隙型固溶体。

② $F^-$作为基本堆积。$F^-$做简单立方堆积，$Ca^{2+}$填充了半数的立方体空隙，八个$F^-$之间形成了一个“空洞”，为$F^-$的扩散提供了通道，所以在萤石型结构中往往存在负离子扩散机制。

属于萤石型结构的晶体有$BaF_2$、$PbF_2$、$CeO_2$、$UO_2$、高温$ZrO_2$（立方晶系）等。

一些碱金属氧化物，如$Li_2O$、$Na_2O$、$K_2O$、$Rb_2O$等的结构与萤石型结构相同，只是阴、阳离子的位置完全互换，$Li^+$、$Na^+$、$K^+$、$Rb^+$等占据$F^-$的位置，而$O^{2-}$占据$Ca^{2+}$的位置。这种结构叫反萤石结构。

结构相同，只是阴、阳离子的位置颠倒的晶体称为反同形体。

(2) $TiO_2$（金红石）型结构

空间群为四方晶系$P4_2/mnm$，对称型为$L^4 4L^2 5PC$，晶胞参数$a_0=0.459\text{nm}$、$c_0=0.296\text{nm}$，$Z=2$。

质点的空间坐标：

$Ti^{4+}$：000，$\frac{1}{2}\frac{1}{2}\frac{1}{2}$；

$O^{2-}$：$uu0$，$(1-u)(1-u)\ 0$，$\left(\frac{1}{2}+u\right)\left(\frac{1}{2}-u\right)\frac{1}{2}$，$\left(\frac{1}{2}-u\right)\left(\frac{1}{2}+u\right)\frac{1}{2}$，其中$u=0.31$。

晶胞结构如图8.9（a）所示。

配位体和配位数：$O^{2-}$做近似的六方密堆积，$r^+/r^-=0.44$（0.414～0.732），$Ti^{4+}$填充在1/2的八面体空隙中。$Ti^{4+}$的CN=6，形成［$TiO_6$］八面体。$O^{2-}$的CN=3。

如图8.9（b）所示，处在平行六面体顶点位置与体心位置的［$TiO_6$］八面体在空间取向不同，表明$Ti^{4+}$的周围环境有所不同，所有体心$Ti^{4+}$不属于该原始格子，分别属于两套原始格子。在金红石中属于同一格子$Ti^{4+}$对应的相邻的［$TiO_6$］八面体以共棱的方式排成链状，分属不同格子相邻的［$TiO_6$］八面体则以共顶连接。

另外，根据［$TiO_6$］八面体的连接方式不同，除金红石外，$TiO_2$还有板钛矿、锐钛矿等变体。属于金红石结构的晶体有$GeO_2$、$SnO_2$、$PbO_2$、$MnO_2$、$MoO_2$、$NbO_2$、$CoO_2$、$WO_2$、$MgF_2$、$MnF_2$等。

(3) $CdI_2$（碘化镉）型结构

空间群为三方晶系$P3m$，对称型为$L^3 3P$，晶胞参数$a_0=0.424\text{nm}$、$c_0=0.684\text{nm}$，$Z=1$。

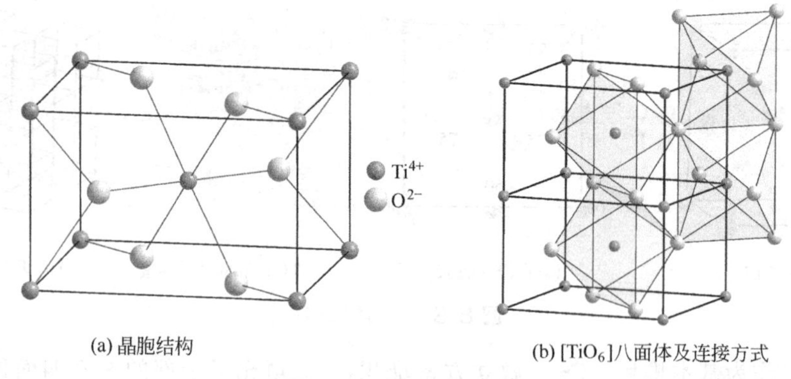


(a) 晶胞结构　　(b) $[TiO_6]$八面体及连接方式

**图 8.9**　金红石型结构

如图 8.10 (a) 所示，$CdI_2$ 晶体结构按单位晶胞看，$Cd^{2+}$ 占有六方原始格子的结点位置。而 $I^-$ 交错分布于 $Cd^{2+}$ 所形成平面层上下方。$Cd^{2+}$ 的 CN=6。$I^-$ 的 CN=3，与其配位的三个 $Cd^{2+}$ 处于同一边。每两层 $I^-$ 中间夹一层 $Cd^{2+}$，这三层作为一个单元层。$I^-$ 在结构中按变形的六方最紧密堆积排列，$Cd^{2+}$ 相间成层地填充于 1/2 的八面体空隙中，形成了平行（0001）面的层型结构。每层含有两片 $I^-$，一片 $Cd^{2+}$。单元层内［$CdI_6$］八面体之间共面连接（共用 3 个顶点），如图 8.10 (b) 所示。由于正负离子强烈的极化作用，层内化学键带有明显的共价键成分。整个晶体是单元层沿着 $C$ 轴堆积，单元层之间距离较远，是由范德华力结合。由于层内结合牢固，层间结合很弱，因而晶体具有平行（0001）面的完全解理。

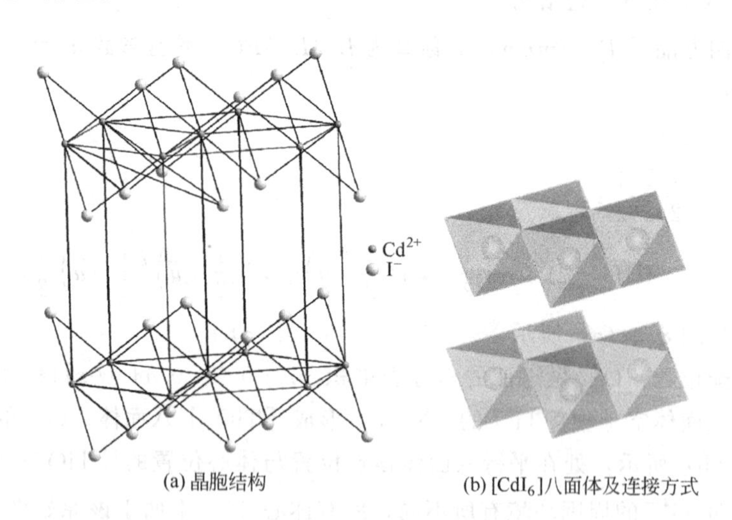


(a) 晶胞结构　　(b) $[CdI_6]$八面体及连接方式

**图 8.10**　碘化镉型结构

具有碘化镉型结构的晶体还有 $Ca(OH)_2$、$Mg(OH)_2$、$CaI_2$、$MgI_2$ 等。

## 8.2.4　α-$Al_2O_3$（刚玉）型结构

空间群为三方晶系（菱面体晶胞）$R3c$，对称型为 $L^3 3L^2 3PC$，晶胞参数 $a_0$ = 0.514nm，$\alpha$=55°17′，$Z$=2。

刚玉即 α-$Al_2O_3$，天然 α-$Al_2O_3$ 单晶体称为白宝石，其中红色的称为红宝石（ruby），蓝宝石（sapphire），是刚玉宝石中除红宝石外，其他颜色刚玉宝石的通称。

α-$Al_2O_3$ 结构可以看成 $O^{2-}$ 近似地做六方最紧密堆积，$Al^{3+}$ 填充在 6 个 $O^{2-}$ 形成的八面体空隙中，占据 2/3 的八面体空隙，其余 1/3 的空隙均匀分布，见图 8.11，这样 6 层构成一个完整周期，堆积起来形成刚玉结构。如图 8.12 所示，结构中 2 个 $Al^{3+}$ 填充在 3 个八面体空隙时，在垂直 $C$ 轴各层的分布有 3 种不同的方式，分别可表示为 $Al_D$、$Al_E$、$Al_F$，代表各层 $Al^{3+}$ 排列，从而保证每个 $O^{2-}$ 周围均有 4 个 $Al^{3+}$ 与之相配位。$Al^{3+}$ 的分布原则是在同一层和层与层之间的距离应保持最远，并符合鲍林规则。

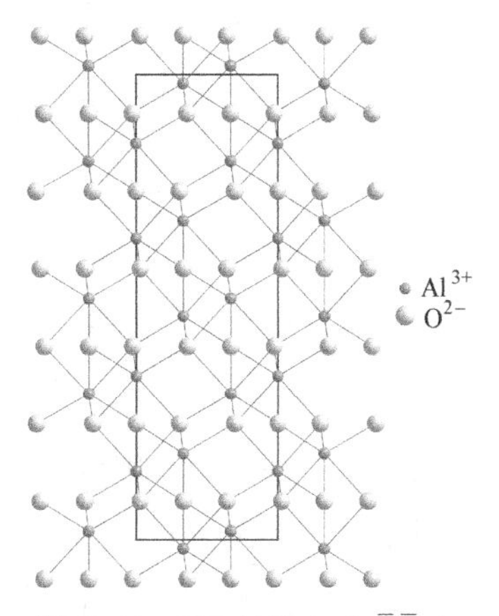

**图 8.11** 刚玉结构在（$2\bar{1}\bar{1}0$）面上的投影

刚玉硬度非常大，莫氏硬度 9，熔点高达 2050℃，这与 Al—O 键的牢固性有关。α-$Al_2O_3$ 是高绝缘无线电陶瓷和高温耐火材料中的主要矿物。刚玉质耐火材料对 PbO、$B_2O_3$ 含量高的玻璃具有良好的抗腐蚀性能。

具有刚玉型结构的晶体：α-$Fe_2O_3$、$Cr_2O_3$、$Ti_2O_3$、$V_2O_3$ 等氧化物，钛铁矿型化合物 $FeTiO_3$、$MgTiO_3$、$PbTiO_3$、$MnTiO_3$ 等。

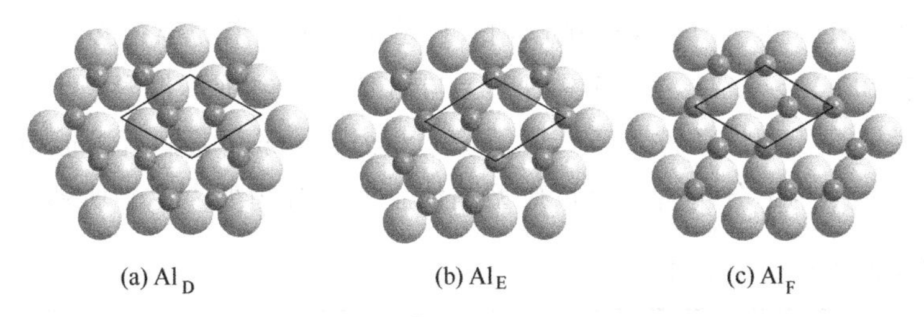

**图 8.12** 刚玉中 $Al^{3+}$ 垂直 $C$ 轴各层的排列分布

理解 α-$Al_2O_3$ 晶体结构对人造宝石——白宝石、红宝石等晶体的生长具有指导意义，同时，对理解铁电、压电晶体 $FeTiO_3$、$LiSbO_3$、$LiNbO_3$ 的结构也有帮助。



### 8.2.5 $CaTiO_3$（钙钛矿）型结构

钙钛矿有立方晶系和正交晶系两种变体，在 600℃ 发生多晶转变。$CaTiO_3$ 高温时空间群为立方晶系 $Pm3m$，对称型为 $3L^4 4L^3 6L^2 9PC$，晶胞参数 $a_0=0.385$nm，$Z=1$。

质点的空间坐标为：$Ca^{2+}$：000；$O^{2-}$：$0\frac{1}{2}\frac{1}{2}$，$\frac{1}{2}0\frac{1}{2}$，$\frac{1}{2}\frac{1}{2}0$；$Ti^{4+}$：$\frac{1}{2}\frac{1}{2}\frac{1}{2}$。

如图 8.13（a）所示，因 $O^{2-}$ 和 $Ca^{2+}$ 的半径相近，共同构成面心立方堆积，以 $Ca^{2+}$ 占据面心立方的角顶位置，$O^{2-}$ 占据面心位置，$Ti^{4+}$ 占据体心位置。$r_{Ti}/r_O=0.522$，$Ti^{4+}$ 周围 6 个 $O^{2-}$ 形成八面体空隙，CN=6。若 $n$ 个 $CaTiO_3$ 分子的结构，其化学式可写成 $Ca_nTi_nO_{3n}$，因 $Ca^{2+}$ 与 $O^{2-}$ 共同构成面心立方紧密堆积，则八面体空隙数为 $4n$ 个，以 $n$ 个 $Ti^{4+}$ 填充 $4n$ 个八面体空隙，则填充率 $P=1/4$。

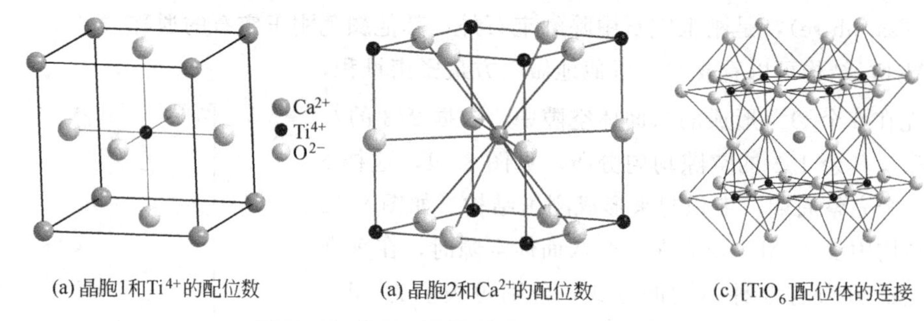

(a) 晶胞1和$Ti^{4+}$的配位数　(a) 晶胞2和$Ca^{2+}$的配位数　(c) $[TiO_6]$配位体的连接

**图 8.13** 钙钛矿晶体结构和配位体及连接

图 8.13（b）中，则以 $Ti^{4+}$ 占据面心立方的角顶位置，$Ca^{2+}$ 占据体心位置，$O^{2-}$ 占据各个棱中点位置。$Ca^{2+}$ 周围 12 个 $O^{2-}$ 形成八面体空隙，CN＝12。如图 8.13（c）所示，相邻的［$TiO_6$］配位体以共顶方式连接。

钙钛矿型晶体通式为 $ABO_3$。A 和 B 离子的电价组合方式可以是 $A^{2+}$、$B^{4+}$，也可以为 $A^{+}$、$B^{5+}$ 或 $A^{3+}$、$B^{3+}$。

但在实际研究中发现，只要满足 A、B、O 三种离子半径之间的关系条件：$r_A+r_O=t\sqrt{2}(r_B+r_O)$，即可得到钙钛矿结构。式中，$t$ 为容许因子，其值约在 0.77～1.10 范围；A 是大离子，半径在 0.10～0.14nm 范围内；B 是小离子，因为半径必须与 $O^{2-}$ 的 6 配位相适应，半径在 0.045～0.075nm 范围内。A 与 B 离子的电价不仅限于 2 价与 4 价，任意一对阳离子半径适合于配位条件，且其原子价之和为 6，那么它们就可能取这种结构。因此，钙钛矿型晶体结构十分丰富，钙钛矿型晶体主要化合物如表 8.1 所列。

**表 8.1** 具有钙钛矿型结构的晶体

| 氧化物（1+ 5） | 氧化物（2+ 4） | | | 氧化物（3+ 3） | 氟化物（1+ 2） |
|---|---|---|---|---|---|
| $NaNbO_3$ | $CaTiO_3$ | $SrZrO_3$ | $CaCeO_3$ | $YAlO_3$ | $KNgF_3$ |
| $KNbO_3$ | $SrTiO_3$ | $BaZrO_3$ | $BaCeO_3$ | $LaAlO_3$ | $KNiF_3$ |
| $NaWO_3$ | $BaTiO_3$ | $PbZrO_3$ | $PbCeO_3$ | $LaCrO_3$ | $KZnF_3$ |
| | $PbTiO_3$ | $CaSnO_3$ | $BaPrO_3$ | $LaMnO_3$ | |
| | $CaZrO_3$ | $BaSnO_3$ | $BaHfO_3$ | $LaFeO_3$ | |

一些铁电、压电材料属于钙钛矿型结构，$BaTiO_3$ 结构与性能研究得比较早也比较深入。现已发现在居里温度以下，对称性下降。在一个轴向发生畸变转变为四方晶系；两个轴向发生畸变转变为斜方晶系；体对角线方向发生畸变转变为三方晶系的菱面体格子。晶体中产生自发偶极矩，成为铁电和反铁电体，从而具有介电和压电性能。$BaTiO_3$ 晶体不仅是良好的铁电材料，而且是一种很好的用于光信息存储的光折变材料。超导材料 YBaCuO 体系具有钙钛矿型结构，钙钛矿结构的研究对揭示这类材料的超导机理有重要作用。

## 8.2.6 $MgAl_2O_4$（尖晶石）型结构

空间群为立方晶系 $Fd3m$，对称型为 $3L^44L^36L^29PC$，晶胞参数 $a_0=0.808\text{nm}$，$Z=8$。

$MgAl_2O_4$ 晶体结构中，$O^{2-}$ 做立方紧密堆积。图 8.14（a）为尖晶石晶胞图，它可看作是 8 个小立方块交替堆积而成。小块中质点排列有两种情况，分别以 A 块和 B 块来表示。A 块中只显示出 $Mg^{2+}$ 处于四面体空隙，B 块显示出 $Al^{3+}$ 处于小立方体中心位置，占据八面体空隙的情况。结构中 $O^{2-}$ 做面心立方最紧密堆积，$Mg^{2+}$ 填充在四面体空隙，$Al^{3+}$ 占据八面体空隙。晶胞中含有 8 个尖晶石"分子"，即 $8MgAl_2O_4$。因此，晶胞中有 64 个四面体空隙和 32 个八面体空隙，其中，$Mg^{2+}$ 占据四面体空隙的 1/8，$Al^{3+}$ 占据八面体空隙的 1/2。$Mg^{2+}$ 的 CN=4，$Al^{3+}$ 的 CN=6。由图 8.14（b）所示，相邻的八面体间以共棱方式连接。晶体结构中每个 $O^{2-}$ 与相邻一个 $Mg^{2+}$ 和三个 $Al^{3+}$ 与之配位，则八面体与四面体以共顶方式相连。

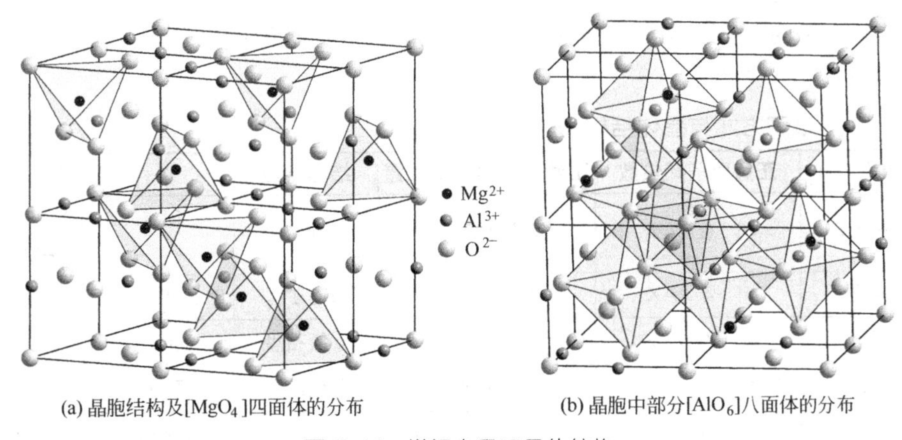


(a) 晶胞结构及[$MgO_4$]四面体的分布　　(b) 晶胞中部分[$AlO_6$]八面体的分布

**图 8.14**　镁铝尖晶石晶体结构

二价阳离子 A 填充四面体空隙，三价阳离子 B 填充八面体空隙结构为正尖晶石型结构；若二价阳离子分布在八面体空隙中，而三价阳离子一半在四面体空隙中，一半在八面体空隙中则称为反尖晶石型结构。例如，$MgFe_2O_4$ 中 $Mg^{2+}$ 不在四面体中，而在八面体中，$Fe^{3+}$ 一半在八面体中，另一半在四面体空隙中。根据晶体场理论，对于晶体是否形成正尖晶石型或反尖晶石型取决于 A、B 离子的八面体择位能的大小。若 A 离子的八面体择位能小于 B 离子的八面体择位能，则生成正尖晶石型；反之为反尖晶石型。

通常情况，为了表达和识别的方便，采用如下书写形式。如果用（　）表示四面体位置，用［　］表示八面体位置，则正、反尖晶石结构式可一目了然地表示为（A）［$B_2$］$O_4$、（B）［AB］$O_4$。在实际尖晶石中，有的是介于正、反尖晶石之间，即既有正尖晶石，又有反尖晶石，此尖晶石称为混合尖晶石，结构式表示为（$A_{1-x}B_x$）［$A_xB_{2-x}$］$O_4$（$0<x<1$）。例如，$MgAl_2O_4$、$CoAl_2O_4$、$ZnFe_2O_4$ 为正尖晶石结构；$NiFe_2O_4$、$NiCo_2O_4$、$CoFe_2O_4$ 等为反尖晶石结构；$CuAl_2O_4$、$MgFe_2O_4$ 等为混合型尖晶石结构。

尖晶石同型一般满足通式 $AB_2O_4$，A、B 离子的总价数为 8，A 离子为二价，B 离子为三价。也可以为 A 四价，B 二价。尖晶石结构包含的晶体有 100 多种，其中用途最广的是铁氧体磁性材料。表 8.2 列出一些主要的尖晶石型结构晶体。

**表 8.2**　尖晶石型结构晶体举例

| 氟、氰化合物 | 氧化物 | | | | 硫化物 |
|---|---|---|---|---|---|
| $BeLi_2F_4$ | $TiMg_2O_4$ | $ZnCr_2O_4$ | $ZnFe_2O_4$ | $MgAl_2O_4$ | $MnCr_2S_4$ |
| $MoNa_2F_4$ | $VMg_2O_4$ | $CdCr_2O_4$ | $CoCo_2O_4$ | $MnAl_2O_4$ | $CoCr_2S_4$ |
| $ZnK_2(CN)_4$ | $MgV_2O_4$ | $ZnMn_2O_4$ | $CuCo_2O_4$ | $FeAl_2O_4$ | $FeCr_2S_4$ |
| $CdK_2(CN)_4$ | $ZnV_2O_4$ | $MnMn_2O_4$ | $FeNi_2O_4$ | $MgGa_2O_4$ | $CoCr_2S_4$ |
| $MgK_2(CN)_4$ | $MgCr_2O_4$ | $MgFe_2O_4$ | $GeNi_2O_4$ | $CaGa_2O_4$ | $FeNi_2S_4$ |
| | $FeCr_2O_4$ | $FeFe_2O_4$ | $TiZn_2O_4$ | $MgIn_2O_4$ | |
| | $NiCr_2O_4$ | $CoFe_2O_4$ | $SnZn_2O_4$ | $FeIn_2O_4$ | |

尖晶石是典型的磁性非金属材料，在实际应用中，与钙钛矿型结构占有同等重要的地位。由于磁性非金属材料具有强磁性、高电阻和低松弛损耗等特性，在电子技术、高频器件中使用它较使用磁性金属材料更为优越，因此常用作无线电、电视和电子装置的元件，在计算机中用作记忆元件，在微波器件中用作永久磁石等。

将本章介绍的典型的无机化合物的晶体结构，按负离子的堆积方式和正负离子的配位关系归纳列表，见表 8.3。

**表 8.3**　负离子堆积方式与晶体结构类型

| 负离子堆积方式 | 正负离子配位数 | 正离子占据空隙位置 | 结构类型 | 实例 |
|---|---|---|---|---|
| 立方最密堆积 | 6∶6　AX | 全部八面体 | NaCl 型 | MgO、CaO、SrO、BaO、FeO |
| 立方最密堆积 | 4∶4　AX | 1/2 四面体 | 闪锌矿型 | β-ZnS、β-SiC、GaAs、AlP |
| 立方最密堆积 | 4∶8　$A_2X$ | 全部四面体 | 反萤石型 | $Li_2O$、$Na_2O$、$K_2O$、$Rb_2O$ |
| 立方最密堆积 | 12∶6∶6　$ABO_3$ | 1/2 八面体 | 钙钛矿型 | $CaTiO_3$、$KNbO_3$、$LaCrO_3$ |
| 立方最密堆积 | 4∶6∶4<br>(A)[$B_2$]$O_4$ | 1/8 四面体（A）<br>1/2 八面体（B） | 尖晶石型 | $MgAl_2O_4$、$CoAl_2O_4$、$ZnFe_2O_4$、$FeNi_2O_4$ |
| 立方最密堆积 | 4∶6∶4<br>(B)[AB]$O_4$ | 1/8 四面体（B）<br>1/2 八面体（A，B） | 反尖晶石型 | $NiFe_2O_4$、$NiCo_2O_4$、$CoFe_2O_4$、$FeFe_2O_4$ |
| 六方最密堆积 | 4∶4　AX | 1/2 四面体 | 纤锌矿型 | α-ZnS、BeO、ZnO、AlN、α-SiC |
| 六方最密堆积 | 6∶4　$A_2X_3$ | 2/3 八面体 | 刚玉型 | α-$Al_2O_3$、α-$Fe_2O_3$、$Cr_2O_3$、$Ti_2O_3$、$V_2O_3$、$MgTiO_3$、$PbTiO_3$ |
| 扭曲的六方最密堆积 | 6∶3　$AX_2$ | 1/2 八面体 | 金红石型 | $TiO_2$、$GeO_2$、$SnO_2$、$PbO_2$、$MgF_2$、$MnF_2$ |
| 扭曲的六方最密堆积 | 6∶3　$AX_2$ | 1/2 八面体 | 碘化镉型 | $CdI_2$、$Ca(OH)_2$、$Mg(OH)_2$、$CaI_2$、$MgI_2$ |
| 简单立方堆积 | 8∶8　AX | 全部立方体 | CsCl 型 | CsCl、CsBr、CsI、TlCl、$NH_4Cl$ |
| 简单立方堆积 | 8∶4　AX | 1/2 立方体 | 萤石型 | $CaF_2$、$BaF_2$、$PbF_2$、$CeO_2$、$UO_2$ |

## 习题八

1. 金属镁原子做六方密堆积，测得它的密度为 $1.74\text{g/cm}^3$，求它的晶胞体积。

2. 试根据原子半径 $R$ 计算面心立方晶胞、六方晶胞、体心立方晶胞的体积。

3. MgO 具有 NaCl 结构。根据 $O^{2-}$ 半径为 0.140nm 和 $Mg^{2+}$ 半径为 0.072nm，计算球状离子所占据的体积分数和 MgO 的密度。说明为什么其体积分数小于 74.05%?

4. 纯铁在 912℃ 由体心立方转变成面心立方结构，体积随之减小 1.06%。根据面心立方结构的原子半径计算体心立方结构的原子半径。

5. 画出 $O^{2-}$ 做面心立方堆积时，各四面体空隙和八面体空隙所在位置（以一个晶胞为结构基元表示出来）。

(1) 计算四面体空隙数、八面体空隙数与 $O^{2-}$ 数之比。

(2) 根据电价规则，分析在下面情况下，空隙内各需填入何种价数的阳离子，对每一种结构举出一个例子。

①所有四面体空隙位置均填满；②所有八面体空隙位置均填满；③填满一半四面体空隙位置；④填满一半八面体空隙位置。

6. 在 AX 型晶体结构中，为什么 NaCl 型结构最多?

7. $MgAl_2O_4$ 晶体结构中，按 $r^+/r^-$ 与 CN 关系，$Mg^{2+}$、$Al^{3+}$ 都应填充八面体空隙，但在该结构中 $Mg^{2+}$ 进入四面体空隙，$Al^{3+}$ 填充八面体空隙；而在 $MgFe_2O_4$ 结构中，$Mg^{2+}$ 填充八面体空隙，而一半 $Fe^{3+}$ 填充四面体空隙。请解释产生这种结构差别的原因。

8. 锗（Ge）具有金刚石立方结构，但原子间距（键长）为 0.245nm，如果小球按这种形式堆积，堆积系数是多少?

9. 砷化镓（GaAs）具有立方 ZnS 结构，其晶胞可以这样得到：用 Ga 原子和 As 原子置换金刚石结构中的 C 原子，使 Ga 和 As 的配位数均为 4。

①画出其晶胞结构；②计算其单位晶胞的堆积系数，与上题比较，说明两者的堆积系数为何不同。

10. 在萤石晶体中 $Ca^{2+}$ 半径为 0.112nm，$F^-$ 半径为 0.131nm，求萤石晶体中离子堆积系数。萤石晶体 $a_0=0.547\text{nm}$，求萤石的密度。

11. 钙钛矿（$CaTiO_3$）是 $ABO_3$ 型结构，空间群为 $Pmna$，由 $Ca^{2+}$ 和 $Ti^{4+}$ 简单斜方格子各一套，$O^{2-}$ 简单斜方格子三套，相互穿插配置组成其晶胞结构。若以 $Ca^{2+}$ 格子作为基体，$Ti^{4+}$ 简单斜方格子错位 $\frac{1}{2}$（$a+b+c$）插入，而三套 $O^{2-}$ 简单斜方格子分别配置于 $\left(0\ \frac{1}{2}\frac{1}{2}\right)$、$\left(\frac{1}{2}0\ \frac{1}{2}\right)$、$\left(\frac{1}{2}\frac{1}{2}0\right)$。请回答下列问题：(1) 画出钙钛矿的理想晶胞结构（提示：单位晶胞内含有一个分子 $CaTiO_3$）。(2) 结构中离子的配位数为多少? (3) 结构是否遵守鲍林规则?

# 第 9 章　硅酸盐晶体结构

## 9.1　硅酸盐晶体的组成、结构特点和分类

### 9.1.1　硅酸盐晶体的组成及表示法

在地壳中形成矿物时，由于成矿的环境不可能十分纯净，矿物组成中常含有其他元素，造成天然矿物硅酸盐晶体的化学组成甚为复杂，组成硅酸盐矿物的元素达 40 余种。其中，除了构成硅酸根所必不可少的 Si 和 O 以外，作为金属阳离子存在的主要是惰性气体型离子（如 $Na^{+}$、$K^{+}$、$Mg^{2+}$、$Ca^{2+}$、$Ba^{2+}$、$Al^{3+}$ 等）和部分过渡型离子（如 $Fe^{2+}$、$Fe^{3+}$、$Mn^{2+}$、$Mn^{3+}$、$Cr^{3+}$、$Ti^{3+}$ 等）的元素，铜型离子（如 $Cu^{+}$、$Zn^{2+}$、$Pb^{2+}$、$Sn^{4+}$ 等）的元素较少见。此外，还有 $OH^{-}$、$O^{2-}$、$F^{-}$、$Cl^{-}$、$CO_3^{2-}$、$SO_4^{2-}$ 等以附加阴离子的形式存在。在硅酸盐矿物的化学组成中广泛存在着同晶置换，除金属阳离子间的置换非常普遍外，经常有 $Al^{3+}$、同时有 $Be^{2+}$ 或 $B^{3+}$ 等置换硅酸根中的 $Si^{4+}$，从而分别形成铝硅酸盐、铍硅酸盐或硼硅酸盐矿物。此外，少数情况下还可能有 $OH^{-}$ 替代硅酸根中的 $O^{2-}$。

因此，在表征硅酸盐晶体的化学式时，通常有以下两种方法。

（1）氧化物表示法。将构成硅酸盐晶体的所有氧化物按一定的比例和顺序全部写出来，先是 1 价的碱金属氧化物，其次是 2 价、3 价的金属氧化物，最后是 $SiO_2$。例如，钾长石的化学式写为 $K_2O \cdot Al_2O_3 \cdot 6SiO_2$；又如，高岭石可写成 $Al_2O_3 \cdot 2SiO_2 \cdot 2H_2O$。

（2）无机络盐表示法。将构成硅酸盐晶体的所有离子按照一定比例和顺序全部写出来，再把相关的络阴离子用中括号括起来即可。先是 1 价、2 价的金属离子，其次是 $Al^{3+}$ 和 $Si^{4+}$，最后是 $O^{2-}$ 或 $OH^{-}$。如钾长石为 $K[AlSi_3O_8]$，而高岭石写成 $Al_4[Si_4O_{10}](OH)_8$。

氧化物表示法的优点在于较为直观地反映出晶体的化学组成，可以按此组成配料来进行晶体的实验室合成。而无机络盐表示法则可以比较直观地反映出晶体所属的结构类型，进而可对晶体结构及性质作出一定程度的预测。两种表示方法之间可以相互转换。

### 9.1.2　硅酸盐晶体的结构特点

硅酸盐晶体结构中 $Si^{4+}$ 与 $Si^{4+}$ 不直接成键，而是通过 $O^{2-}$ 或金属离子相连，即 Si—O—Si、Si—O—M—O—Si。Si—O 的平均距离为 0.16nm，键性为混合型（共价键和离子键各占一半），$r^+/r^-=0.26$，呈四配位形成［$SiO_4$］四面体。［$SiO_4$］是硅酸盐晶体结构的基本结构单元，起骨干作用。

但不同的结构之间具有以下共同特点：(1)［$SiO_4$］四面体结构中 $Si^{4+}$ 位于 $O^{2-}$ 形成的四面体中心，构成硅酸盐晶体的基本结构单元——［$SiO_4$］四面体。Si—O—Si 键是一条夹角不等的折线，一般在 145°左右。(2)［$SiO_4$］四面体的每个顶点，即 $O^{2-}$ 最多只能为两个［$SiO_4$］四面体所共用。(3) 两个相邻的［$SiO_4$］四面体之间只能共顶而不能共棱或共面连接。(4)［$SiO_4$］四面体中心的 $Si^{4+}$ 可部分地与 $Al^{3+}$ 发生同晶置换，结构本身并不产生较大变化，但晶体性质却可发生很大的改变，为材料改性提供了可能。

### 9.1.3　硅酸盐结构分类

硅酸盐晶体化学式中硅氧比（Si/O）不同时，结构中的基本结构单元［$SiO_4$］四面体之间的结合方式也不相同，据此，可以对其结构进行分类。X 射线分析表明，硅酸盐晶体中［$SiO_4$］的排列方式（硅氧骨干类型）有岛状、组群状、链状、层状和架状五种方式。硅酸盐晶体也分为相应的五种类型，其对应的 Si/O 由 1∶4 变化到 1∶2，结构变得越来越复杂，见表 9.1。

**表 9.1**　硅酸盐晶体结构类型与硅氧比（Si/O）的关系

| 结构类型 | $[SiO_4]^{4-}$ 共用 $O^{2-}$ 数 | 形状 | 络阴离子 | Si/O | 实例 |
|---|---|---|---|---|---|
| 岛状 | 0 | 四面体 | $[SiO_4]^{4-}$ | 1∶4 | 镁橄榄石 $Mg[SiO_4]$<br>镁铝石榴石 $Al_2Mg_3[SiO_4]_3$ |
| 组群状 | 1 | 双四面体 | $[Si_2O_7]^{6-}$ | 2∶7 | 硅钙石 $Ca_3[Si_2O_7]$ |
| | 2 | 三节环 | $[Si_3O_9]^{6-}$ | 1∶3 | 蓝锥矿 $BaTi[Si_3O_9]$ |
| | | 四节环 | $[Si_4O_{12}]^{8-}$ | | 斧石 $Ca_2Al_2(Fe,Mn)BO_3[Si_4O_{12}](OH)$ |
| | | 六节环 | $[Si_6O_{18}]^{12-}$ | | 绿宝石 $Be_3Al_2[Si_6O_{18}]$ |
| 链状 | 2 | 单链 | $[Si_2O_6]^{4-}$ | 1∶3 | 透辉石 $CaMg[Si_2O_6]$ |
| | 2，3 | 双链 | $[Si_4O_{11}]^{6-}$ | 4∶11 | 透闪石 $Ca_2Mg_5[Si_4O_{11}]_2(OH)_2$ |
| 层状 | 3 | 平面层 | $[Si_4O_{10}]^{4-}$ | 4∶10 | 滑石 $Mg_3[Si_4O_{10}](OH)_2$ |
| 架状 | 4 | 骨架 | $[SiO_2]^0$ | 1∶2 | 石英 $SiO_2$ |
| | | | $[AlSi_3O_8]^-$ | | 钾长石 $K[AlSi_3O_8]$ |
| | | | $[AlSiO_4]^-$ | | 方钠石 $Na[AlSiO_4]4/3H_2O$ |

# 9.2 岛状结构

这种结构中［$SiO_4$］四面体孤立存在，四面体之间不直接连接，没有公共的顶角。每个 $O^{2-}$ 一侧与 $Si^{4+}$ 相连，另一侧与其他金属离子相配位来使其电价平衡，结构中硅氧比为 1∶4。镁橄榄石（$Mg_2SiO_4$）就具有典型的岛状结构。

镁橄榄石 $Mg_2$［$SiO_4$］，其结构属于斜方晶系，空间群 *Pbnm*。晶胞参数 $a_0$＝0.476nm，$b_0$＝1.021nm，$c_0$＝0.598nm，$Z$＝4。其晶体结构如图 9.1 所示。从（100）面投影图可以看出，氧离子近似六方紧密堆积排列，投影图中给出其高度为 25 和 75；硅离子填充于四面体空隙之中，填充率为 1/8；镁离子填充于八面体空隙之中，填充率为 1/2；$Si^{4+}$、$Mg^{2+}$ 的高度为 0、50。［$SiO_4$］是以孤立状态存在，它们之间通过 $Mg^{2+}$ 连接起来，$Mg^{2+}$ 和 $O^{2-}$ 配位形成［$MgO_6$］。在该结构中，与 $O^{2-}$ 相连接的是三个 $Mg^{2+}$ 和一个 $Si^{4+}$，电价是平衡的。［$SiO_4$］和［$MgO_6$］之间有的共顶，有的共棱连接。

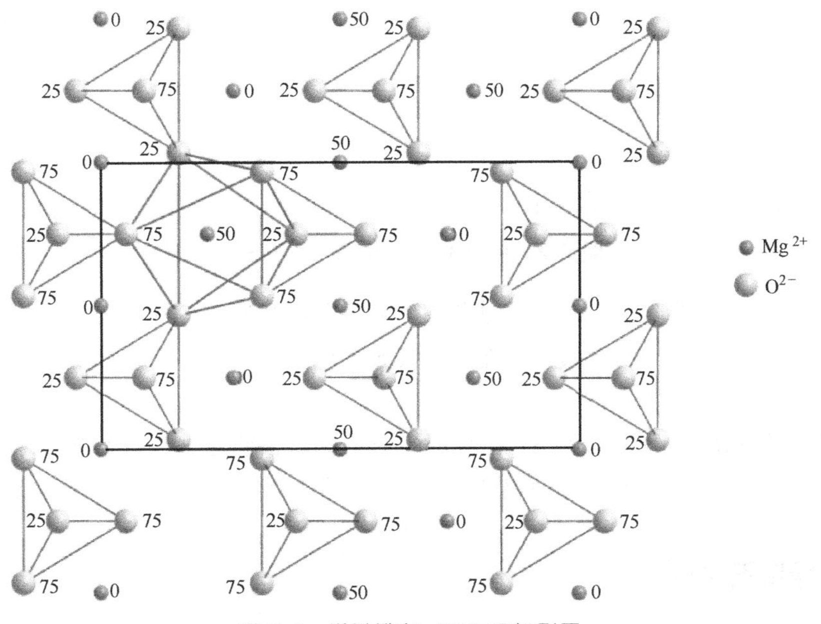


**图 9.1** 镁橄榄在 (100) 面投影图

镁橄榄石结构中配位规则，由于 Mg—O 键和 Si—O 键都比较强，所以，镁橄榄石表现出较高的硬度，熔点达到 1890℃，稳定性好，是镁质耐火材料的主要矿物。同时，由于结构中各个方向上键力分布比较均匀，所以，橄榄石结构没有明显的解理，破碎后呈现粒状。

水泥熟料中的 γ-$Ca_2SiO_3$（γ-$C_2S$）与 $Mg_2SiO_4$ 结构相同，稳定性好，常温下几乎不发生水化反应。而 β-$C_2S$ 虽然也是岛状结构，但其结构与镁橄榄石不同。β-$C_2S$ 属单斜晶系，$Ca^{2+}$ 的配位数有 8 和 6 两种，由于配位不规则，β-$C_2S$ 活性增大，能与水起水化反应，具有水硬性。

具有岛状结构的矿物：锆英石 $ZrSiO_4$、硅线石 $Al_2SiO_5$、莫来石 $3Al_2O_3 \cdot 2SiO_2$、

红柱石 $Al_2SiO_5$、蓝晶石 $Al_2SiO_5$ 等。

# 9.3 组群状结构

## 9.3.1 组群状结构特点

组群状结构是由 2、3、4、6 个等有限多个 [$SiO_4$] 四面体通过共用氧连接形成单独的硅氧络阴离子团，如图 9.2 所示。硅氧络阴离子团之间再通过其他金属离子连接起来，所以，组群状结构也称为孤立的有限硅氧四面体群。有限四面体群中连接两个 $Si^{4+}$ 的氧称为桥氧，由于这种氧的电价已经饱和，一般不再与其他正离子再配位，故桥氧又称为非活性氧。相对地，只有一侧与 $Si^{4+}$ 相连接的氧称为非桥氧或活性氧。

组群状结构的硅氧络阴离子团如图 9.2 所示，按连接方式可分为：

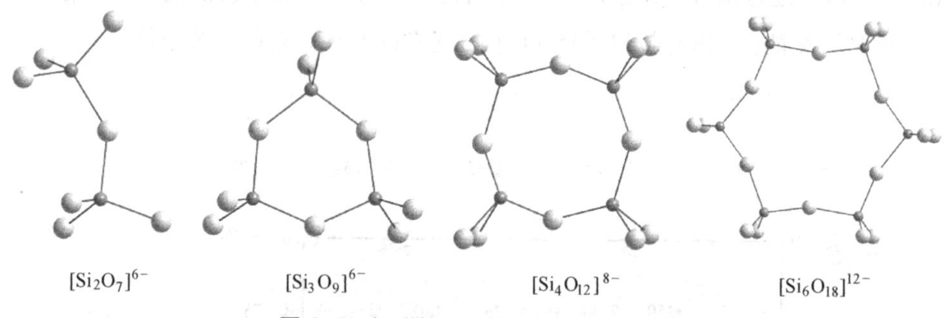


**图 9.2** 组群状结构的硅氧络阴离子团

(1) 双四面体。两个 [$SiO_4$] 通过公共“氧桥”相互连成 $[Si_2O_7]^{6-}$ 团，$[Si_2O_7]^{6-}$ 团之间不相连，通过其他的金属离子连接。其 Si/O 为 2∶7，只有一个桥氧，其余 6 个为非桥氧。

(2) 孤立环状结构。由三个、四个或六个 $[SiO_4]^{4-}$ 彼此通过共用氧连成封闭的平面孤立环，分别形成三节环、四节环或六节环。其 Si/O 为 1∶3，其中桥氧数/非桥氧数为 1∶2。

## 9.3.2 绿宝石结构

化学式：$Be_3Al_2[Si_6O_{18}]$，属于六方晶系，空间群 $P6/mcc$。晶胞参数 $a_0=0.921nm$，$c_0=0.917nm$，$Z=2$。

图 9.3 示出绿宝石结构在 (0001) 面上的投影，表示绿宝石的半个晶胞。要得到完整晶胞，可在 75 标高处作一反映面，经镜面反映后即可。

绿宝石的基本结构单元是由 6 个 [$SiO_4$] 四面体组成的六节环，六节环中的 1 个 $Si^{4+}$ 和 2 个 $O^{2-}$ 处在同一高度，环与环相叠起来。分别标高为 25、75，上下两层环错开 30°，投影方向并不重叠。环与环之间通过 $Be^{2+}$ 和 $Al^{3+}$ 连接。

$Be^{2+}$ 位于四面体空隙中，标高为 50，与 $Be^{2+}$ 配位的有 2 个标高 40、2 个标高 60 的

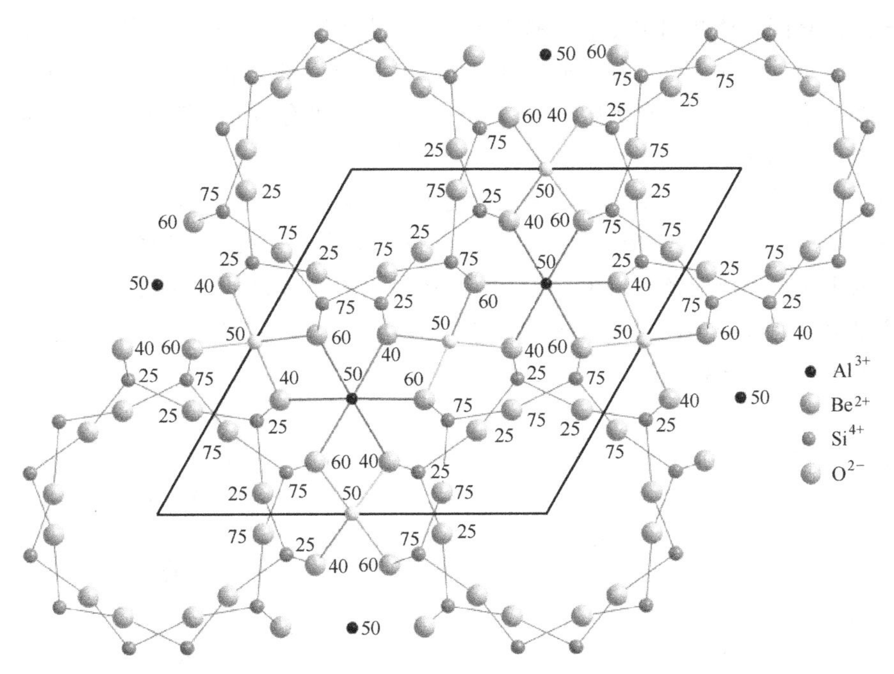


**图 9.3**　绿宝石结构的半个晶胞在 (0001) 面上的投影

$O^{2-}$，即 $Be^{2+}$ 同时连接 4 个 [$SiO_4$] 四面体。$Al^{3+}$ 位于八面体空隙，标高也为 50，与 $Al^{3+}$ 配位的有 3 个标高 40、3 个标高 60 的 $O^{2-}$。结构中 [$BeO_4$] 四面体和 [$AlO_6$] 八面体之间共用标高 40、60 的 2 个 $O^{2-}$ 离子，即共棱连接。

绿宝石结构的六节环内没有其他离子存在，使晶体结构中存在大的环形空腔。当有电价低、半径小的离子（如 $Na^+$）存在时，在直流电场中，晶体会表现出显著的离子电导，在交流电场中会有较大的介电损耗；当晶体受热时，质点热振动的振幅增大，大的空腔使晶体不会有明显的膨胀，因而表现出较小的膨胀系数。结晶学方面，绿宝石的晶体常呈现六方或复六方柱晶形。

堇青石 $Mg_2Al_3[AlSi_5O_{18}]$ 具有与绿宝石相同的结构，但六节环中有一个 $Si^{4+}$ 被 $Al^{3+}$ 置换，因而六节环的负电荷增加了 1 个，与此同时，环外的正离子由原绿宝石中的 ($Be_3Al_2$) 相应地变为 ($Mg_2Al_3$)，使晶体的电价得以平衡。此时，正离子在环形空腔迁移阻力增大，故堇青石的介电性质较绿宝石有所改善。堇青石陶瓷热学性能良好，但不宜作无线电陶瓷，因为其高频损耗大。

有的研究者将绿宝石中的 [$BeO_4$] 四面体归到硅氧骨架中，这样绿宝石就属于架状结构的硅酸盐矿物，分子式改写为 $Al_2[Be_3Si_6O_{18}]$。至于堇青石，有人提出它是一种带有六节环和四节环的结构，化学式为 $Mg_2[Al_4Si_5O_{18}]$。

## 9.4　链状结构

(1) 链的连接类型。[$SiO_4$] 四面体通过共用氧离子相连接，形成一维方向无限延伸的链。按照硅氧四面体共用顶点数目的不同，可分为单链和双链两类。如果每个硅氧四面体通过共有两个顶点向一维方向无限延伸，则形成单链 $[SiO_3]_n^{2n-}$。$[SiO_4]$ 彼此共用两个顶点，在一维方向上连接成无限的长链，每个四面体仍有两个活性氧，与链间的金属离子相连，Si/O 为 1∶3。

如图 9.4 所示，在单链结构中，按照重复出现与第 1 硅氧四面体的空间取向完全一致的周期不等，单链分为 1～7 节链 7 种类型。如图 9.5 所示，两条相同的单链通过尚未共用的氧组成带状，形成双链 $[Si_4O_{11}]_n^{6n-}$。双链是由两个单链通过共用氧平行连接而成，或者看成是单链通过一个镜面反映成双而得，Si/O 为 4∶11。双链结构中的硅氧四面体，一半桥氧数为 3，另一半为 2。

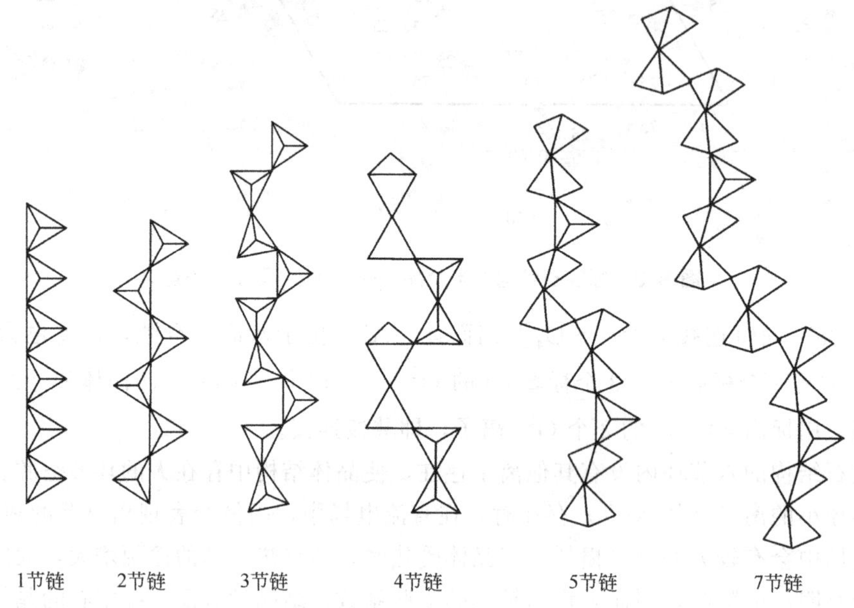


图 9.4 硅氧四面体的空间取向不同周期的类型

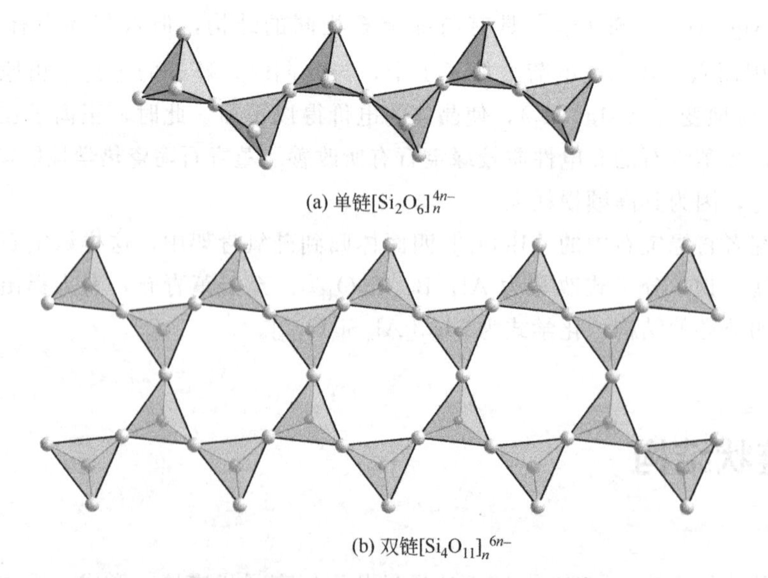

(a) 单链$[Si_2O_6]_n^{4n-}$

(b) 双链$[Si_4O_{11}]_n^{6n-}$

图 9.5 硅氧四面体的单链接的 2 节链和双链连接结构

(2) 透辉石。化学式：$CaMg[Si_2O_6]$。单链结构，单斜晶系，空间群为 $C2/c$。晶胞参数 $a_0=0.9746nm$，$b_0=0.8899nm$，$c_0=0.525nm$，$\beta=105°37'$。图 9.6 为透辉石晶体在（010）晶面投影图，图中示出上、下两层顶角指向不同的链，但 2 节链都沿 C 轴方向延伸。链之间依靠 $Ca^{2+}$ 和 $Mg^{2+}$ 相连，$Ca^{2+}$ 的 CN=8，其中 6 个氧在四面体底部，负责底部的连接；$Mg^{2+}$ 的 CN=6，其中 4 个氧在四面体顶部，负责四面体顶部的连接。

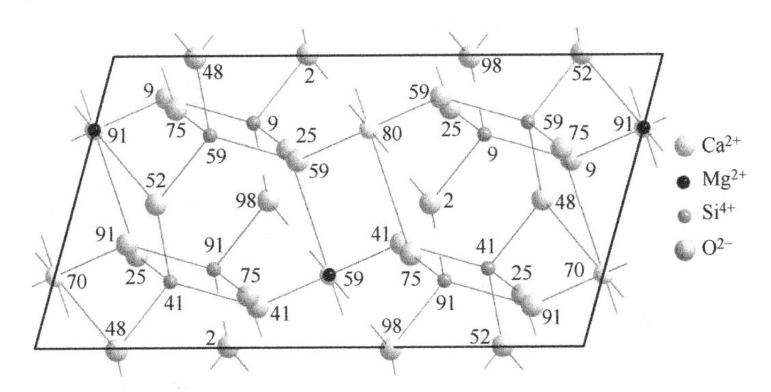


**图 9.6**　透辉石晶体在（010）晶面的投影图

辉石类硅酸盐结构中含有 $[SiO_3]^{2n-}$ 单链，如透辉石、顽火辉石等。链间通过金属正离子连接，最常见的是 $Mg^{2+}$ 和 $Ca^{2+}$，但也有被其他离子取代的情况。如 $Mg^{2+}$ 被 $Fe^{2+}$ 取代，$(Mg^{2+}+Ca^{2+})$ 被 $(Na^{+}+Fe^{3+})$、$(Na^{+}+Al^{3+})$ 被 $(Li^{+}+Al^{3+})$ 等离子所取代。角闪石类硅酸盐含有双链 $[Si_4O_{11}]_n^{6n-}$，如斜方角闪石 $(Mg,Fe)_7[Si_4O_{11}]_2(OH)_2$ 和透闪石（tremolite）等。

从离子堆积及结合状态来看，辉石类晶体比绿宝石类晶体要紧密，因此，像顽火辉石、锂辉石 $LiAl[Si_2O_6]$ 等都具有良好的电绝缘性能，是高频无线电陶瓷和微晶玻璃的主要晶相。但当结构中存在变价正离子时，则晶体又会呈现显著的电子电导。这与透辉石结构中局部电荷不平衡有关。

具有链状结构硅酸盐矿物中，由于链内的 Si—O 键要比链间的 M—O 键（M 一般为 6 个或 8 个 $O^{2-}$ 所包围的正离子）强得多，所以，这些矿物很容易沿链间结合较弱处劈裂，成为柱状或纤维状的小块。晶体具有柱状或纤维状解理特性。反之，结晶时则晶体具有柱状或纤维状结晶习性。如角闪石石棉因其具有双链结构单元，晶形常呈现细长纤维状。



# 9.5　层状结构

无限多个 $[SiO_4]$ 彼此共用三个顶点，在二维方向上连接成无限的六方平面网；每个四面体剩下的一个活性氧离子与金属阳离子相连形成结构单元层，结构单元层之间靠分子键或氢键连接。Si/O=4∶10，同一层内的三个氧都被共用，层状结构中络阴离子的基本单元为 $[Si_4O_{10}]^{4-}$。

$[SiO_4]$ 四面体通过共用三个氧在二维平面内延伸成一个六边形网格状的硅氧四面体层，这三个共用氧离子被 $Si^{4+}$ 所饱和（电价饱和）为桥氧；每个四面体还有一个顶角向下的氧，负电荷未被饱和为自由氧。

自由氧形成配位八面体，阳离子 $Al^{3+}$、$Mg^{2+}$、$Fe^{3+}$、$Fe^{2+}$ 等，CN＝6，构成 $[AlO_6]$、$[FeO_6]$ 等，也是层状排列形成六边形网络，形成铝氧八面体层或镁氧八面体层。

$[SiO_4]$ 四面体层和铝氧或镁氧配位八面体层的连接方式有两种：一种是由一层四面体层和一层八面体层相连，称为 1∶1 层型或单网层结构；另一种是由两层四面体层中间夹一层八面体层构成，称为 2∶1 层型或复网层结构，见图 9.7。

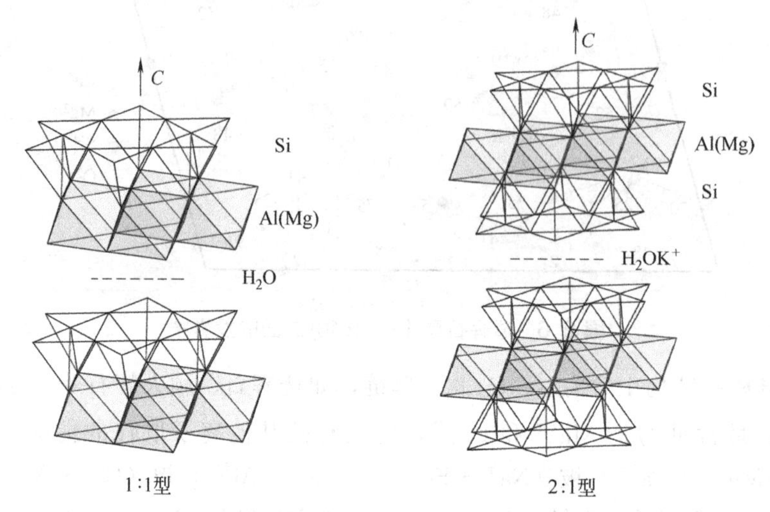


**图 9.7** 层状硅酸盐晶体中硅氧四面体与铝氧或镁氧八面体的连接方式

(1) 层状结构特点。层状结构单元层之间以微弱的分子键或 $OH^-$ 的氢键连接，键力较弱。可以有水分子挤入结构单元层之间，而且层间容易断裂，常呈现片状（层状）解理。

配位八面体的连接方式，如图 9.8 所示。

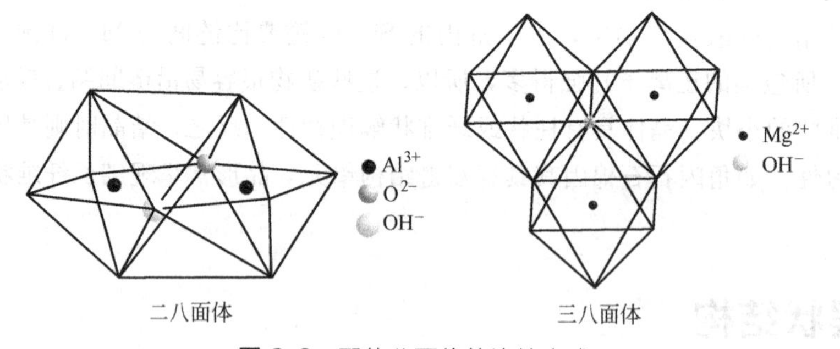


**图 9.8** 配位八面体的连接方式

二八面体：共棱，$O^{2-}$ 被两个阳离子共用。如 $[AlO_6]$，两个铝提供的 $S=2\times3/6=1$，$Si^{4+}$ 提供的 $S=4/4=1$，$O^{2-}$ 的静电键强度为 $S=1+1$，电价饱和。

三八面体：共棱，$O^{2-}$ 被三个阳离子所共用。如 $[MgO_6]$，三个 $Mg^{2+}$ 提供的 $S=3\times2/6=1$，$Si^{4+}$ 提供的 $S=4/4=1$，所以 $O^{2-}$ 得到的静电价强度为 2，电价饱和。

故三价离子填充八面体时，为二八面体结构；二价离子填充八面体时，则为三八面体结构。

判断形成何种八面体，主要根据阳离子的电价。如果为正三价，因为八面体为六配位，故每个阳离子提供3/6等价于1/2价，故$O^{2-}$（$-2$）的电价不饱和，需要两个阳离子共用一个$O^{2-}$，占去一价，另一价由硅氧四面体中的$Si^{4+}$分担。

结构水：层状结构中，形成六边形网格时总有一些$O^{2-}$不能被$Si^{4+}$所共用，$O^{2-}$多余的电价由$H^{+}$来平衡，所以在层状硅酸盐晶体的化学组成中都有$OH^{-}$出现，由结构水来提供，并参加配位，构成含有$OH^{-}$的铝氧或镁氧八面体层。结构水的脱水温度较高，且脱去后晶体结构就变了。

同晶取代：取代导致的电荷不平衡，产生多余的负电荷，可通过进入层间的低电价的阳离子（$K^{+}$、$Na^{+}$等）来平衡。$[SiO_4]$四面体层中的部分$Si^{4+}$可以被$Al^{3+}$取代，且量较多时，进入层间的阳离子与层之间有离子键作用，则结合较牢固，不易被取代。$[AlO_6]$八面体层中$Al^{3+}$可以被$Mg^{2+}$、$Fe^{2+}$等取替。进入层间的阳离子与层的结合不牢固，在一定条件下，可以被交换，可交换量的大小称为阳离子交换容量。

(2) 高岭石结构。高岭石的化学式：$Al_2O_3 \cdot 2SiO_2 \cdot 2H_2O$。结构式：$Al_4[Si_4O_{10}](OH)_8$。属于三斜晶系，空间群为$C1$，晶胞参数$a_0=0.5139nm$，$b_0=0.8932nm$，$c_0=0.7371nm$，$\alpha=90°36'$，$\beta=104°48'$，$\gamma=89°54'$，$Z=1$。

高岭石的基本结构单元是由硅氧层和水铝石层构成的单网层，图9.9(a)为单网层在(001)面投影，上层的硅氧四面体以平面状六元环方式连接，下层为水铝石层。图9.9(b)为单位晶胞在(100)面投影，单网层平行叠放便形成高岭石结构。从图9.9可以看出，$Al^{3+}$配位数为6，其中2个是$O^{2-}$，4个是$OH^{-}$，形成$[AlO_2(OH)_4]$八面体，正是这两个$O^{2-}$把水铝石层和硅氧层连接起来。水铝石层中，$Al^{3+}$占据八面体空隙的2/3，属二八面体型结构。

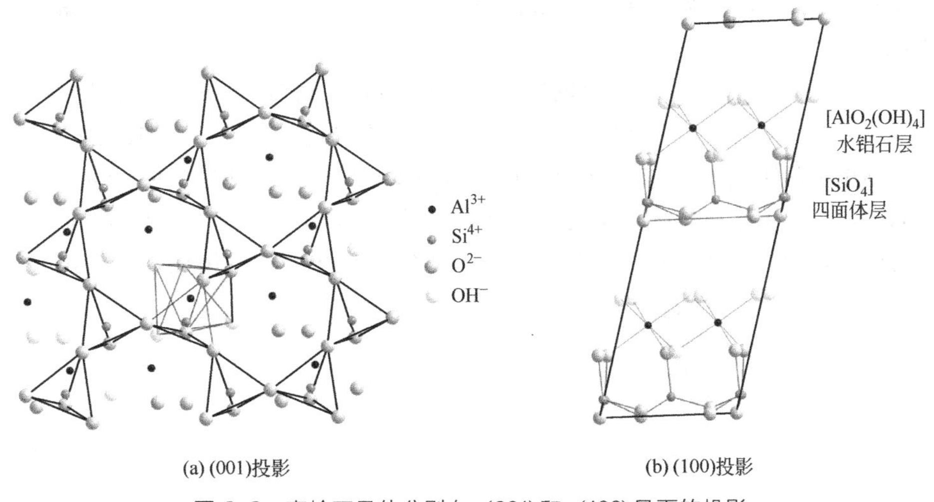


**图9.9** 高岭石晶体分别在(001)和(100)晶面的投影

根据电价规则可计算出单网层中$O^{2-}$的电价是平衡的，即理论上层内是电中性的，所以，高岭石的层间只能靠物理键来结合，这就决定了高岭石也容易解理成片状的小晶体。但单网层在平行叠放时是水铝石层的$OH^{-}$与硅氧层的$O^{2-}$相接触，故层间靠氢键来结合。由于氢键结合比分子间力强，所以，水分子不易进入单网层之间，基本不会因为水含量增加而膨胀，也无滑腻感。高岭石结构不易发生同晶取代，阳离子交换容量较低，且质地较纯，熔点较高。

(3) 蒙脱石结构。化学式：$(M_x nH_2O)(Al_{2-x}Mg_x)[Si_4O_{10}](OH)_2$，属于单斜晶系，空间群为 $C2/ma$，晶胞参数 $a_0 \approx 0.523$nm，$b_0 \approx 0.906$nm，$c_0 \approx 0.960 \sim 2.140$nm，$Z=2$，其中 $c_0$ 的数值随含水量而变化，当结构单位层无水时，$c_0 \approx 0.960$nm。

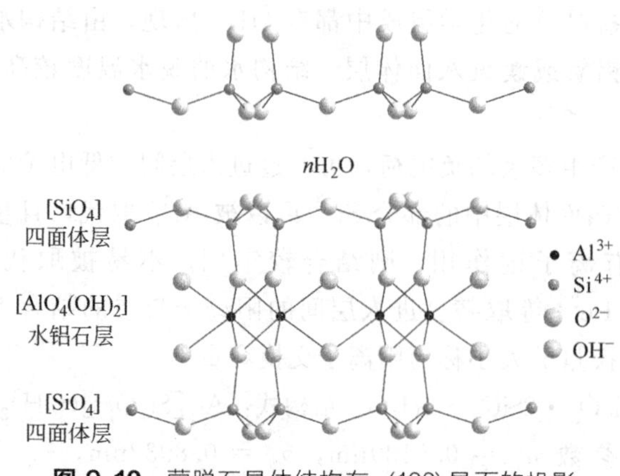


**图 9.10**　蒙脱石晶体结构在 (100) 晶面的投影

蒙脱石具有复网层结构，由两层硅氧四面体层和夹在中间的水铝石层所组成，连接两个硅氧层的水铝石层中的 $Al^{3+}$ 的配位数为 6，形成 $[AlO_4(OH)_2]$ 八面体。水铝石层中，$Al^{3+}$ 占据八面体空隙的 2/3，属二八面体型结构，如图 9.10 所示。理论上，复网层内呈电中性，层间靠分子间力结合。实际上，由于结构中 $Al^{3+}$ 可被 $Mg^{2+}$ 取代，使复网层并不呈电中性，带有少量负电荷［一般为 $-0.33e$（$e$ 为电子电荷）也可有很大变化］，因而复网层之间有斥力，使略带正电性的水化正离子易于进入层间，可被其他离子交换，因此具有很高的阳离子交换容量，但 $[SiO_4]$ 层中的 $Si^{4+}$ 被取代的量较少。由于蒙脱石易发生同晶置换，因而质地不纯，熔点较低。环境中水分子也易渗透进入层间（称为层间结合水），使晶胞 $C$ 轴膨胀，随含水量变化，由 0.960nm 变化至 2.140nm。因此，遇水膨胀，脱水收缩，所以蒙脱石有膨胀性，故又称为膨润土。

(4) 伊利石结构。化学式：$K_{1\sim1.5}Al_4[Si_{7\sim6.5}Al_{1\sim1.5}O_{20}](OH)_4$。属于单斜晶系，空间群为 $C2/c$，晶胞参数 $a_0=0.520$nm，$b_0=0.900$nm，$c_0=1.000$nm，$\beta$ 角尚无确切值，$Z=2$。

如图 9.11 所示，伊利石也是复网层结构，和蒙脱石不同的是 Si-O 四面体中大约 1/6 的 $Si^{4+}$ 被 $Al^{3+}$ 所取代。为平衡多余的负电荷，结构中将近有 1～1.5 个 $K^+$ 进入结构单位层之间，则单位晶胞过剩 1～1.5 个负电荷，而蒙脱石单位晶胞过剩 0.66 个负电荷，伊利石单位晶胞内电荷不平衡情况比蒙脱石严重。伊利石结构中 $K^+$ 处于上下两个硅氧四面体六节环的中心，相当于结合成配位数为 12 的 K-O 配位多面体。因此层间的结合力较牢

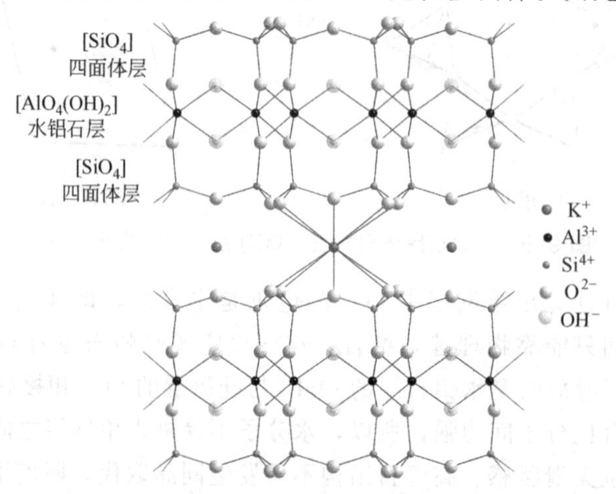


**图 9.11**　伊利石晶体结构在 (100) 晶面的投影

固，不易被交换，则伊利石只有结构水，没有层间水，不发生膨胀。而蒙脱石的电荷不平衡主要靠层间的水化阳离子补偿，阳离子交换能力大，具有膨胀性。

(5) 白云母结构。化学式 $KAl_2[AlSi_3O_{10}](OH)_2$。属于单斜晶系，空间群 $C2/c$，晶胞参数 $a_0=0.519nm$，$b_0=0.900nm$，$c_0=2.004nm$，$\beta=95°11'$，$Z=2$。

如图 9.12 所示，白云母属于复网层结构，复网层由两个硅氧层及其中间的水铝石层所构成。连接两个硅氧层的水铝石层中的 $Al^{3+}$ 的配位数为 6，形成 $[AlO_4(OH)_2]$ 八面体。水铝石层中，$Al^{3+}$ 占据八面体空隙的 2/3，属二八面体型结构。由图 9.12(a) 可以看出，两相邻复网层之间呈现对称状态，因此相邻两硅氧六节环处形成一个巨大的空隙。白云母结构与蒙脱石相似，但因其硅氧层中有 1/4 的 $Si^{4+}$ 被 $Al^{3+}$ 取代，复网层不呈电中性，所以，层间有 $K^+$ 进入以平衡其负电荷。$K^+$ 的配位数为 12，呈统计分布于复网层的六节环的空隙间，与硅氧层的结合力较层内化学键弱得多，故白云母易沿层间发生解理，可剥离成片状。

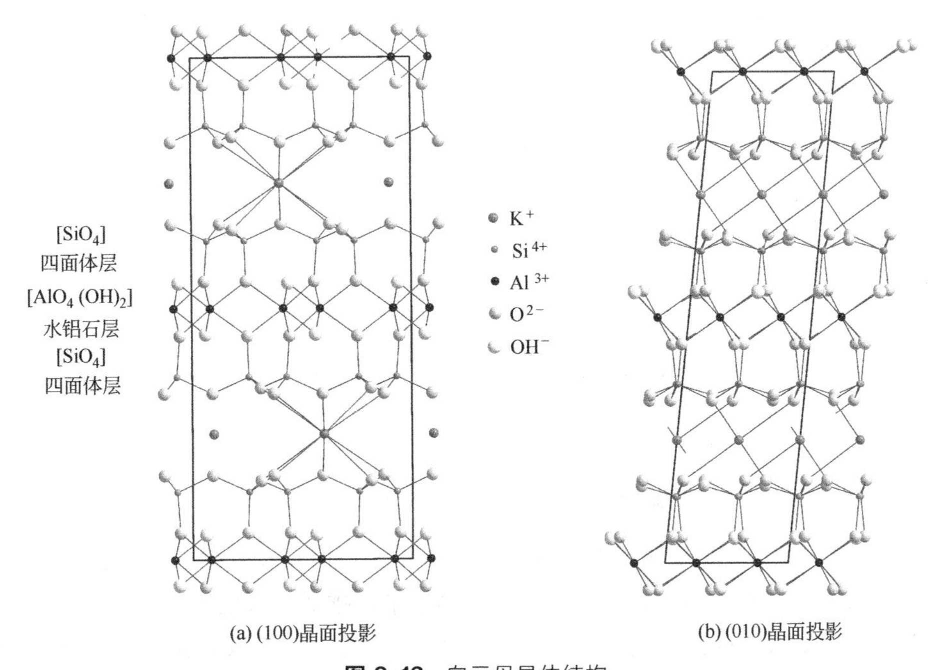


**图 9.12**　白云母晶体结构

白云母理想化学式 $KAl_2[AlSi_3O_{10}](OH)_2$ 中的正负离子几乎都可以被其他离子不同程度地取代，形成一系列云母族矿物。①白云母中位于水铝石层内的 2 个 $Al^{3+}$ 被 3 个 $Mg^{2+}$ 取代时，形成金云母 $KMg_3[AlSi_3O_{10}](OH)_2$；采用 $F^-$ 取代 $OH^-$，则得到人工合成的氟金云母 $KMg_3[AlSi_3O_{10}]F_2$，作绝缘材料使用时耐高温达 1000℃，而天然的仅 600℃。②用 $(Mg^{2+},Fe^{2+})$ 代替 $Al^{3+}$，可形成黑云母 $K(Mg,Fe)_3[AlSi_3O_{10}](OH)_2$。③采用 $(Li^+,Fe^{2+})$ 取代 1 个 $Al^{3+}$，则得到锂铁云母 $KLiFeAl[AlSi_3O_{10}](OH)_2$。④若 2 个 $Li^+$ 取代 1 个 $Al^{3+}$，同时 $[AlSi_3O_{10}]$ 中的 $Al^{3+}$ 被 $Si^{4+}$ 取代，则形成锂云母 $KLi_2Al[Si_4O_{10}](OH)_2$。⑤如果白云母中的 $K^+$ 被 $Na^+$ 取代，则形成钠云母。⑥若 $K^+$ 被 $Ca^{2+}$ 取代，同时硅氧层内有 1/2 的 $Si^{4+}$ 被 $Al^{3+}$ 取代，则成为珍珠云母 $CaAl_2[Al_2Si_2O_{10}]$

$(OH)_2$。由于 $Ca^{2+}$ 连接复网层较 $K^+$ 牢固，因而珍珠云母的解理性较白云母差。

合成云母作为一种新型材料，在现代工业和科技领域用途很广。云母陶瓷具有良好的抗腐蚀性、耐热冲击性、机械强度和高温介电性能，可作为新型的电绝缘材料。云母型微晶玻璃具有高强度、耐热冲击、可切削等特性，广泛应用于国防和现代工业中。

(6) 滑石结构。化学式 $Mg_3[Si_4O_{10}](OH)_2$。属于单斜晶系，空间群 $C2/c$，晶胞参数 $a_0=0.525nm$，$b_0=0.910nm$，$c_0=1.881nm$，$\beta=100°$，结构属于复网层结构，如图 9.13 所示。

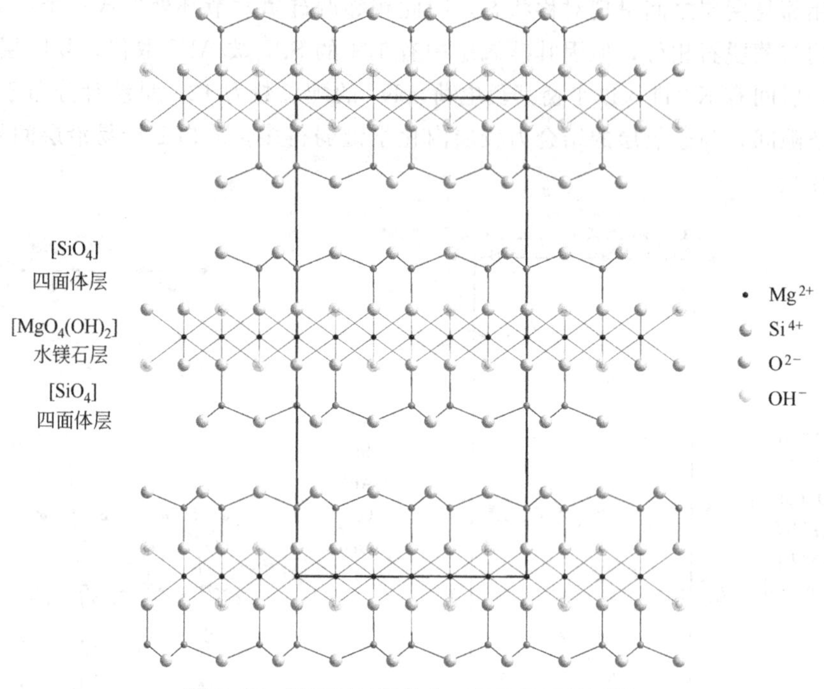


**图 9.13** 滑石晶体结构在 (100) 晶面的投影

从图 9.13 可以清楚地看出，两个硅氧层的活性氧指向相反，中间通过镁氢氧层（即水镁石层）连接，形成滑石结构的复网层。复网层平行排列即形成滑石结构。水镁石层中 $Mg^{2+}$ 的配位数为 6，形成 $[MgO_4(OH)_2]$ 八面体。其中全部八面体空隙被 $Mg^{2+}$ 所填充，因此，滑石结构属于三八面体型结构。

复网层中每个活性氧同时与 3 个 $Mg^{2+}$ 相连接，其贡献的静电键强度为 $3\times2/6=1$，从 $Si^{4+}$ 处也获得 1 价，故活性氧的电价饱和。同理，$OH^-$ 中的氧的电价也是饱和的，所以，复网层内是电中性的。这样，层与层之间只能依靠较弱的分子间力来结合，致使层间易相对滑动，所有滑石晶体具有良好的片状解理特性，并具有滑腻感。

用 2 个 $Al^{3+}$ 取代滑石中的 3 个 $Mg^{2+}$，则形成二八面体型结构（$Al^{3+}$ 占据 2/3 的八面体空隙）的叶蜡石 $Al_2[Si_4O_{10}](OH)_2$ 结构。同样，叶蜡石也具有良好的片状解理和滑腻感。

滑石和叶蜡石中都含有 $OH^-$，加热时必然产生脱水效应。滑石脱水后变成斜顽火辉石 $\alpha$-$Mg_2[Si_2O_6]$，叶蜡石脱水后变成莫来石 $3Al_2O_3\cdot2SiO_2$。它们都是玻璃和陶瓷工业的重要原料，滑石可以用于生成绝缘、介电性能良好的滑石瓷和堇青石瓷，叶蜡石常用作硼硅质玻璃中引入 $Al_2O_3$ 的原料。

# 9.6　架状结构

架状结构中硅氧四面体的每个顶点均为桥氧，硅氧四面体之间以共顶方式连接，形成三维“骨架”结构。如果 $Si^{4+}$ 不被其他阳离子取代，则结构是电中性的，Si/O 为 1∶2，结构的重复单元为 $[SiO_2]^0$，作为骨架的硅氧结构单元的化学式为 $[SiO_2]_n$。石英及其变体就属于这种架状硅酸盐结构。

当硅氧骨架中的 $Si^{4+}$ 被 $Al^{3+}$ 取代时，结构单元的化学式可以写成 $[AlSiO_4]_n^{n-}$ 或者 $[AlSi_3O_8]_n^{n-}$，其中（Al+Si）/O 仍为 1∶2。此时，由于结构中有剩余负电荷，一些电价低、半径大的正离子（如 $K^+$、$Na^+$、$Ca^{2+}$、$Ba^{2+}$ 等）会进入结构中，形成具有典型架状结构的一些铝硅酸盐矿物，如霞石 $Na[AlSiO_4]$、长石 $(Na,K)[AlSiO_4]$、方沸石 $Na[AlSi_2O_6]\cdot H_2O$ 等沸石型矿物等。

## 9.6.1　石英族晶体的结构

$SiO_2$ 晶体在不同的热力学条件下有 7 种变体，常压下可分为三个系列：石英、鳞石英和方石英。它们的转变关系如图 9.14 所示。

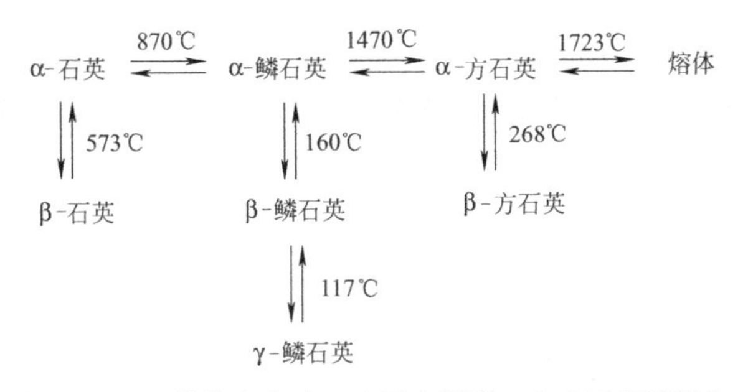


**图 9.14**　石英的变体（α 表示高温型，β 表示低温型）

在上述各变体中，同一系列（即纵向）之间的转变不涉及晶体结构中键的破裂和重建，仅是键长、键角的调整，转变迅速且可逆，这种转变形式称为位移性转变，属于二级相变（相变的热力学分类）。不同系列（即横向）之间的转变，如 α-石英和 α-鳞石英、α-鳞石英和 α-方石英之间的转变都涉及键的破裂和重建，转变速度缓慢，将此种转变形式称为重建性转变，属于一级相变。在 870℃由 α-石英转变为 α-鳞石英时，转化速度慢，体积增加了 16%，在 573℃由 β-石英转变为 α-石英，转化迅速，体积只增加了 0.82%，但后者在单位时间内，体积的增加量远大于前者。快速型转化的体积变化小（易发生），危害大；慢速型转化的体积变化大（不易发生），危害小，这一特征在窑炉使用中应特别注意。石英的同质多象转变在陶瓷工艺、玻璃工艺和材料工艺中已得到了广泛的应用。

石英的三个主要变体：α-石英、α-鳞石英和 α-方石英结构上的主要区别在于硅氧四面体之间的连接方式不同，见图 9.15，在 α-方石英中，两个共顶连接的硅氧四面体以共用

$O^{2-}$为中心处于中心对称状态。在α-鳞石英中，两个共顶的硅氧四面体之间相当于有一对称面，在α-石英中，相当于在α-方石英结构基础上，使S—O—Si键由180°转变为150°。由于这三种石英中硅氧四面体的连接方式不同，因此，它们之间的转变属于重建性转变。

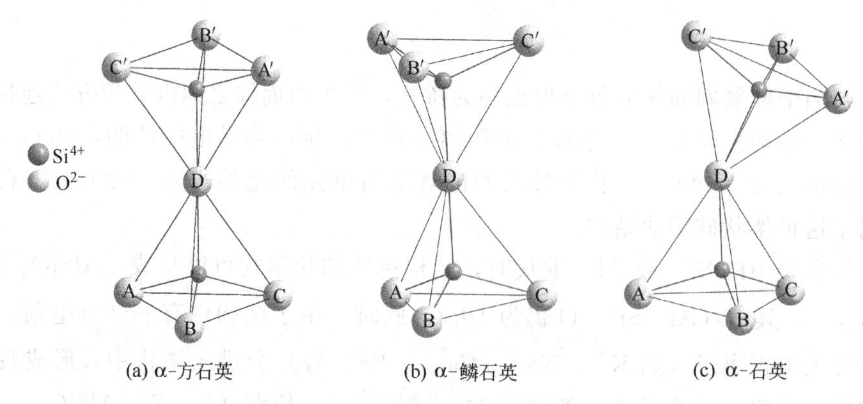


**图9.15**　三种晶型硅氧四面体的连接方式

(1) α-方石英结构。α-方石英结构属于立方晶系，空间群 $Fd3m$，晶胞参数 $a_0=0.713\text{nm}$，$Z=8$。

α-方石英结构如图9.16所示。其中，$Si^{4+}$位于晶胞顶点及面心，晶胞内部还有4个$Si^{4+}$，其位置相当于金刚石中C原子的位置。它是由交替地指向相反方向的硅氧四面体组成六节环状的硅氧层（不同于层状结构中的硅氧层，该硅氧层内四面体取向一致），以3层为一个重复周期在平行于(111)面的方向上平行叠放而形成架状结构。叠放时，两平行的硅氧层中的四面体相互错开60°，并以共顶方式对接，共顶的$O^{2-}$形成对称中心。α-方石英冷却到268℃会转变为四方晶系的β-方石英，其晶胞参数 $a_0=0.497\text{nm}$，$c_0=0.692\text{nm}$。

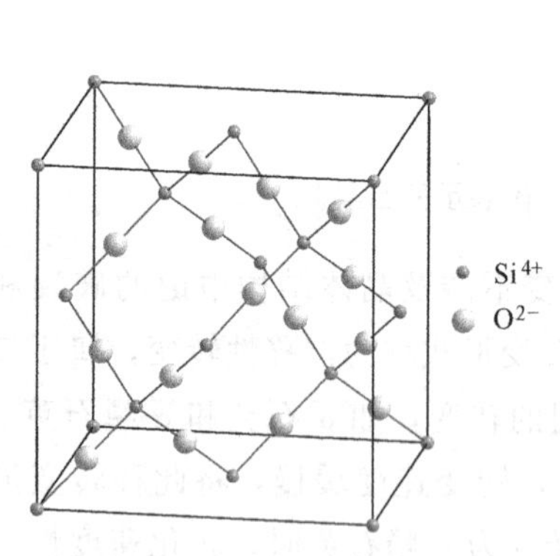


**图9.16**　α-方石英的晶体结构

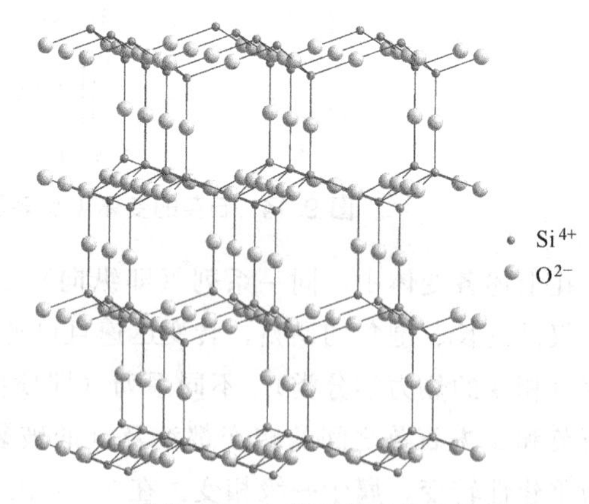


**图9.17**　α-鳞石英晶体结构

(2) α-鳞石英结构。α-鳞石英属于六方晶系，空间群 $P6_3/mmc$，晶胞参数 $a_0=0.504\text{nm}$，$c_0=0.825\text{nm}$，$Z=4$。

如图9.17所示，由交替指向相反方向的硅氧四面体组成的六节环状的硅氧层平行于(0001)面叠放而形成架状结构。平行叠放时，硅氧层中的四面体共顶连接，并且共顶的两个四面体处于镜面对称状态。这样，Si—O—Si键角就是180°，有的研究者认为这与实际晶体结构有出入，但目前还没有更准确的研究结果。α-方石英与 α-鳞石英结构中硅氧四面体的不同连接方式如图 9.18 所示，α-方石英中相连的两个硅氧四面体以二者连接的桥氧为对称中心呈对称关系，α-鳞石英结构相连的硅氧四面体则呈互为反映关系。

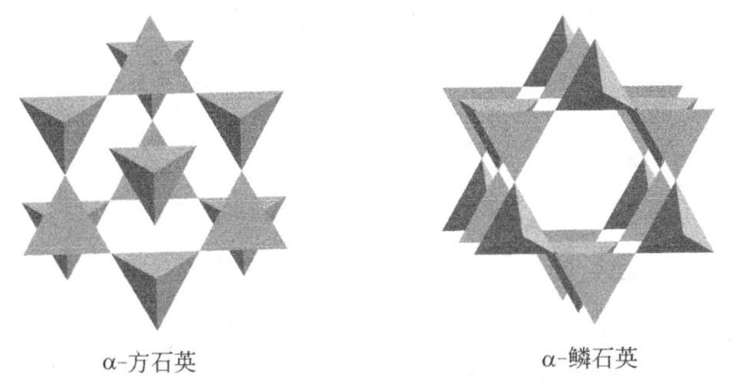


**图 9.18**　α-方石英和 α-鳞石英中硅氧四面体的不同连接方式

对于 γ-鳞石英，有的人认为属于斜方晶系，晶胞参数 $a_0=0.874$nm，$b_0=0.504$nm，$c_0=0.824$nm。而有的人认为属于单斜晶系，晶胞参数 $a_0=1.845$nm，$b_0=0.499$nm，$c_0=2.383$nm，$\beta=105°39'$。

（3）α-石英结构和 β-石英结构

① α-石英结构。α-石英属于六方晶系，空间群 $P6_422$ 或 $P6_222$，晶胞参数 $a_0=0.501$nm，$c_0=0.547$nm，$Z=3$。

α-石英在（0001）面上的投影如图 9.19 所示。结构中每个 $Si^{4+}$ 周围有 4 个 $O^{2-}$。空间取向是 2 个在 $Si^{4+}$ 上方，2 个在其下方。各四面体中的，排列于高度不同的三层面上。α-石英结构中存在 6 次螺旋轴，围绕螺旋轴的 $Si^{4+}$，在（0001）面上的投影可连接成正六边形，如图 9.20(a) 所示。根据螺旋轴的旋转方向不同，α-石英有左形和右形之分，其空间群分别为 $P6_422$ 和 $P6_222$。α-石英中 Si—O—Si 键角为 150°。

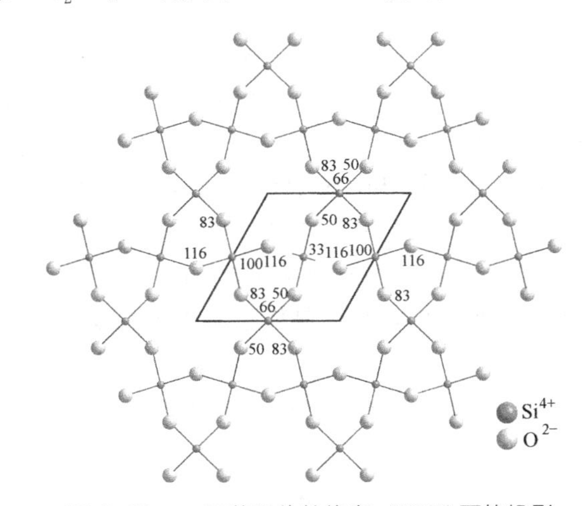


**图 9.19**　α-石英晶体结构在（0001）面的投影

② β-石英结构。β-石英属三方晶系，空间群 $P3_221$ 或 $P3_121$，晶胞参数 $a_0=0.491$nm，$c_0=0.540$nm，$Z=3$。

β-石英是 α-石英的低温变体，两者之间通过位移性转变实现结构的相互转换。两结构

中的 $Si^{4+}$ 在（0001）面上的投影示于图 9.20(b)。在β-石英结构中，Si—O—Si 键角由α-石英中的 150°变为 137°，这一键角变化，使对称要素从α-石英中的 6 次螺旋轴转变为β-石英中的 3 次螺旋轴。围绕 3 次螺旋轴的 $Si^{4+}$ 在（0001）面上的投影已不再是正六边形，而是复三角形，见图 9.20(b)，β-石英也有左、右形之分。

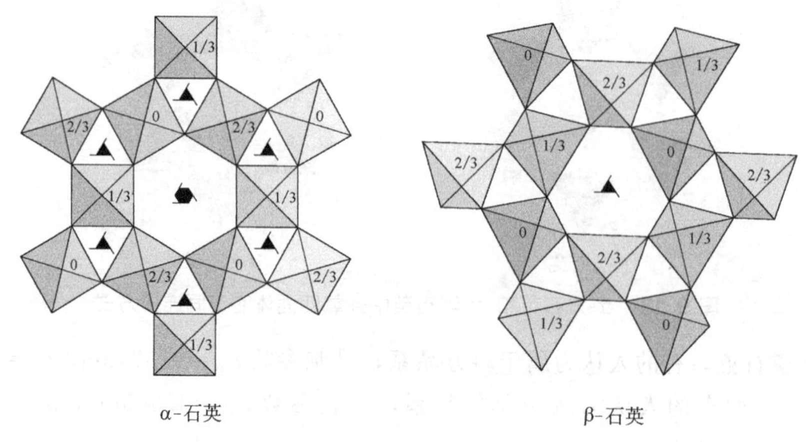


**图 9.20**　α-石英与 β-石英的晶体结构关系

（4）结构与性质的关系。$SiO_2$ 结构中，Si—O 键的强度很高，键力在三维空间比较均匀，因此 $SiO_2$ 晶体的熔点高、硬度大、化学稳定性好，无明显解理。

（5）β-石英的压电效应。某些晶体在机械力作用下发生变形，使晶体内正负电荷中心相对位移而极化，致使晶体两端表面出现符号相反的束缚电荷，其电荷密度与应力成比例。这种由“压力”产生“电”的现象称为正压电效应（direct piezoelectric effect）。反之，如果具有压电效应的晶体置于外电场中，电场使晶体内部正负电荷中心位移，导致晶体产生形变，这种由“电”产生“机械形变”的现象称为逆压电效应（converse piezoelectric effect）。正压电效应和逆压电效应统称为压电效应，根据转动对称性，晶体分为 32 个点群，在无对称中心的 21 个点群中，除 432 点群外，有 20 种点群具有压电效应。在 20 种压电晶体中，又有 10 种具有热释电效应（pyroelectric effect）。晶体的压电性质与自发极化性质都是由晶体的对称性决定的。产生压电效应的条件是：晶体结构中无对称中心，否则，晶体受外力时，正负电荷中心不会分离，因而没有压电性。

由于晶体的各向异性，压电效应产生的方向、电荷的正负等都随晶体切片的方位而变化。图 9.21 示出β-石英压电效应产生的机理及与方位的关系。图 9.21(a) 显示无外力作用时，晶体中正负电荷中心是重合的，整个晶体中总电矩为零。图 9.21(b) 表明，在垂

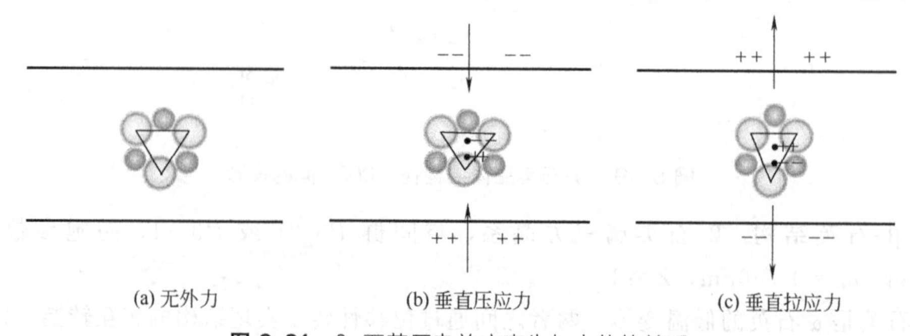


**图 9.21**　β-石英压电效应产生与方位的关系

直方向对晶体施加压力时，晶体发生变形，使正电荷中心相对下移，负电荷中心相对上移，导致正负电荷中心分离，使晶体在垂直于外力方向的表面上产生电荷（上负、下正）。图 9.21(c) 显示出晶体水平方向受压时，在平行于外力的表面上产生电荷的过程，此时，电荷为上正下负。由此可见，压电效应是晶体在外力作用下发生变形，正负电荷中心产生相对位移，晶体总电矩发生变化造成的。因此，在使用压电晶体时，为了获得良好的压电性，须根据实际要求，切割出相应方位的晶片。

压电晶体的应用：压电材料在宇航、电子、激光、计算机、微波、能源等领域得到广泛应用。目前主要用作压电振子和压电换能器。压电振子主要利用振子本身的谐振特性，要求压电、介电、弹性等性能的温度变化、经时变化稳定，机械品质因数高。压电换能器主要将一种形式的能量转换成另一种形式的能量，要求换能效益（即机电耦合系数和品质因数）高。

## 9.6.2 长石晶体结构

长石类硅酸盐分为正长石系和斜长石系两大类。其中有代表性的有以下两种。

(1) 正长石系：钾长石 $K[AlSi_3O_8]$，符号 Or；钡长石 $Ba[Al_2Si_2O_8]$，符号 Cn。

(2) 斜长石系：钠长石 $Na[AlSi_3O_8]$，符号 Ab；钙长石 $Ca[Al_2Si_2O_8]$，符号 An。

高温时，钾长石与钠长石可以形成完全互溶的钾钠长石固溶体系列，又称为碱性长石系列。该固溶体随温度降低可脱溶为钾相和钠相，形成条纹长石。在钾长石亚族中，随温度降低，依次形成的钾长石变体有：透长石（单斜）、正长石（单斜）和微斜长石（三斜）。钠长石和钙长石也能以任意比例互溶，形成钠钙长石固溶体。

长石的基本结构单元由 $[TO_4]$ 四面体连接成四节环，其中 2 个四面体顶角向上、2 个向下；四节环中的四面体通过共顶方式连接成曲轴状的链，见图 9.22，链与链之间在三维空间连接成架状结构。

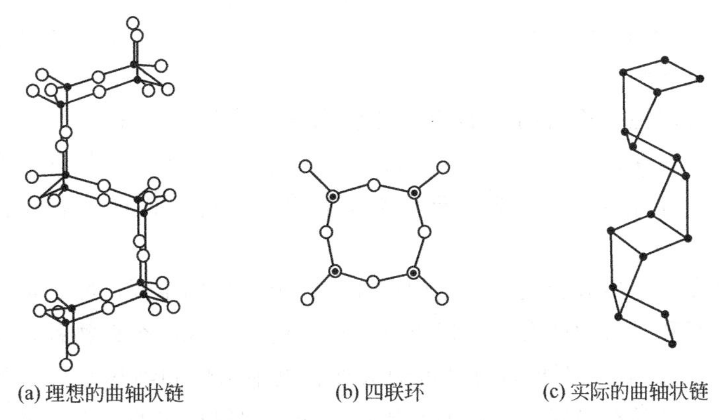

(a) 理想的曲轴状链　(b) 四联环　(c) 实际的曲轴状链

**图 9.22** 长石结构中的四联环和曲轴状链

(1) 钾长石的结构。高温型钾长石（即透长石）属单斜晶系，空间群 $C2/m$，晶胞参数 $a_0=0.856\text{nm}$，$b_0=1.303\text{nm}$，$c_0=0.718\text{nm}$，$\beta=115°59'$，$Z=4$。

透长石结构在 (001) 面上的投影示于图 9.23。可以看出，由四节环构成的曲轴状链平行于 $a$ 轴方向伸展，$K^+$ 位于链间空隙处，在 $K^+$ 处存在一对称面，结构呈左右对称。结构中 $K^+$ 的平均配位数为 9。在低温型钾长石中，$K^+$ 的配位数平均为 8。$K^+$ 的电价除了平衡骨架中［$AlO_4$］多余的负电荷外，还与骨架中的桥氧之间产生诱导键力。

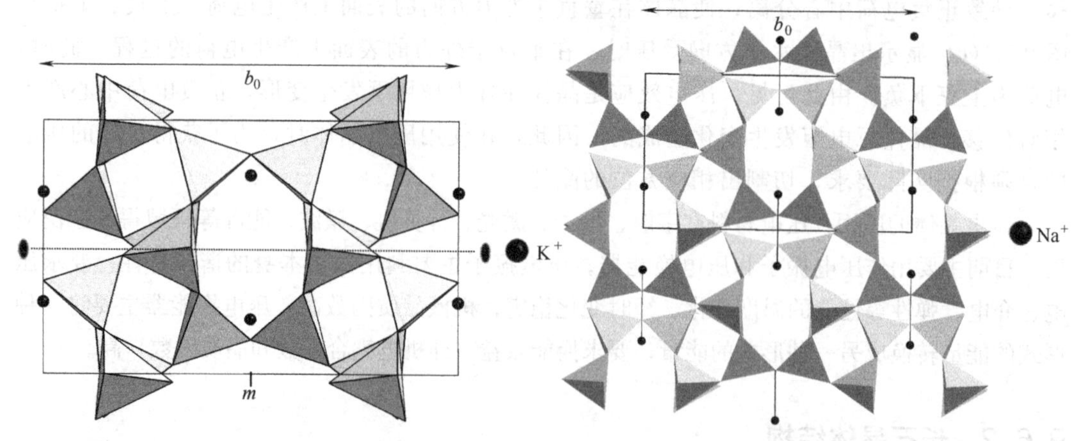


**图 9.23** 透长石结构在 (001) 面的投影

**图 9.24** 钠长石结构在 (001) 面的投影

(2) 钠长石的结构。钠长石属三斜晶系，空间群 $C\bar{1}$，晶胞参数 $a_0=0.814$nm，$b_0=1.279$nm，$c_0=0.716$nm。$\alpha=94°19'$，$\beta=116°34'$，$\gamma=87°39'$。其结构如图 9.24 所示。

与透长石比较，钠长石结构出现轻微的扭曲，如图 9.24 所示，由于在 $c$ 轴方向的高度不同，各离子的分布左右不再呈现镜面对称。扭曲作用是由于四面体的移动，致使某些 $O^{2-}$ 环绕 $Na^+$ 更为紧密，而另一些 $O^{2-}$ 更为远离。晶体结构从单斜变为三斜。钠长石中 $Na^+$ 的配位数平均为 6。透长石与钠长石结构差异的原因：透长石结构的曲轴状链间有较大的空隙，半径较大的阳离子位于空隙时，配位数较大，配位多面体较规则，能撑起［$TO_4$］骨架，使对称性提高到单斜晶系；半径较小的阳离子位于空隙时，配位多面体不规则，致使骨架折陷，对称性降为三斜晶系。

在曲轴状链中，$Al^{3+}$ 取代 $Si^{4+}$ 后，$Al^{3+}$、$Si^{4+}$ 分布的有序-无序性也会影响结构的对称性和轴长。当 $Al^{3+}$、$Si^{4+}$ 在链中的四面体位完全无序分布时，晶体具有单斜对称，如透长石的 $c=0.718$nm；而当 $Al^{3+}$、$Si^{4+}$ 在四面体位完全有序、呈相间排列时，晶体属三斜晶系，如钙长石 $c=1.43$nm。

长石结构的解理性：长石结构的四节环链内结合牢固，链平行于 $a$ 轴伸展，故沿 $a$ 轴晶体不易断裂；而在 $b$ 轴和 $c$ 轴方向，链间虽然也有桥氧连接，但有一部分是靠金属离子与 $O^{2-}$ 之间的键来结合，较 $a$ 轴方向结合弱得多，因此，长石在平行于链的方向上有较好的解理。

硅酸盐矿物在自然界分布极广，是构成地壳、上地幔的主要矿物，估计占整个地壳的 90%以上，在陨石和月岩中的含量也很丰富。已知的约有 800 个矿物种，约占矿物种总数的 1/4。许多硅酸盐矿物如石棉具有高度耐火性、电绝缘性和绝热性，是重要的防火、绝缘和保温材料；云母具有绝缘、耐高温性质，工业上用得最多的是绢云母，广泛应用于涂料、油漆、电绝缘等行业；而滑石、高岭石、蒙脱石、沸石、长石等是生产陶瓷、玻璃、水泥等重要的非金属矿物原料和材料。

## 习题九

1. 叙述硅酸盐晶体结构分类原则及各种类型的特点，并举例说明。

2. 绿宝石和透辉石中 Si∶O 都为 1∶3，前者为环状结构，后者为链状结构，解释原因。

3. 堇青石与绿宝石有相同结构，分析其有显著的离子电导、较小的热膨胀系数的原因。

4. 从结构上说明高岭石、蒙脱石阳离子交换容量差异的原因。

5. 比较蒙脱石、伊利石同晶取代的不同，说明在平衡负电荷时为什么前者以水化阳离子形式进入结构单元层，而后者以配位阳离子形式进入结构单元层。

6. 在透辉石 $CaMg[Si_2O_6]$ 晶体结构中，$O^{2-}$ 与阳离子 $Ca^{2+}$、$Mg^{2+}$、$Si^{4+}$ 配位形式有哪几种？符合鲍林静电价规则吗？为什么？

7. 下列硅酸盐矿物各属何种结构类型？

$Mg_2[SiO_4]$、$K[AlSi_3O_8]$、$CaMg[Si_2O_6]$、$Mg_3[Si_4O_{10}](OH)_2$、$Ca_2Al[AlSiO_7]$。

8. 石棉矿如透闪石 $Ca_2Mg_5[Si_4O_{11}](OH)_2$ 具有纤维状结晶习性，而滑石 $Mg_2[Si_4O_{10}](OH)_2$ 却具有片状结晶习性，试解释之。

# 第 10 章　晶体的形态和规则连生

实际生长发育的晶体的形状和大小，首先是受晶体内部格子构造规律，即晶体结构所制约（内因），这是影响晶体生长与最终形态的根本因素。但晶体生长时的外部环境（外因）对晶体的最终形态也会产生较大的作用。所以一个实际晶体的形态是内因和外因共同作用的结果。

## 10.1　晶体形态的理论模型

晶体生长所形成的几何多面体外形，是由所出现晶面的种类和它们的相对大小来决定的。哪种类型的晶面出现及晶面的大小，本质上受晶体结构所控制，在此只对晶体形态能出现的晶面所遵循一定的规律较为主导的法则和原理进行简要说明，而不对晶体生长过程对实际晶体的形态的控制理论做具体的论述。

### 10.1.1　布拉维法则

早在 1885 年，法国结晶学家布拉维（A. Bravais）从晶体的空间格子几何概念出发，提出了布拉维法则（law of Bravais），即晶体上的实际晶面平行于面网密度大的面网。换言之，实际晶体常常为面网密度最大的一些面网所包围。这一法则的实质，可由图 10.1 来说明。

设图 10.1(a) 表示一个正在生长的某晶体的任意切面，与此切面垂直的三个面网和该切面相交的迹线为 $AB$、$BC$ 和 $CD$，其相应的面网密度（$D$）关系是 $D_{AB}>D_{CD}>D_{BC}$，相应的面网间距（$d$）是 $d_{AB}>d_{CD}>d_{BC}$。按引力与距离的平方成反比关系，由图可以看出：位置 1 处所受的引力最大，位置 2 处次之，位置 3 处最小。因此，当面网 $AB$、$CD$ 和 $BC$ 各自在它们的法线方向上再生长一层新面网时，质点将优先进入位置 1，其次是位置 2，最后才是位置 3，即 $BC$ 面网最易于生长，$CD$ 次之，$AB$ 则最后。这个结论就意味着：面网密度小的面网（即晶面）生长速度大（即单位时间内晶面沿其法线方向向外推移的距离大），面网密度大的晶面生长速度小。如果将图 10.1(a) 各晶面生长的全过程按它们各自的生长速度作图，即构成如图 10.1(b) 所示的图形。

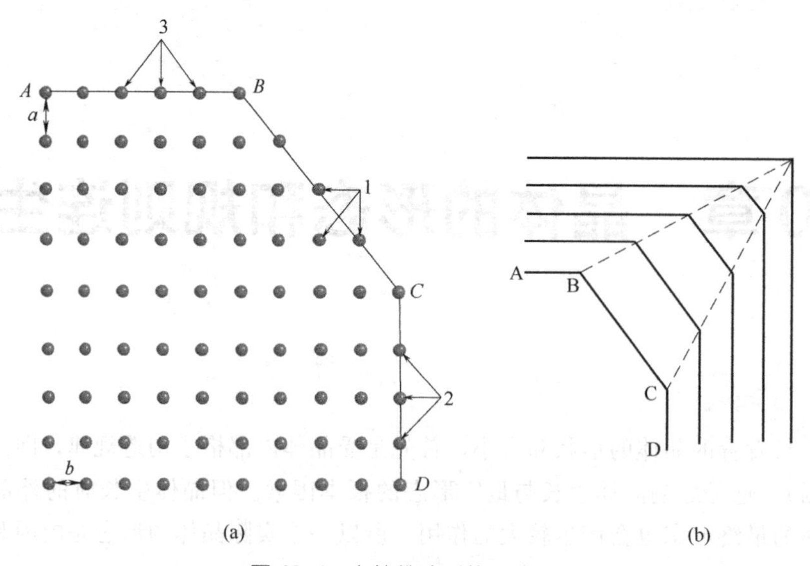


图 10.1 布拉维法则的示意图

从图 10.1(b) 中可以看出：面网密度小的 $BC$ 晶面，随着生长的继续，它的面积越来越小，最后被面网密度大、生长速度小的相邻晶面 $AB$ 和 $CD$ 所遮没，即面网密度小的晶面在生长过程中被淘汰，而面网密度大的晶面却保留了下来。这样，便导致晶体的最终形态将为那些面网密度大的晶面所构成。运用布拉维法则来解释同一物质的各种晶体，为什么大晶体上的晶面种类少而且简单，小晶体上的晶面种类多而且复杂，是令人信服的。就总的定性趋向而论，布拉维法则仍然是十分有意义的。

但也必须指出，这一法则不能解释为什么在不同的环境下，晶体结构相同的同一种物质的晶体常出现不同结晶形态的实际情况。其原因主要有二：一是实际晶体的生长除了受内部结构所控制，还受到生长时环境因素的影响；二是布拉维法则所考虑的仅是由抽象的相当点所组成的空间格子，而不是由实际的原子所组成的真实结构，因此，真实结构中原子面的密度及面网间距往往可能与相应面网的面网密度及面网间距不一致。例如当晶体结构中有螺旋轴或滑移面存在时，某些原子面的密度便只有相应面网的面网密度的若干分之一，使得各原子面密度的相对大小关系与相应面网密度的相对大小关系不相一致。唐奈(J. D. H. Donnay）和哈克（D. Harker）曾就这方面因素所起的作用，对布拉维法则作了补充和修正，其结论通常称为唐奈-哈克原理（Donnay-Harker rule）。

### 10.1.2 居里-武尔夫原理

1885 年科学家皮埃尔·居里（P. Curie）首先提出晶体生长的居里原理（Curie theory)：在晶体与其母液处于平衡的条件下，对于给定的体积而言，晶体所发育的形状（平衡形）应使晶体本身具有最小的总表面自由能，亦即

$$\sum \sigma_i S_i = \text{最小} \tag{10.1}$$

式中，$\sigma_i$ 和 $S_i$ 分别是在由 $n$ 个晶面所围成的晶体中，其第 $i$ 个晶面的比表面自由能和面积。

1901 年武尔夫（Wulff）进一步扩展了居里原理。他指出：对于平衡形态而言，从晶

体中心到各晶面的距离与晶面本身的比表面能成正比。这一原理即居里-武尔夫原理(Curie-Wulff theory)。也就是说，就晶体的平衡形态而言，各晶面的生长速度与各该晶面的比表面能成正比。

武尔夫指出，当晶体的体积一定时，要达到表面能最小，只有当晶体的各个晶面到晶体中心的距离（$d_i$）与各晶面的表面张力（比表面能 $\sigma_i$）成正比时才有可能。即

$$d_1 : d_2 : d_3 : \cdots = \sigma_1 : \sigma_2 : \sigma_3 : \cdots \tag{10.2}$$

显然，晶面至晶体中心的距离与其生长速度成比例。因此，根据这一原理人们可以做出一个非常重要的结论，即晶面的生长速度与其比表面能成正比关系。

由于居里-武尔夫原理把晶体的形态与其生长时所处的环境联系了起来，所以用它很容易说明同一物质的个体在不同的介质里生长时，为什么会出现不同结晶形态的问题，这是因为介质的性质改变了，晶体上各个晶面的比表面能也一定相应有所变化，故而必然体现为晶体在形态上出现变化。

面网上结点密度大的晶面比表面能小，因此，居里-武尔夫原理与布拉维法则是基本一致的。而这一原理的优点是从表面能出发，考虑了晶体和介质两个方面。但是实际晶体常都未能达到平衡形态，并且各晶面表面能的数据的测定也颇为困难且极难精确，从而使这一原理的实际应用受到限制。

### 10.1.3　周期性键链理论

1955 年哈特曼（P. Hartman）和珀多克（N. G. Perdok）等从晶体结构的几何特点和质点能量两方面来探讨晶面的生长发育。他们认为在晶体结构中存在着一系列周期性重复的强键链，其重复特征与晶体中质点的周期性重复相一致，这样的强键链称为周期键链(periodic bond chain，PBC)。晶体平行键链生长，键力最强的方向生长最快。据此可将晶体生长过程中所能出现的晶面划分为三种类型，这三种晶面与 PBC 的关系如图 10.2 所示。图中箭头（$A$、$B$、$C$）标示 PBC 方向，其中 F 面为（100），（010）和（001）；S 面为（110），（101）和（011）；K 面为（111）。

F 面：或称平坦面，有两个以上的 PBC 与之平行，网面密度最大，质点结合到 F 面上去时，只形成一个键，晶面生长速度慢，易形成晶体的主要晶面。

S 面：或称阶梯面，只有一个 PBC 与之平行，网面密度中等，质点结合到 S 面上去时，形成的键至少比 F 面多一个，晶面生长速度中等。

K 面：或称扭折面，不平行于任何 PBC，网面密度小，扭折处的法线方向与 PBC 一致，质点极易从扭折处进入晶格，晶面生长速度快，是易消失的晶面。因此，晶体上 F 面为最常见

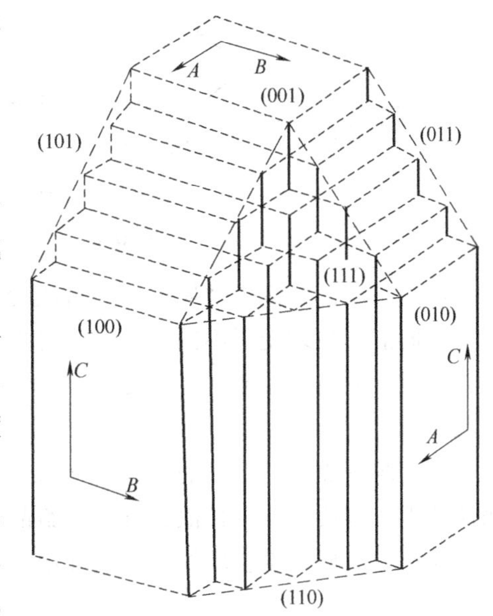


**图 10.2**　PBC 理论中三种晶面：F，S 和 K

且发育较大的面，K 面经常缺失或罕见。

尽管 PBC 理论将能量关系与晶体结构直接联系起来，对晶面的生长发育作了许多解释，也解释了一些实际现象，但在其他晶体中晶面发育仍存在一些与上述结论不尽一致的实例，这也表明，实际晶体的生长是一个相当复杂的过程。

### 10.1.4 影响晶体形态的外部因素

平衡形（equilibrium form）是指在均匀的封闭体系内结晶、且晶体与介质间达到物理化学平衡条件所生成的晶形。它们表现为与晶体固有的对称性相符，也就是其对称型对应的一种或几种单形组合成的聚形的形态。但具体生成何种单形及各单形发育的相对程度则有所不同，与形成晶体时的具体的物理化学条件有关。影响晶体生长的外部因素比较复杂，不少因素之间还相互起作用和相互制约。它们主要通过改变晶面间的生长速度来影响晶体形态的发育。这些因素主要包括如下。

（1）涡流。涡流是一种溶液的对流。在生长的晶体周围，由于溶液中的溶质结晶于晶体上，导致晶体周围溶液浓度降低，晶体结晶时释放出的热量使晶体附近溶液的密度也降低。在重力作用下，这些相对轻的溶液要上升，远处相对重的溶液要补充进来形成溶液对流，这种对流被称为涡流。涡流现象的产生，使溶液供应溶质不均匀，且有方向性。同时晶体的位置不同也影响溶质的供给，悬浮在溶液中的晶体下部容易获得溶质；贴于容器底部的晶体底部则难获得溶质，从而导致晶体发育不同形态。为了克服涡流对晶体生长的影响，目前人们开始探索在失重条件下生长晶体，如在人造卫星上生长晶体。

（2）温度。在不同的温度下，同种物质的晶体具有不同的形态，如图 10.3 所示。方解石在较高温度下形成的晶体呈扁平状；在较低的温度或地表下形成的晶体呈细长的柱或菱面体状。同种物质晶体形态差异是由温度改变了晶体上各个晶面的生长速度而引起的。

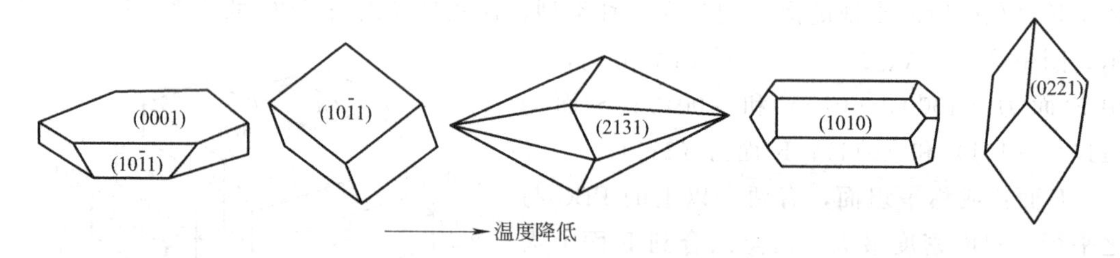


**图 10.3** 随温度降低方解石形态变化图

（3）杂质。溶液中杂质的存在可改变溶质与面网的结合关系，从而影响晶体上不同面网的表面能，也改变了不同面网的相对生长速度，最终也改变晶体形态。如纯净水中生长的食盐呈立方体状，而含少量硼酸的水中生长的食盐呈立方体与八面体单形均发育的聚形状。

（4）溶液黏度。溶液的黏度也会影响晶体的生长，黏度增大，影响溶液对流，也影响涡流产生。溶质只能以扩散的方式供给晶体，导致晶体生长困难。同时一般晶体的棱角部分容易接受溶质，生长较快；而晶面中心不容易接受溶质，生长较慢，甚至不生长，形成骸晶。

（5）结晶速度。当出现结晶的温度急剧下降等情况时，晶体的结晶速度加快，导致晶核增多，晶体长得细小，往往呈针状、树枝状。如雪花是水蒸气由于降温剧烈而凝华生成的。反之，当结晶温度稳定时，晶体结晶速度小，结晶时间长，则晶体长得粗大。如花岗伟晶岩的晶体就是由于岩浆期后热液温度稳定，结晶速度小，结晶时间长，则晶体长得粗大。

另外，晶体的结晶速度也影响着晶体的纯净度。快速生长的晶体一般不纯净，晶体内含有大量杂质、包裹体。

(6) 其他因素。晶体的形态还与其结晶的顺序有关，一般早结晶者，由于有较多空间，晶形完整，呈自形晶；晚结晶者，由于空间狭小，晶形不完整，呈他形晶。

(7) 晶体溶解。完好的晶体处在不饱和的溶液中时会发生溶解现象，晶体的各部位与溶液接触不同，其溶解的特点各不相同。由于角顶与溶液接触面最大，被溶解得最快；棱与溶液接触面较大，被溶解得也较快；而晶面与溶液接触面最小，被溶解得最慢。所以晶体被溶解后常呈近似球状。

晶面被溶解时常在一些离子结合弱的地方溶解出小凹坑，被称为蚀象。蚀象常出现在晶体上面网密度最大的晶面上，因为面网密度大的晶面，其面网间距大，容易被破坏。

(8) 晶体再生长。被破坏了的晶体在适当的环境条件下又可生长成几何多面体图形，被称为晶体的再生长。如斑岩中石英颗粒再生长成较规则形态。自然界晶体的溶解与再生长可交互出现，使晶体的形态更加复杂化。

## 10.2　晶体习性和实际晶体形态及集合体

### 10.2.1　晶体习性

晶体习性（晶癖，crystal habit）：该晶体常出现的某种或几种一般形态。包括两方面的含义：一是同种晶体所习见的单形；二是晶体在三维空间延伸的比例。

不同种类的晶体，或是在不同生长条件下形成的同种晶体，它们的晶体习性常有一定的差别；而在相同条件下生长的同种晶体，它们又总是具有相同或近似的晶体习性。

通常是同种矿物的多个单晶体聚集在一起，以集合体的面貌出现。根据单个矿物晶体在空间内的生长发育情况来看，可将晶体习性分为三种基本类型。

(1) 一向延伸型。其晶格常数 $a_0 \approx b_0 \ll c_0$，晶体沿一个方向特别发育，呈柱状、针状、纤维状等。如柱状的绿柱石、石英，针状的金红石，纤维状的石棉等。

(2) 二向延展型。其晶格常数 $a_0 \approx b_0 \gg c_0$，晶体沿两个方向特别发育，呈板状、片状、鳞片状等。如板状的板钛矿、石膏，片状的辉钼矿等。

(3) 三向等长型。其晶格常数 $a_0 \approx b_0 \approx c_0$，晶体沿三个方向大致相等发育，呈等轴状、粒状等。如石榴子石、黄铁矿、磁铁矿等。

此外，介于上述三种基本类型之间的晶体形态也很多。如桶状的刚玉介于一向延伸型和三向等长型之间；榍石的扁平晶体介于二向延展型和三向等长型之间。

在真实环境中，矿物晶体往往沿着其内部结构中的化学键较强的方向发育。因此，分子结构呈链状的矿物常常表现为长柱状、针状；分子结构呈层状的矿物常常表现为片状外观；化学成分简单、结构对称程度高的晶体，一般呈规则的球粒状。

晶体习性明显地受到晶体对称性的制约，立方晶系的晶体应具有等轴状习性。例如，对称型为 $m3m$ 的氯化钠（NaCl）晶体几乎总是具有立方体习性，如图 10.4(a) 氯化钠晶体的立方形态，其天然晶体从不出现三角三八面体和四角三八面体晶形，其余四种单形也都罕见。晶体生长过程的外界环境因素对晶体的习性有重大影响：(1) 出现不同的单形。如 NaCl 晶体在不同的生长条件下，分别出现立方体和八面体两种不同的单形。(2) 组成的单形不变，但它们晶面的相对大小发生了显著变化。如对称型为 $L^3 3L^2 3PC$ 三方晶系的方解石（$CaCO_3$）晶体由六方柱 $\{10\bar{1}0\}$ 和菱面体 $\{01\bar{1}2\}$ 相聚时，六方柱为主，菱面体为饰形，晶体呈柱状习性［如图 10.4(b)］；菱面体为主，六方柱为饰形，晶体具扁平菱面体状习性［如图 10.4(c)］。四方晶系则表现为 $C$ 轴方向延伸的柱状，或垂直 $C$ 方向延伸的扁平状外形。

(a) 氯化钠晶体　　(b) 柱状方解石　　(c) 菱面体方解石

**图 10.4**　氯化钠和方解石晶体形态

## 10.2.2　实际晶体的形态

理想的晶体应具有规则的几何多面体，面平棱直，同一晶体上属于同一单形的各晶面同形等大。但因为实际晶体的生长条件往往很复杂，任一晶体在其生长过程中总会不同程度受到外界因素干扰，以致实际晶体的形态不能按理想情况发育。

实际晶体常见现象有如下：

(1) 歪晶。歪晶（distorted crystal）是由生长环境的不均匀性等造成的，晶体偏离理想的晶形，这种现象极其常见。它主要表现为同一单形中的各晶面的大小发育不等，甚至部分晶面缺失的现象，但它们的晶面夹角和理想晶体的夹角是一致的，体现晶体自身固有的对称性。

如图 10.5 及图 10.6 分别为立方晶系的八面体 o｛111｝和菱形十二面体 d｛101｝的单形的理想形态及其歪晶，歪晶的晶面由理想形态的同形等大多边形演变成不再为同形等大的多边形，可表现出不同形状。

又如属于三方晶系的石英晶体的聚形状态，其对称型 32，分别由六方柱 m$\{10\bar{1}0\}$、菱面体 r$\{10\bar{1}1\}$ 和 z$\{01\bar{1}1\}$ 聚合而成，如图 10.7 所示。但实际晶体可表现出不同歪晶形态，而单形的面角 $r \wedge m = 141°47'$，$m \wedge m = 120°$，$r \wedge z = 134°$，均维持一致，与具体形态无关。

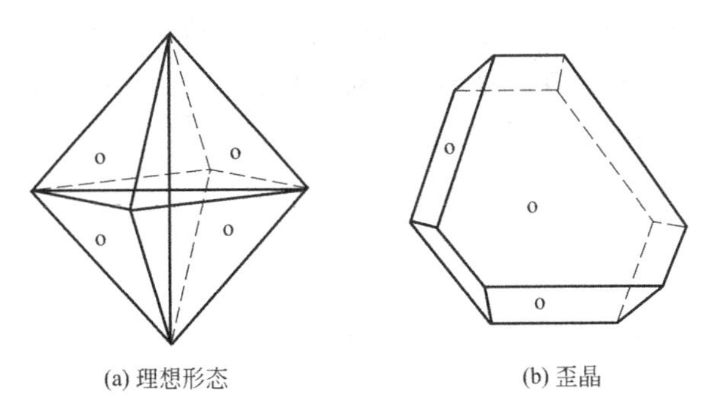


**图 10.5**　八面体的理想形态及其歪晶

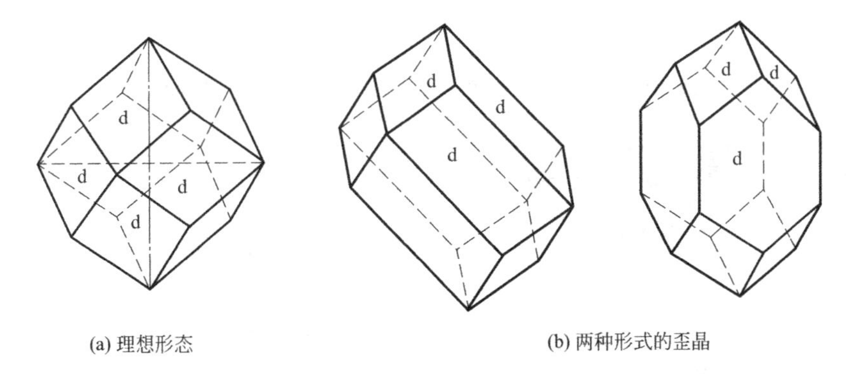


**图 10.6**　菱形十二面体的理想形态及其歪晶

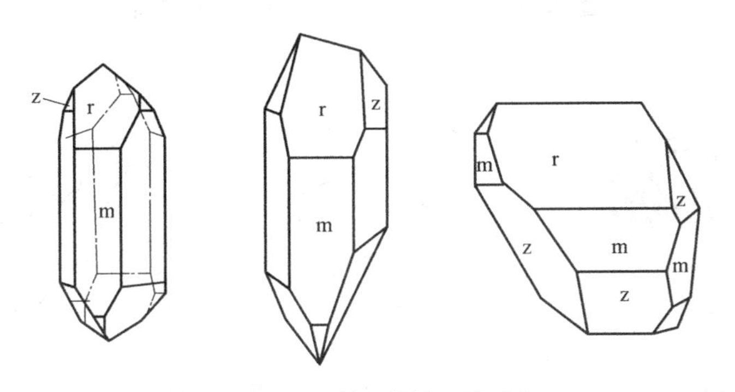


**图 10.7**　石英晶体的不同形态

(2) 骸晶。骸晶（skeleton crystal）为沿着角顶或晶棱方向特别发育，晶面中心相对凹陷而表现为某种骨架状形态的晶体。骸晶不再保持凸几何多面体的外形，一般呈漏斗状、树枝状等形态。树枝状的骸晶专称为树枝晶（dendrite）。如图 10.8，在寒冷冬季，空气中水蒸气冷却结晶成的形态各异的雪花晶体，就属于骸晶。还有晶体从过冷却或过饱和程度较大的熔体或溶液蒸发中快速结晶时，经常形成骸晶。图 10.9 为玻璃中树枝状斜锆石（baddeleyite）晶体，由于在晶体的角顶及晶棱部位接受质点堆积的机会远较晶面中心为大，晶体沿角顶或晶棱方向成长得特别快，从而形成骸晶。

(3) 凸晶。凸晶（convex crystal）各晶面中心均相对凸起而呈曲面，晶棱则弯曲而呈弧线。所有凸晶在不同程度上都表现为由几何多面体趋向于球体的过渡形态，它们不再保持面平棱直的特征。凸晶本质上是一种溶解形态，是由于晶体在形成后又遭受溶解所致。晶体在溶解时，角顶和晶棱的溶解速度较晶面中心要快，使晶形向球形方向演变，从而形成凸晶。天然金刚石常表现为菱形十二面体凸晶，经过周围介质漫长溶解作用，表面形成较为圆润的凸曲面形态，如图 10.10 所示。

**图 10.8** 水蒸气冷却直接结晶成形态各异的雪花晶体

**图 10.9** 玻璃中析出的树枝状斜锆石骸晶

**图 10.10** 金刚石的菱形十二面体凸晶

**图 10.11** 白云石菱面体的马鞍状弯曲晶体

(4) 弯晶。弯晶 (curved crystal) 是指整体呈弯曲形态的晶体。弯晶有时可带有一定程度的扭曲。弯晶的成因有两种：一种是原生的，即晶体在生长的过程中，由于某种还不十分清楚的原因，晶体不断伴随有规律的破裂或者是内部结构中镶嵌块的偏斜堆积，结果造成晶体外形上的某种规则偏斜，形成弯晶。最常见的是白云石、菱铁矿的马鞍状的弯曲晶体 (图 10.11)。另一种是次生成因的弯晶，晶体形成后因受应力的作用而变形即成弯晶。

### 10.2.3 矿物集合体形态

矿物大多以集合体形态存在，所谓集合体即同种矿物的多个单体聚集在一起形成一个整体，由于每个单体的取向不同，形态不同，矿物集合体 (mineral aggregate) 形态各异，绚丽多彩，具有鉴定意义和工艺价值。依集合体中单体的取向不同、结晶方式不同又可分为多种：

（1）柱状集合体。由柱状、针状的矿物单体聚集而成。如石英晶簇［图 10.12(a)］，针状的金红石集合体［图 10.12(b)］。

(a) 石英

(b) 金红石

**图 10.12**　柱状集合体的形态

（2）片状集合体。由板状的或片状的矿物单体聚集而成，图 10.13 为片状的白云母和菱镁矿集合体。

(a) 白云母

(b) 菱镁矿

**图 10.13**　片状集合体的形态

（3）粒状集合体。由等轴状的颗粒单体聚集而成的集合体，如橄榄石［图 10.14(a)］、石榴子石［图 10.14(b)］等矿物合体。进而可依其颗粒的大小分为粗粒状、中粒状、细粒状集合体等。一些隐晶质矿物还有其特殊的集合体形态。

(a) 橄榄石　(b) 石榴子石

**图 10.14**　粒状集合体的形态

## 10.3 晶面花纹

实际晶体在生长或溶蚀过程中，会在晶面上留下各种花纹。有的花纹用肉眼或低倍放大镜就能看到，有些极精细的晶面花纹为肉眼所不能看到。因此长期以来，人们认为大多数的晶体具有光滑的晶面。然而，20 世纪 40 年代以来，随着高分辨率的电子显微镜、相衬显微镜、微分干涉显微镜和多光束干涉仪等先进光学仪器的出现，使晶体表面微观现象的观察达到了纳米级范围，特别是 20 世纪 80 年代初研制成功的扫描隧道显微镜，它具有原子级的分辨率，能看到晶体表面的原子台阶，展示出晶体表面的缺陷，可以获得非常精细的表面微形貌图像（图 10.15）。

**图 10.15** 不同形成条件下，金刚石 {111} (上) 和 {100} (下) 面的表面微形貌

晶面花纹主要包括晶面条纹、晶面螺纹、生长丘和蚀象等。

### 10.3.1 晶面条纹

在许多晶体的晶面上可以见到一系列平行或交叉的条纹，称为晶面条纹。根据成因不同，晶面条纹又可以分为聚形纹（combination striation）、生长纹（growth striation）、双晶纹（twi，twinning striation）和解理纹等。

（1）聚形纹。聚形纹是两种单形交替生长留下的痕迹。由于聚合在同一晶体上的不同单形交替重复出现，其交界线所构成的条纹称为聚形纹。例如黄铁矿（$FeS_2$）晶体，属于 $m3m$ 对称型，常结晶成立方体 a{100}、八面体 o[111}、五角十二面体 e{hk0} 单形或它们的聚形。在立方体及五角十二面体晶面上可以见到三组互相垂直的条纹，用肉眼或放大镜仔细观察，可以发现它们呈阶梯状，这是立方体 a{100} 和五角十二面体 e{hk0} 两种晶面交替出现的结果（图 10.16）。

又如石英（三方晶系，对称型 32）晶体的六方柱面上常有横纹，它是由六方柱 m{$10\bar{1}0$}、

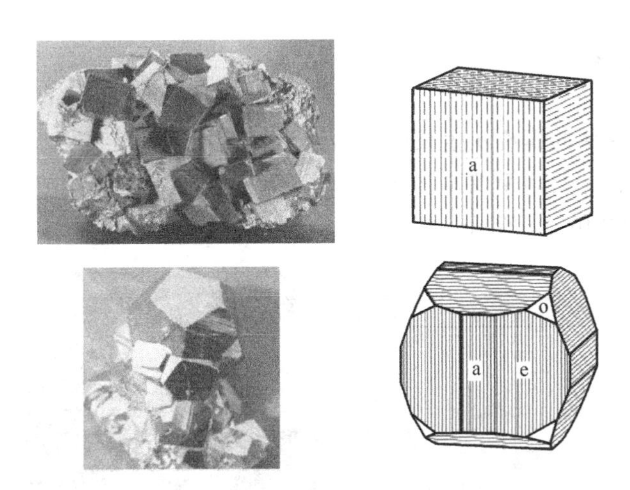


图 10.16　立方体及五角十二面体黄铁矿晶体和晶面条纹

菱面体 r$\{10\bar{1}1\}$ 和 z$\{01\bar{1}1\}$ 相互交替生长的结果（图 10.17）。

电气石（tourmaline，三方晶系，对称型 $3m$）晶体的柱面常有细窄的纵纹，这是由两个取向稍有不同的三方柱晶面交替出现的结果（图 10.18）。由于从一种晶面过渡到另一种晶面只有微小倾斜，电气石垂直 $C$ 轴的横切面呈球面三角形。

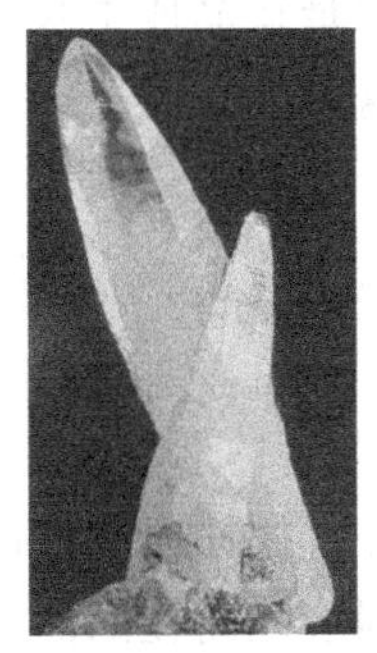

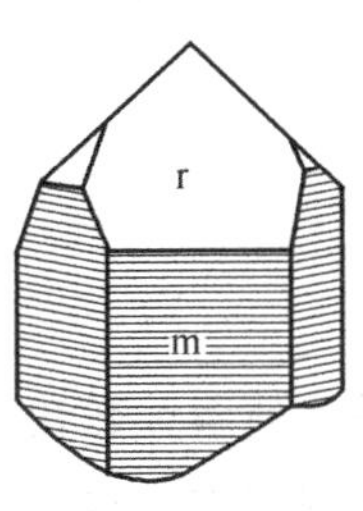


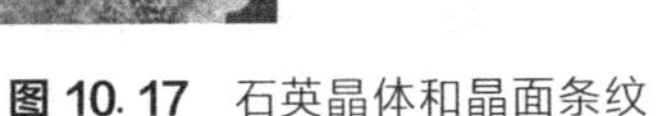

图 10.17　石英晶体和晶面条纹

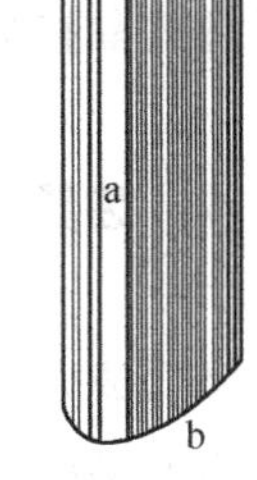


图 10.18　柱状电气石晶体和晶面条纹

（2）生长纹。生长纹是指晶面上一系列平行的堆叠层，是由晶面平行向外推移所形成的如地形等高线一样的花纹。生长层的厚度差别很大，有些较厚，肉眼就可以看见生长层所构成的阶梯，有些则非常薄，甚至只有单个分子层的厚度，用扫描电子显微镜才能观察到，如果用相衬显微镜则能够精确测出每一个生长层的厚度。

（3）双晶纹。双晶结合面与晶面相交，交线所构成的条纹即为双晶纹。常见的为聚片双晶纹，它表现为一组平行的条纹。图 10.19 所示为斜长石晶体上钠长石聚片双晶纹。

图 10.19　钠长石聚片双晶纹

（4）解理纹。解理面与晶面相交，交界处即形成解理纹，见于具有极完全解理的晶体如白云母柱面上。

## 10.3.2 晶面螺纹

晶面螺纹是由晶体的螺旋状生长而在晶面上留下的螺旋状线纹。不同的晶体，螺旋生长层的形状、大小、螺纹间距及厚度都有所不同，常见的有圆形螺旋纹、多角形螺旋纹及偏心螺旋纹等，如图 10.20 所示。

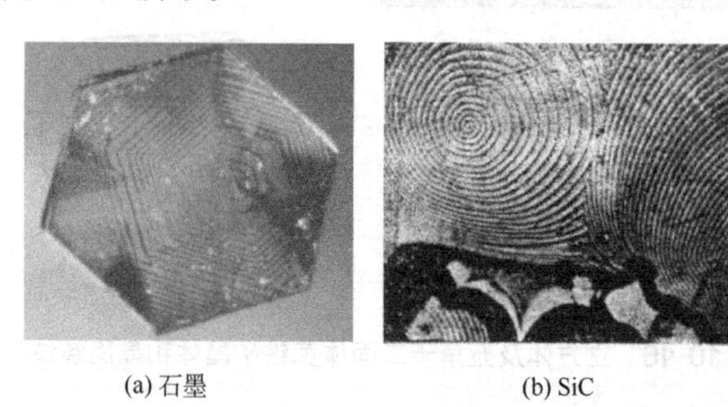

(a) 石墨 (b) SiC

**图 10.20** 石墨和 SiC 在 {0001} 面上的生长螺纹

## 10.3.3 生长丘

在晶面上常可见具有规则外形、微微高出晶面的小丘，由于它们是在晶体生长过程中形成的，所以称为生长丘。生长丘在同一晶面上具有相同的外形。这可能是原子或离子沿晶面局部的晶格缺陷堆积生长而成（图 10.21）。

## 10.3.4 蚀象

晶体形成以后，如果遭受溶蚀，除了角顶、晶棱处溶蚀较快之外，往往还会在晶面上沿面网内的某些薄弱部位首先溶解成一些带有斜坡的凹坑，这些受到溶蚀而在晶面上形成的凹坑（溶蚀坑）称为蚀象。它受晶面内质点排列方式的控制，故具有一定的形状和取向。同一晶体不同单形的晶面上，蚀象的形状和方向不同，而同一单形的各个晶面上的蚀象的形状和取向相同（图 10.22）。

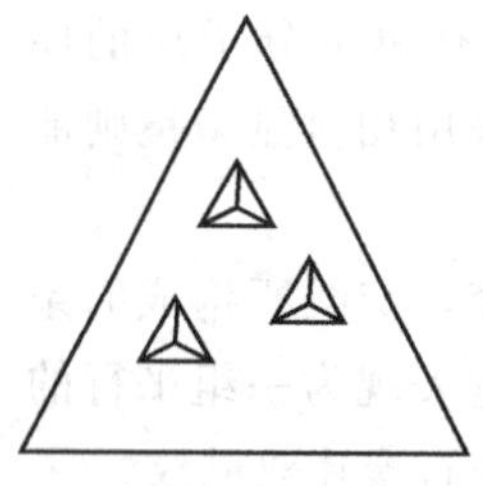

**图 10.21** 石英晶面上的生长锥

**图 10.22** 金刚石八面体晶面上的蚀象

# 10.4 晶体的规则连生

无论是自然界天然产生的，还是实验室人工制备的晶体，一般都是多个晶体生长在一起。单晶体接触的时候，可以是规则的并遵循某些规律（如规则连生），也可以是不规则的。同种晶体可以规则连生在一起，不同晶体之间也可以规则的方式连生。晶体规则连生不仅可以表现在外形上（如平行连生），也可以体现在晶体的内部（如衍生）。晶体规则连生的产生，是源于其内部结构上的相同（似）性，同时也体现在连生体的外形上，彼此之间也存在一定的几何关系。本章所讨论的就是晶体规则连生在一起时的一些基本特征和概念。

## 10.4.1 平行连生

平行连生或称平行连晶，是指由若干个同种的单晶体，按所有对应的晶体学方向（包括各个对应的晶体轴、对称元素、晶面及晶棱的方向）全都相互平行的关系而组成的连生体。

图 10.23 所示的是卤钠石八面体晶体的平行连生体。可以看出，不同的晶体个体，在外表上均表现为对应的晶面，晶棱彼此平行，且单体之间存在凹角。可以想象，如果较小的个体生长得更大一些，那么就可能与较大的个体重合在一起，所以，平行连生从外形来看是多晶体的连生，但它们的内部格子构造却是平行而连续的，从这点来看它与单晶没有什么差异，只是单个晶体生长不完全而已。

**图 10.23** 卤钠石八面体晶体的平行连生体

## 10.4.2 双晶

（1）双晶的概念。双晶也称为孪晶，是指由两个互不平等的同种单体，彼此间按一定的对称关系相互取向而组成的规则连生晶体。构成双晶单个晶体之间相应的晶体学方位，如对称元素的空间方位以及晶面和晶棱方向等，并非完全平行，但它们可以借助于一定的对称操作，如旋转、反映、反伸等，使个体之间能够彼此重合，或者达到晶体学取向一致。

图 10.24 是立方晶系的氯铜银铅矿双晶实例，可以看出，大的个体以及小的个体之间存在某种取向关系。

双晶与平行连生之间最根本的差别是双晶单体之间的内部格子不是连续的。图 10.25 所示的是一例，在双晶的两个单体之间，犹如存在了一个对称面，通过面的反映，使得两者重合。对于具有反映关系的双晶，在双晶面两侧的单体的晶格排列规律相同，但取向不同，是通过双晶面呈反映对称关系。

图 10.24 立方晶系的氯铜银铅矿双晶

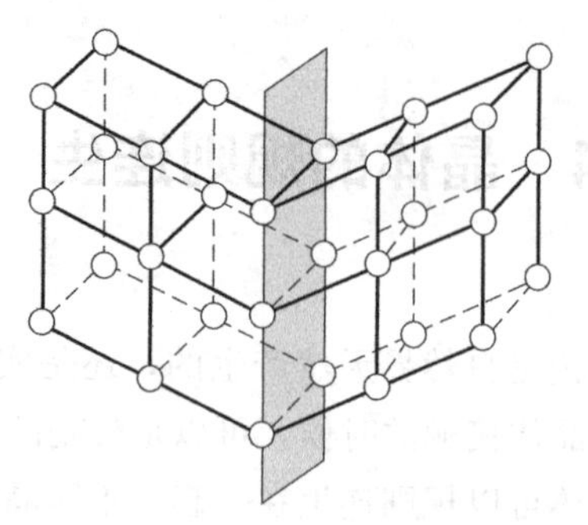

图 10.25 双晶面内部晶格排列示意图

（2）双晶要素。从图 10.25 不难理解，要想使得单体彼此重合或者平行，需要进行一定的操作，这些操作凭借的几何元素（点、线、面等），就是所谓的双晶要素。双晶要素是用来表征双晶中单体间对称取向关系的几何要素，也即使得双晶相邻单体重合或者平行而进行操作时所凭借的辅助几何图形（点、线、面）。双晶要素包括了双晶面、双晶轴和双晶中心。下面分别叙述。

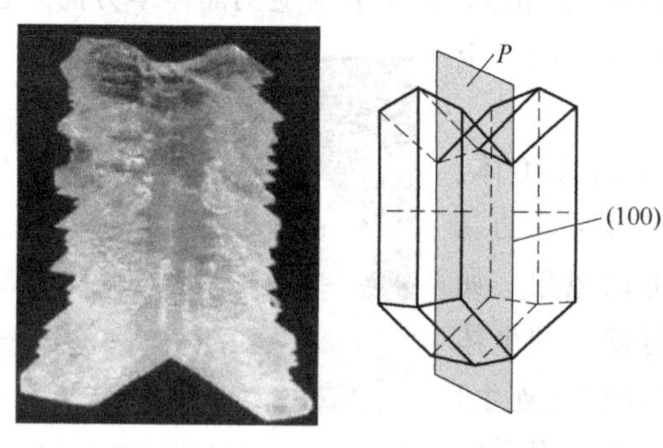


图 10.26 石膏的燕尾双晶-双晶面平行(100)

① 双晶面为一假想的平面，通过它的反映变换后，可使构成双晶的两个单体重合或达到彼此平行一致的方位。图 10.26 左为石膏燕尾双晶，右为表示其两侧单体形态，灰色平面 P 就是双晶面。可以看出，通过双晶面的反映，左右两个单体可以重合。在实际双晶中，双晶面不可能是单体上的对称面，因为双晶单体之间的格子不连续。但双晶面必定平行单体的实际晶面（或者可能晶面），因为双晶面也是沿着某面网分布的。在后者情况下，双晶面可以用晶面符号来表达。如图 10.26 的情况，双晶面 P 平行于（100）晶面。又如图 10.27 所示，尖晶石双晶的两个个体，通过平行（111）的平面的反映可以重合。

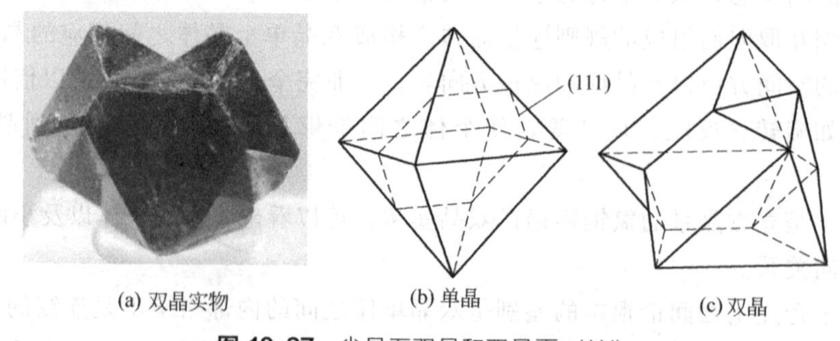


图 10.27 尖晶石双晶和双晶面（111）

② 双晶轴为一假想直线，双晶中一单体围绕它旋转 180°后，可与另一单体重合或达到彼此平行一致的方位。同样考察图 10.26 右图，左侧的个体围绕垂直于平面 $P$ 的直线（图中虚线为二次轴）旋转 180°后，虽然不能和右侧的单体完全重合，但可与之处于平行

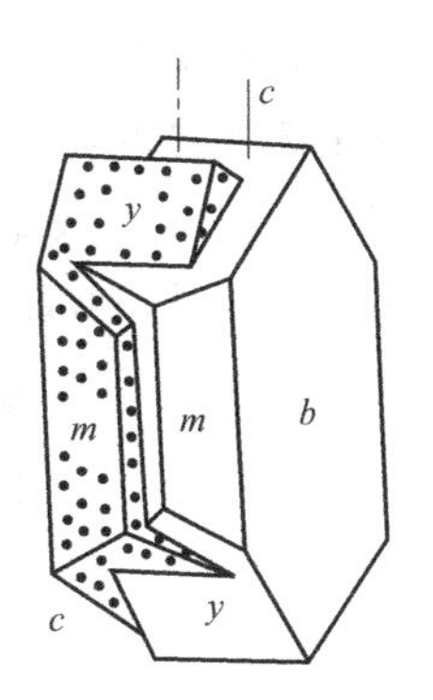


图 10.28　正长石的卡斯巴双晶

的方位，也即类似平行连晶的情况。所以，垂直于双晶面 $P$ 的直线就是双晶轴。在实际双晶中，双晶轴常与结晶轴或奇次对称轴的方向一致，并与晶体的一个实际的或可能的晶面垂直，因此，常用与它垂直的晶面的晶面符号来表示。图 10.26 中的双晶轴垂直于 (100)，故可以记为⊥ (100)。类似的例子如图 10.28 正长石的卡斯巴双晶，可以看出，正长石双晶绕 $z$ 轴旋转 180°两个个体也重合，此情况可记为双晶轴平行于 $z$ 轴。如果与某晶带轴平行的话，也可用晶带轴的符号来表示。与双晶面的情况相似，双晶轴不可能平行于单晶体上的偶次对称轴。

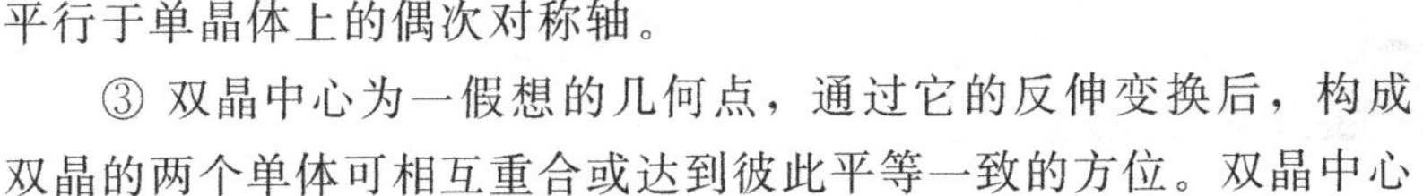

③ 双晶中心为一假想的几何点，通过它的反伸变换后，构成双晶的两个单体可相互重合或达到彼此平等一致的方位。双晶中心只有在没有对称心的晶体中出现，并且只在单晶个体没有偶次轴或对称面情况下才有独立意义。故一般双晶的描述中也极少应用它。如果构成双晶的单晶体具有对称心，则双晶中心和双晶面将同时存在，并互相垂直（如图 10.26 的石膏双晶，其点群为 $2/m$）；如果单晶体不具有对称心，则双晶轴或双晶面常单独存在，即使有时两者同时出现，但必定互不垂直。

看起来双晶面、双晶轴和双晶中心的作用与对称面、二次对称轴和对称心的作用相同，但前者是对不同单晶体之间而言的，而后者针对一个晶体的不同部分。此外，对双晶而言，可能存在多个双晶面或多个双晶轴，但在描述的时候往往只描述其中的一个就可以了。如图 10.28 正长石的卡斯巴双晶，双晶轴除了平行于 $z$ 轴以外，在垂直于 (010) 面上也有另外一个双晶轴。

在双晶的描述中，除应用上述双晶要素外，还经常提到双晶接合面，这指的是双晶中相邻单体间彼此接合的实际界面，是属于两个个体的共用面网，其两侧的单体晶格互不平行连续，两者的取向亦不一致。注意：双晶接合面不是一个双晶要素，它只是描述双晶中单体之间的接触界面，并且不一定是一个平面，也可以是有一定规律的折面。双晶接合面可与双晶面重合，如在石膏的双晶图 10.26) 中两者皆平行于 (100)；也可以不重合，如正长石的卡斯巴双晶（图 10.28），双晶面平行于 (100)，而接合面平行于 (010)。

双晶结合的规律称为双晶律。双晶律可用双晶要素、接合面等表示。有时双晶律也被赋予各种特殊的名称，有的以该双晶的特征矿物命名，如尖晶石律、云母律、钠长石律等。它们都是矿物的名称，有的以该双晶初次被发现的地点命名，如长石双晶的卡斯巴律（捷克斯洛伐克的 Carlsbad）、曼尼巴律、巴温诺律，石英双晶的道芬律（法国的 Dauphine）、巴西律等；有的以双晶的形态命名，如石膏的燕尾双晶、锡石的膝状双晶、方解石的蝴蝶双晶、十字石的十字双晶等；有的则以双晶面或接合面的特征而命名，如正长石的底面双晶就是以 (001) 为双晶面及结合面的。



## 10.4.3　双晶类型

除了双晶律之外，人们还经常按照双晶单体间连接方式的不同而划分出不同的双晶类型。在矿物学中常用的分类是：

（1）简单双晶。由两个单体构成的双晶，其中又可分为接触双晶和贯穿双晶。前者指两个单体间只以一个明显而规则的接合面相接触，如石膏的接触双晶（图 10.26），接合面//(010)；贯穿双晶指两个单体相互穿插，接合面常曲折而复杂，如图 10.29 所示的萤石的贯穿双晶，双晶轴垂直于（111）。

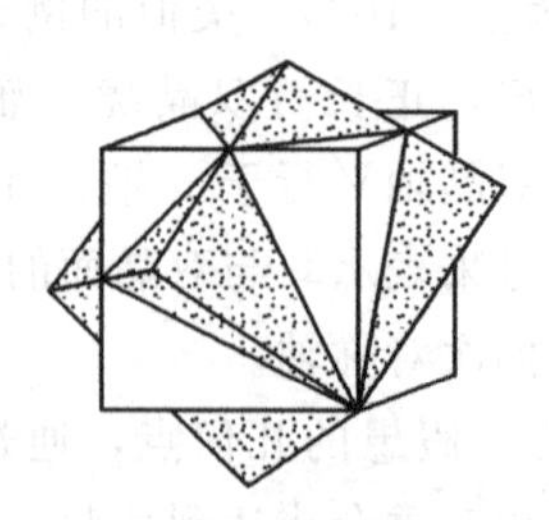

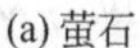

(a) 萤石　　(b) 贯穿双晶

**图 10.29** 立方萤石的贯穿双晶

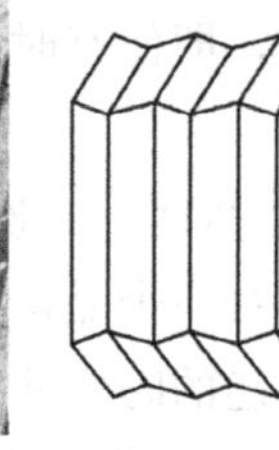

**图 10.30** 钠长石的聚片双晶

（2）反复双晶。由两个以上的单体，彼此间按同一种双晶律多次反复出现而构成的双晶群组。其中又可分为：聚片双晶，即由若干单体按同一种双晶律组成，表现为一系列接触双晶的聚合，所有接合面均相互平等，如图 10.30 为钠长石的聚片双晶，其接合面//(010)。

轮式双晶（也称为环状双晶），由两个以上的单体按同一种双晶律所组成，表现为若干组接触双晶或贯穿双晶的组合，各接合面依次成等角度相交，双晶总体呈轮辐状或环状，环不一定封闭。轮式双晶按其单体的个数，可分别称为三连晶、四连晶、六连晶等，图 10.31 和图 10.32 分别表示金绿宝石和金红石的环状双晶，皆为六连晶，相当于单体依次分别以（001）和［100］为轴旋转 60°接触而成。

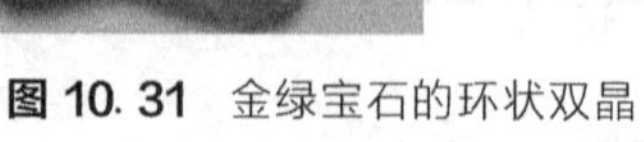

**图 10.31** 金绿宝石的环状双晶

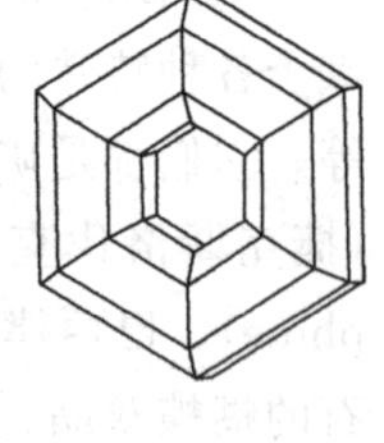

**图 10.32** 金红石的环状双晶

（3）复合双晶。由两个以上的单体彼此间按照不同的双晶律所组成的双晶，如图 10.33 所示的钙十字沸石双晶，便是由不同的双晶律构成，其个体 A、B、C 皆是由穿插双晶构成矛状形态，它们之间又相互穿插，从而形成奇特的外形。A、B、C 内部的双晶面和 A、B、C 之间的双晶面并不相同。

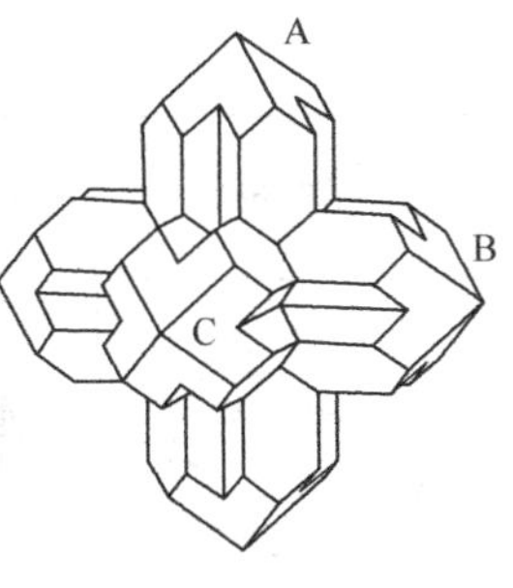


**图 10.33**　钙十字沸石双晶

此外，根据双晶形成的机理，通常可将双晶分为以下三种不同的成因类型：生长双晶，即在晶体生长过程中形成的双晶；转变双晶，即在同质多象转变过程中所产生的双晶；机械双晶即晶体在生成以后受到应力的作用而导致双晶的形成。

在识别双晶的时候，常依据下列标志：单晶为凸多面体，而多数双晶有凹角；双晶的接合面可在晶体表面出露（称之为“缝合线”），缝合线两侧的单体在晶面花纹、性质等方面一般会有差异；单晶与双晶的对称性一般也不同，当然利用显微镜观察或者现代仪器进行分析也能更准确地识别出双晶来。

双晶是晶体中的一种较为普通的现象，对于某些晶体来说也是很重要的一种性质，它在矿物鉴定和某些晶体的研究中，都有重要的意义。如自然界矿物机械双晶的出现可以作为地质构造变动的一个标志，因此，它还具有一定的地质学意义。此外双晶的存在往往会影响到某些矿物的工业利用，必须加以研究和消除。如 α-石英，若具有双晶就不能作为压电材料；方解石由于双晶的存在就会影响其在光学仪器中的应用；等等。因此双晶的研究在理论和实际应用上都具有颇为重大的意义。不同晶系常见矿物晶体的双晶及其对称、双晶结合面等特征列于表 10.1。

**表 10.1**　一些常见矿物晶体的双晶及其特征

| 矿物名称成分及对称型 | 单晶的形状 | 双晶 | | |
|---|---|---|---|---|
| | | 形状 | 类型（及别名） | 双晶律 |
| 尖晶石<br>$MgAl_2O_4$<br>$3L^4 4L^3 6L^2 9PC$ | | | 接触双晶 | 双晶轴⊥（111）<br>双晶面//（111）<br>结合面//（111）<br>（尖晶石双晶律） |
| 萤石<br>$CaF_2$<br>$3L^4 4L^3 6L^2 9PC$ | | | 穿插双晶 | 双晶轴⊥（111）<br>双晶面//（111） |
| 闪锌矿<br>ZnS<br>$3L_i^4 4L^3 6P$ | | | 接触双晶 | 双晶轴⊥（111）<br>双晶面//（111）<br>结合面//（111） |

续表

| 矿物名称成分及对称型 | 单晶的形状 | 双晶 | | |
|---|---|---|---|---|
| | | 形状 | 类型（及别名） | 双晶律 |
| 黄铁矿<br>$FeS_2$<br>$3L^2 4L^3 3PC$ | 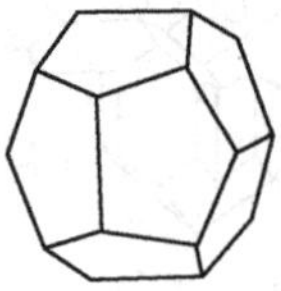 | 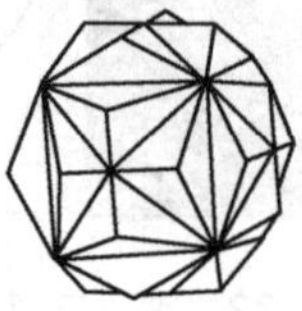 | 穿插双晶<br>（铁十字） | 双晶轴⊥（110）<br>双晶面//（110） |
| 锡石<br>$SnO_2$<br>$L^4 4L^2 5PC$ | 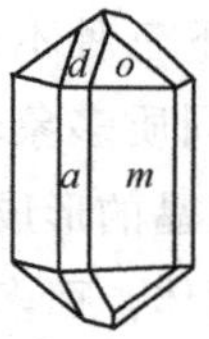 | 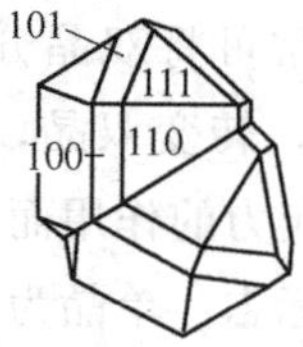 | 接触双晶<br>（膝状双晶） | 双晶轴⊥（011）<br>双晶面//（011）<br>结合面//（011） |
| 辰砂<br>HgS<br>$L^3 3L^2$ | 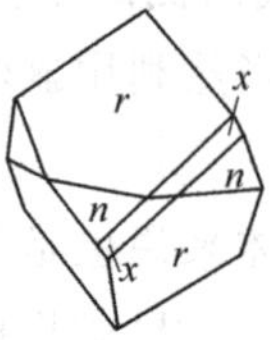 $r\{10\bar{1}1\}$<br>$n\{20\bar{2}1\}$<br>$x\{42\bar{6}3\}$ |  | 穿插双晶 | 双晶轴//z 轴 |
| 方解石<br>$CaCO_3$<br>$L^3 3L^2 3PC$ | 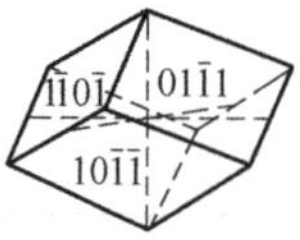 | 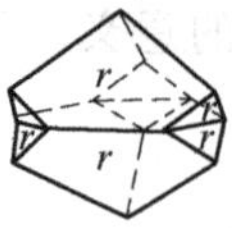 | 接触双晶 | 双晶轴⊥（0001）<br>双晶面//（0001）<br>结合面//（0001） |
| | 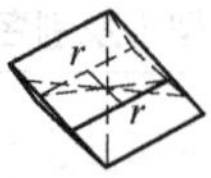 | 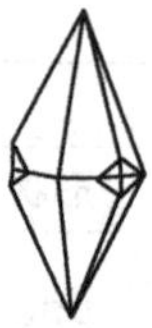 | 接触双晶 | 双晶轴⊥（$10\bar{1}1$）<br>双晶面//（$10\bar{1}1$） |
| | 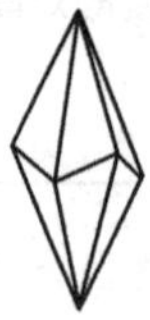 | 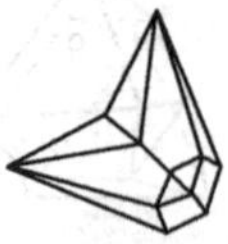 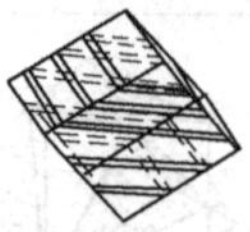 | 接触双晶 | 双晶轴⊥（$01\bar{1}2$）<br>双晶面//（$01\bar{1}2$） |
| 文石<br>$CaCO_3$<br>$3L^2 3PC$ | 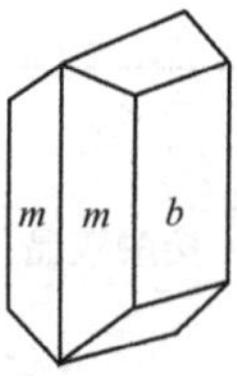 | 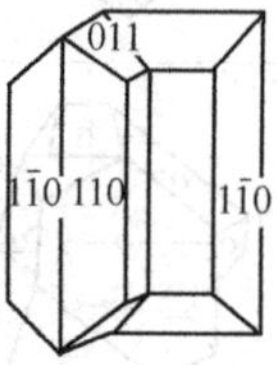 | 接触双晶 | 双晶面//（110）<br>结合面//（110） |

续表

| 矿物名称成分及对称型 | 单晶的形状 | 双晶 | | |
|---|---|---|---|---|
| | | 形状 | 类型（及别名） | 双晶律 |
| 十字石<br>$FeAl_4[SiO_4]_2O_2(OH)_2$<br>$3L^2 3PC$ | 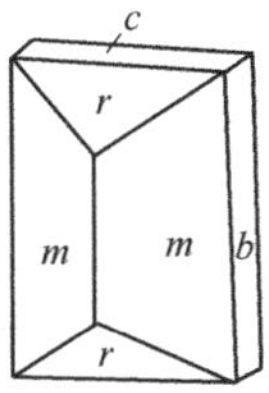 m {110}<br>r {101} | 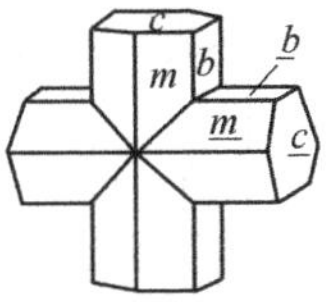 | 穿插双晶 | 双晶面 //（031） |
| | | 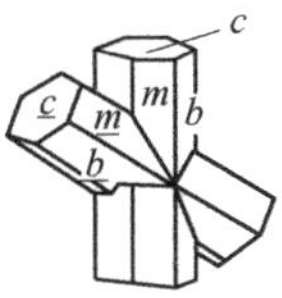 | 穿插双晶 | 双晶面 //（231） |
| 石英<br>$SiO_2$<br>$L^3 3L^2$ | 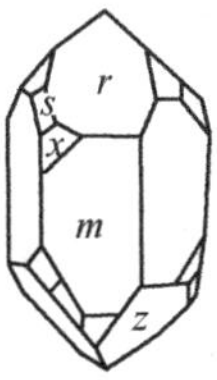 | 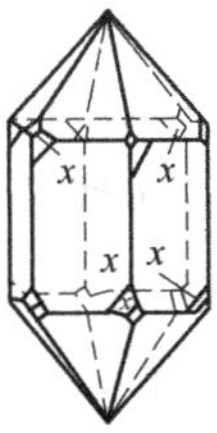 | 穿插双晶<br>（道芬双晶） | 双晶轴 //z 轴<br>结合面不规则<br>二左形或二右形晶体<br>（道芬双晶律） |
| 石英<br>$SiO_2$<br>$L^3 3L^2$ | 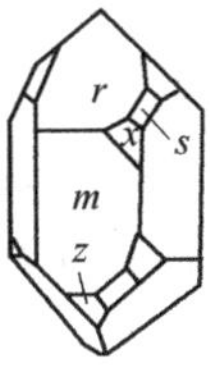 | 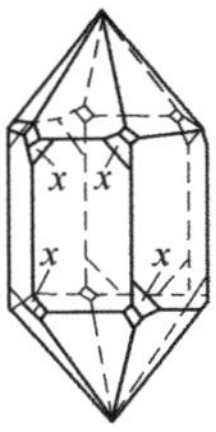 | 穿插双晶<br>（巴西双晶） | 双晶面 //（1120）<br>结合面 //（1120）<br>一左晶与一右晶<br>（巴西双晶律） |
| 正长石<br>$K[AlSi_3O_8]$<br>$L^2PC$ | 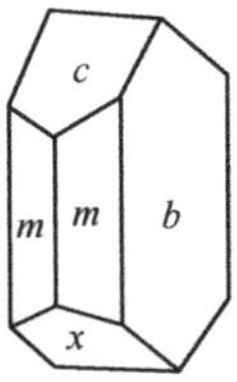 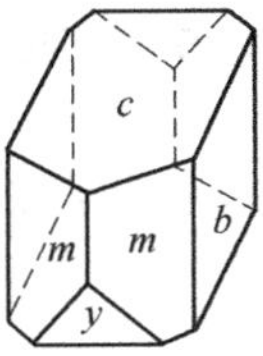 b {010} c {001}<br>m {110} x {101}<br>y {201} | 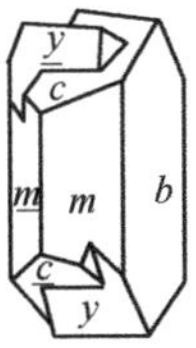 | 穿插双晶<br>（卡斯巴双晶） | 双晶轴 //z 轴<br>结合面以（010）为主<br>（卡斯巴双晶律） |
| | | 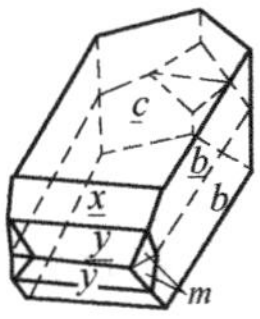 | 接触双晶<br>（曼尼巴双晶） | 双晶轴⊥（001）<br>双晶面 //（001）<br>（曼尼巴双晶律） |
| | | 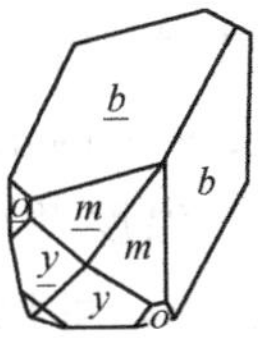 | 接触双晶<br>（巴温诺双晶） | 双晶轴⊥（021）<br>双晶面 //（021）<br>（巴温诺双晶律） |

续表

| 矿物名称成分及对称型 | 单晶的形状 | 双晶 | | |
|---|---|---|---|---|
| | | 形状 | 类型（及别名） | 双晶律 |
| 钠长石<br>Na［$AlSi_3O_8$］<br>C | | | 接触双晶<br>（钠长石双晶） | 双晶轴⊥（010）<br>双晶面//（010）<br>（钠长石双晶律） |

## 10.4.4 衍生

关于不同种类晶体之间的规则连生，在早些时期是用浮生（overgrowth）和交生（intergrowth）这两个术语来描述的。浮生和交生虽然都是指两种不同的晶体以一定的晶体学取向连生在一起（也有以浮生来描述同种晶体之间的生长关系），但之间的差别可以理解为：浮生的个体之间存在大小差别，且小晶体的形成晚于大晶体，两者生长关系表现在晶面上；而交生通常指晶体个体的差异较小，且基本是同时形成，生长关系体现在内部。

如图 10.34 是一例赤铁矿与磁铁矿之间的附生关系。个体较小的赤铁矿以（001）面附生在个体较大的磁铁矿（111）晶面上。而图 10.35 所示的则是一例交生的例子，长柱状的角闪石，穿插在普通辉石中，两者以（100）和（$\bar{1}$00）面接触而交生在一起。显然，无论是附生或者交生，两种不同晶体相接触部分的晶格都具有某种相似性。

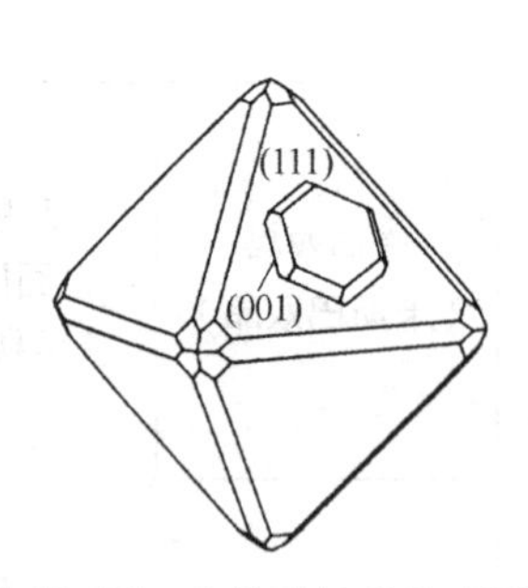


**图 10.34** 赤铁矿与磁铁矿浮生

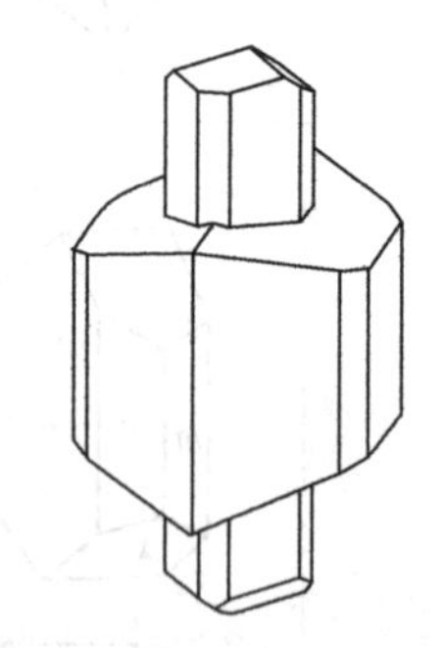

**图 10.35** 角闪石和普通辉石的交生

1977 年，国际矿物协会和国际晶体学联合会对异种晶体之间的规则取向连生术语进行了规范，这就是所谓的衍生现象，其要点如下：

（1）拓扑衍生。拓扑衍生是由于晶体固态转变或化学反应所引起的两个或两个以上的异种晶体之间的相互取向衍生。这主要是从成因角度来考虑的，最常见的固态转变是同质多象转变，即化学组成不变，但受压力、温度以及其他因素的影响，其结构可以发生改变。如板钛矿（$TiO_2$，点群 $mmm$）晶体，可以局部转化为金红石（$TiO_2$，点群 $4/mmm$），两者的 $z$ 轴一致而构成拓扑衍生。由出溶作用形成的“条纹长石”也是一种拓扑衍生。在高温条件下钾长石和钠长石形成固溶体，温度降低时，钠长石就“出溶”出来，呈透镜状形态且通常以平行（001）的方位和大的钾长石晶体嵌生在一起，两者的 $z$ 轴和（010）面均平行。方镁石和水镁石之间的相互取向连生则是由化学反应形成的拓扑衍生实例，其中方镁石（MgO）是由水镁石［$Mg(OH)_2$］脱水后形成。

（2）体衍生。即共晶格取向连生，指异种晶体之间，由于其三维晶格之间的相似性而导致的相互取向连生。体衍生实际上都出现在多型中，是一种常见的现象，一般需要通过 X 射线衍射和透射电子显微镜等才能观察到。

（3）面衍生。即共面网取向连生，指的是异种晶体之间存在性质相近的某类面网，并沿此面网两者连生在一起。图 10.36 所示的浮生，便是一例典型的面衍生，其中立方晶系碘化钠晶体的（111）面网上，$Na^+$ 按等边三角形网格排列，间距为 0.499nm；而单斜晶系白云母（001）面的 $K^+$ 也按等边三角形网格排列，间距为 0.519nm。两者的相似性使得它们可以呈面衍生体。

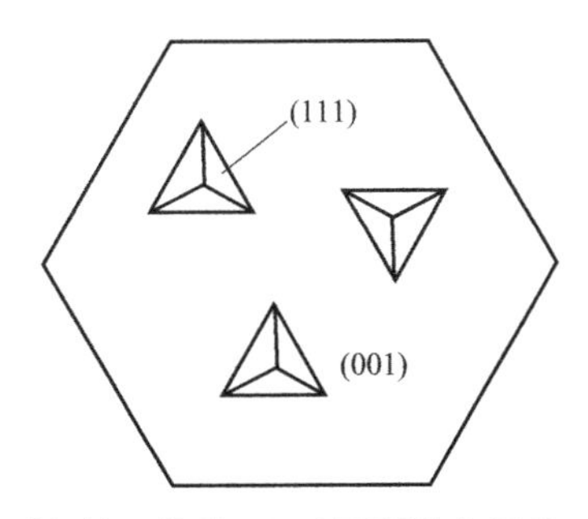


**图 10.36**　碘化钠晶体以（111）面浮生白云母（001）面之上

（4）线衍生。即共行列取向连生，如果异种晶体之间存在性质相近的某类行列，那么它们之间有可能沿此行列取向连生。但在实际晶体中，至今尚未发现有线衍生的实例。

## 习题十

1. 说明布拉维法则与 PBC 理论有什么联系和区别。
2. 论述晶面的生长速度与其面网密度之间的关系。
3. 什么是矿物的结晶习性？它有哪些含义？
4. 为什么立方晶系的晶体一般呈三向等长型晶体习性，而中级晶族晶体则往往沿 $C$ 轴方向延伸或垂直 $C$ 轴延展？
5. 双晶和平行连生有什么区别？
6. 双晶面、双晶轴、双晶结合面的含义是什么？其空间方位如何表示？
7. 双晶面为什么不能平行晶体的对称面？
8. 双晶轴为什么不能平行晶体的偶次对称轴？
9. 依据双晶个体间的连生方式，双晶可分为哪些类型？

# 第 11 章　晶体结构缺陷

通常情况下，在讨论晶体结构时，是将晶体看成无限大，并且构成晶体的每个粒子（原子、分子或离子）都是在合理的位置上，这样的理想结构中，每个结点上都有相应的粒子，没有空着的结点，也没有多余的粒子，非常规则地呈周期性排列。实际晶体是这样的吗？测试表明，与理想晶体相比，实际晶体中会有正常位置空着或空隙位置填进一个额外质点，或杂质进入晶体结构中等不正常情况，热力学计算表明，这些结构中对理想晶体偏离的晶体才是稳定的，而理想晶体实际上是不存在的。结构上对理想晶体的偏离被称为晶体缺陷。

实际晶体或多或少地存在着缺陷，这些缺陷的存在自然会对晶体的性质产生或大或小的影响。晶体缺陷不仅会影响晶体的物理和化学性质，而且还会影响发生在晶体中的过程，如扩散、烧结、化学反应等。因而掌握晶体缺陷的知识是掌握材料科学的基础。

晶体的结构缺陷按几何形态可划分为点缺陷、线缺陷、面缺陷和体缺陷，主要类型如表 11.1 所示。这些缺陷类型，在无机非金属材料中最基本和最重要的是点缺陷，也是本章的重点。

**表 11.1**　晶体结构缺陷的主要类型

<table>
<tr><th colspan="2">缺陷种类</th><th>名称</th></tr>
<tr><td rowspan="6">点缺陷</td><td>瞬变缺陷</td><td>声子</td></tr>
<tr><td>电子缺陷</td><td>电子、空穴</td></tr>
<tr><td rowspan="4">原子缺陷</td><td>空位</td></tr>
<tr><td>填隙原子</td></tr>
<tr><td>取代原子</td></tr>
<tr><td>缔合中心</td></tr>
<tr><td colspan="2">线缺陷</td><td>位错</td></tr>
<tr><td colspan="2">面缺陷</td><td>晶体表面<br>晶粒晶界</td></tr>
<tr><td colspan="2">体缺陷</td><td>孔洞和包裹物</td></tr>
</table>

# 11.1 点缺陷

研究晶体的缺陷，就是要讨论缺陷的产生、缺陷类型、浓度大小及对各种性质的影响。20 世纪 60 年代，F. A. Kroger 和 H. J. Vink 建立了比较完整的缺陷研究理论——缺陷化学理论，主要用于研究晶体内的点缺陷。点缺陷是一种热力学可逆缺陷，即它在晶体中的浓度是热力学参数（温度、压力等）的函数，因此可以用化学热力学的方法来研究晶体中点缺陷的平衡问题，这就是缺陷化学的理论基础。点缺陷理论的适用范围有一定限度，当缺陷浓度超过某一临界值［大约在 0.1%(原子分数)］时，由于缺陷的相互作用，会导致广泛缺陷（缺陷簇等）的生成，甚至会形成超结构和分离的中间相。但大多数情况下，对许多无机晶体，即使在高温下点缺陷的浓度也不会超过上述极限。

缺陷化学的基本假设：将晶体看作稀溶液，将缺陷看成溶质，用热力学的方法研究各种缺陷在一定条件下的平衡。也就是将缺陷看作是一种化学物质，它们可以参与化学反应——准化学反应，一定条件下，这种反应达到平衡状态。

## 11.1.1 点缺陷的类型

点缺陷主要是原子缺陷和电子缺陷，其中原子缺陷可以分为三种类型：

(1) 空位。在有序的理想晶体中应该被质点（原子或离子）占据的结点，现在结点位置没有被质点占据，即空着的结点。

(2) 填隙原子（或离子）。在理想晶体中原子不应占有的那些位置叫作填隙（或间隙）位置，处于填隙（或间隙）位置上的原子（或离子）就叫填隙（或间隙）原子（或离子）。

(3) 取代原子（或离子）。一种晶体结点上占据的是另一种原子。如 AB 化合物晶体中，A 原子占据了 B 结点位置，或 B 原子占据了 A 结点位置（也称错位原子）；或外来原子（杂质原子）占据在 A 结点或 B 结点上。

晶体中产生以上各种原子缺陷的基本过程有以下三种：

(1) 热缺陷过程。当晶体的温度高于 0K 时，由于晶格内原子热振动，原子的能量是涨落的，总会有一部分原子获得足够的能量离开平衡位置，造成原子缺陷，这种缺陷称为热缺陷。显然，温度越高，能离开平衡位置的原子数也越多。

晶体中常见的热缺陷有两种基本形式：弗伦克尔（Frenkel）缺陷和肖特基（Schottky）缺陷。

为简便起见，我们考虑一个二元化合物 MX 具有所对应的晶体结构，在此晶体结构中，M 的位置数和 X 的位置数之比为 1∶1，并且该化合物晶体是电中性的。这是我们以往所学习的化学物理知识所建立的。在这里，我们要重申：①由于晶体结构的特性，在缺陷形成的过程中，必须保持位置比不变，否则晶体的构造就被破坏了；②晶体是电中性的。

如果在晶格热振动时，一些能量足够大的原子离开平衡位置后，挤到晶格的间隙中，形成间隙原子，而原来位置上形成空位，这种缺陷称为弗伦克尔缺陷，如图 11.1 所示。

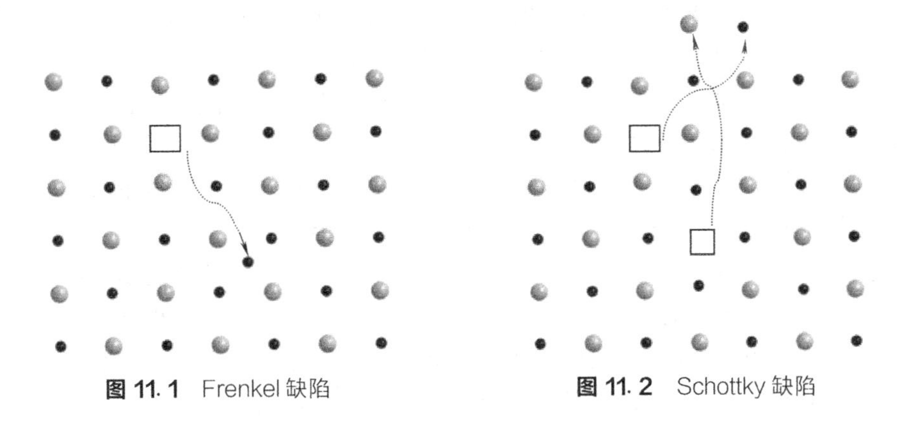

图 11.1　Frenkel 缺陷　　图 11.2　Schottky 缺陷

Frenkel 缺陷的特点是：①间隙原子和空位成对出现；②缺陷产生前后，晶体体积不变。

如果正常结点上的原子，在热起伏过程中获得能量离开平衡位且迁移到晶体的表面，在晶体内正常结点上留下一套空位，这就是 Schottky 缺陷，如图 11.2 所示。

Schottky 缺陷的特点是：①空位成套出现；②晶体的体积增加。例如 NaCl 晶体中，产生一个 $Na^{+}$空位时，要产生一个 $Cl^{-}$空位。

这两种缺陷的产生都是由于原子的热运动，所以缺陷浓度与温度有关。

(2) 杂质缺陷过程。由于外来原子进入晶体而产生缺陷，这样形成的固体称为固溶体。杂质原子进入晶体后，因与原有的原子性质不同，故它不仅破坏了原有晶体的规则排列，而且在杂质原子周围的周期势场引起改变，因此形成一种缺陷。根据杂质原子在晶体中的位置可分为间隙杂质原子及置换（或称取代）杂质原子两种。杂质原子在晶体中的溶解度主要受杂质原子与被取代原子之间性质差别控制，当然也受温度的影响，但受温度的影响要比热缺陷小。若杂质原子的价数不同，则由于晶体电中性的要求，杂质的进入会同时产生补偿缺陷。这种补偿缺陷可能是带有效电荷的原子缺陷，也可能是电子缺陷。

(3) 非化学计量过程。在无机化学等学科中学习过很多化学计量的化合物，如 NaCl、KCl、$CaCO_3$ 等。一个化学计量的晶体是怎样的呢？晶体的组成与其位置比正好相符的就是化学计量晶体；反之，如果晶体的组成与其位置比不符（即有偏离）的晶体就是非化学计量晶体。如 $TiO_2$ 晶体中 Ti 结点数与 O 结点数之比为 1∶2，且晶体中 Ti 原子数与 O 原子数之比也是 1∶2，则符合化学计量关系。而对 $TiO_{1.998}$ 来说，其化学组成 Ti∶O＝1∶1.998，$TiO_{1.998}$ 的结构仍为 $TiO_2$ 结构，结点数之比仍为 1∶2，所以，$TiO_{1.998}$ 是非化学计量晶体。

非化学计量晶体的化学组成会明显地随周围气氛的性质和压力大小的变化而变化，但当周围条件变化很大以后，这种晶体结构就会随之瓦解，而成为另一种晶体结构。非化学计量的结果往往使晶体产生原子缺陷的同时产生电子缺陷，从而使晶体的物理性质发生巨大的变化。如 $TiO_2$ 是绝缘体，但 $TiO_{1.998}$ 具有半导体性质。

电子缺陷包括晶体中的准自由电子（简称电子）和空穴。电子缺陷可以通过本征过程（晶体价带中的电子跃迁到导带中去）或原子缺陷的电离过程产生。

在无机晶体中原子按一定晶体结构周期性地排列在结点位置上，晶体中每一个电子都在带正电的原子核及其他电子所形成的周期势场中运动，电子不再束缚于某一特定原子，而是整个晶体共有的，特别是价电子的共有化是很显著的。按照固体能带理论，晶体中所有电子的能量处在不同的能带中，能带中每个能级可以容纳两个自旋相反的电子。相邻两个能带之间的一些能量，电子是不允许有的，因此相邻两个能带间的能量范围称为“禁带”。对于无机晶体，由于低能级到高能级，能带中都占满了电子，这些能带称为“满带”。能带最高的满带是由价电子能级构成的，叫作“价带”。价带上面的能带没有电子，称为“空带”。当晶体处于绝对零度时，满带中没有空能级（空的电子态），空带中也没有电子。这对应于晶体电子的有序状态。当温度升高时，价带中一些热运动能量高的电子有可能越过禁带跃迁到上面的空带中。这就偏离了电子的有序态，因此称其为电子缺陷。空带中的电子叫作自由电子，而价带中空出来的电子能级（电子态）则叫作空穴。具有自由电子的空带又叫导带。电子从价带跃迁到导带产生电子缺陷的过程称为本征过程。电子缺陷也可以通过原子缺陷的电离而产生。原子缺陷（包括空位、填隙原子和杂质原子、错位原子）处的电子态不同于无缺陷处的电子态，原子缺陷的电子能级往往会落在价带和导带之间的禁带中。若原子缺陷能级上有电子可以跃迁到导带从而产生自由电子，则这种原子缺陷称为施主，施主给出电子的过程就是施主电离过程；若原子缺陷有空的能级，可以容纳从价带跃迁上来的电子，则此原子缺陷叫作受主，受主接受从价带跃迁的电子，同时在价带中产生空穴的过程就是受主电离过程。

## 11.1.2 点缺陷化学反应表示法

既然将点缺陷看成是化学物质，点缺陷之间会发生一系列类似化学反应的缺陷化学反应。因此，我们首先要认识参与反应的缺陷符号。为讨论方便起见，目前采用得最广泛的表示方法是 Kroger-Vink 符号，它由三部分构成，如图 11.3 所示。

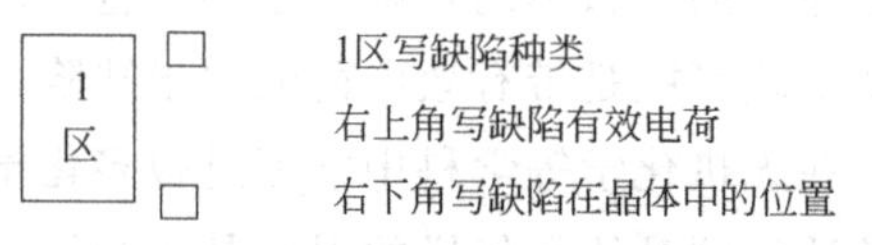


**图 11.3** Kroger-Vink 符号的表示方法

例如：$A_i$ 表示 A 原子在填隙位置上；$V_A$ 表示 A 结点位置空着；$M_A$ 表示 M 原子在 A 结点位置上；$M_i$ 表示 M 原子在填隙位置上。

关于有效电荷，Kroger 方法规定：一个处在正常位置上的离子，当它的价数与化合物的化学计量式相一致时，则它相对于晶格来说，所带电荷为零。“·”表示有效正电荷；“×”表示有效零电荷；“′”表示有效负电荷。如 NiO 晶格中，$Ni^{2+}$ 和 $O^{2-}$ 相对于晶格的有效电荷为零。如 NiO 中有部分 $Ni^{2+}$ 氧化成 $Ni^{3+}$，则这些 $Ni^{3+}$ 的有效电荷为+1；若 $Al^{3+}$、$Cr^{3+}$ 取代了 $Ni^{2+}$，则这些杂质离子的有效电荷也是+1，则该缺陷记为 $Cr_{Ni}^{\cdot}$。如果是一价阳离子（如 $Li^{+}$）取代 $Ni^{2+}$，则该缺陷的有效电荷为−1，则该缺陷记为 $Li_{Ni}^{\prime}$。

下面列举 NiO 晶体中的几种缺陷及其相应表示方法：

$Ni^{2+}$ 在 Ni 结点位置上记为 $Ni_{Ni}^{\times}$；$O^{2-}$ 在 O 结点位置上记为 $O_{O}^{\times}$；$Al^{3+}$ 在 Ni 结点位置上记为 $Al_{Ni}^{\cdot}$；$Cr^{3+}$ 在 Ni 结点位置上记为 $Cr_{Ni}^{\cdot}$；$Li^{+}$ 在 Ni 结点位置上记为 $Li_{Ni}^{\prime}$。

下面再以 MX 离子晶体（M 为二价阳离子，X 为二价阴离子）为例来说明缺陷化学符号的表示方法：

（1）晶格中的空位。用 $V_M$ 和 $V_X$ 分别表示 M 原子空位和 X 原子空位，V 表示空位缺陷类型，下标 M、X 表示原子空位所在的位置。必须注意，这种不带电的空位是表示原子空位。若 MX 是离子晶体，当 $M^{2+}$ 离开其原来结点位置时，晶体中的这一点就少了两个正电荷，因此 M 空位相对于晶格来说带两个有效负电荷，缺陷符号记为 $V''_M$。

（2）填隙原子。$M_i$ 和 $X_i$ 分别表示 M 及 X 原子处在间隙位置上。

（3）错位原子。$M_X$ 表示 M 原子占据在 X 位置上。

（4）杂质原子。$L_M$ 表示杂质 L 处在 M 位置上，$S_X$ 表示杂质 S 处在 X 位置上。例如 Ca 取代了 MgO 晶格中的 Mg 写作 $Ca_{Mg}$，Ca 若填隙在 MgO 晶格中写作 $Ca_i$。

（5）自由电子及电子空穴。导带中的自由电子带一个有效负电荷，记作 $e'$，价带中的空穴带一个有效正电荷，记作 $h^{g}$。

（6）缔合中心。一个带电的点缺陷也可能与另一个带有相反符号的点缺陷相互缔合成一组或一群，一般把发生缔合的缺陷放在括号内来表示。例如 $V''_M$ 和 $V_X^{\cdot\cdot}$ 发生缔合可记作 $V''_M V_X^{\cdot\cdot}$。

点缺陷产生和消灭的过程可以用化学反应式来表示，这种反应式的写法必须满足：

（1）质量守恒。反应式左边出现的原子、离子，也必须以同样数量出现在反应式右边。注意：空位的质量为零；电子缺陷也要保持质量守衡。

（2）电荷守恒。反应式两边的有效电荷代数和必须相等。

（3）位置关系。晶体中各种结点数的固有比例关系必须保持不变。由于晶体结构要求各种位置数有固定比例，因此反应前后，都必须保持这种比例。例如在 $\alpha$-$Al_2O_3$ 中，Al 结点与 O 结点数之比在反应前后，都必须是 2∶3。只要保持比例不变，每一种类型的位置总数可以改变。对一些常常表现为非化学计量的化合物如 $TiO_{2-\delta}$（$\delta$ 很小）也必须保持固定比例，即 Ti 结点数与 O 结点数之比为 1∶2。

缺陷化学反应式在描述材料的掺杂、固溶体的生成和非化学计量化合物的反应中都是很重要的。为了掌握上述规则在缺陷反应中的应用，现举例说明如下（对于二元化合物 MX，假定为 $M^{2+}X^{2-}$）：

（1）Schottky 缺陷。生成等量的阴离子空位和阳离子空位（相当于等量的阴、阳离子从其正常结点扩散到晶体表面），对于二元化合物 $M^{2+}X^{2-}$ 可写成：

$$0 \rightleftharpoons V_X^{\times} + V_M^{\times}\text{（0 表示无缺陷状态）} \tag{11.1}$$

进一步电离有：

$$V_M^{\times} \rightleftharpoons V''_M + 2h^{\cdot} \tag{11.2}$$

$$V_X^{\times} \rightleftharpoons V_X^{\cdot\cdot} + 2e' \tag{11.3}$$

或者

$$0 \rightleftharpoons V''_M + V_X^{\cdot\cdot} \tag{11.4}$$

（2）Frenkel 缺陷。

$$M_M^{\times} \rightleftharpoons M_i^{\times} + V_M^{\times} \tag{11.5}$$

或
$$M_M^{\times} \rightleftharpoons M_i^{\cdot\cdot} + V_M'' \tag{11.6}$$

(3) MX 变为非化学计量 $MX_{1-y}$，X 进入气相中，相应 X 结点上产生空位：

$$X_X^{\times} \rightleftharpoons V_X^{\times} + \frac{1}{2}X_2(\text{气}) \tag{11.7}$$

或
$$X_X^{\times} \rightleftharpoons V_X^{\cdot\cdot} + 2e' + \frac{1}{2}X_2(\text{气}) \tag{11.8}$$

(4) 如果有三价杂质 $F_2^{3+}X_3^{2-}$ 进入 $M^{2+}X^{2-}$，并假设 F 处于 M 位，MX 具有 Frenkel 缺陷：

$$F_2X_3 \rightleftharpoons 2F_M^{\cdot} + V_M'' + 3X_X^{\times} \tag{11.9}$$

(5) $CaCl_2$ 溶解在 KCl 中，可能有以下三种情况：①每引进一个 $CaCl_2$ 分子，同时带进二个 $Cl^-$ 和一个 $Ca^{2+}$。一个 $Ca^{2+}$ 置换一个 $K^+$，但由于引入两个 $Cl^-$，为保持原有结点数之比 K∶Cl=1∶1，必然出现一个钾空位。

$$CaCl_2 \xrightleftharpoons{KCl} Ca_K^{\cdot} + V_K' + 2Cl_{Cl}^{\times} \tag{11.10}$$

② 除上式以外，还可以考虑一个 $Ca^{2+}$ 置换一个 $K^+$，而多一个 $Cl^-$ 进入填隙位置。

$$CaCl_2 \rightleftharpoons Ca_K^{\cdot} + Cl_{Cl}^{\times} + Cl_i' \tag{11.11}$$

③ 当然，也可以考虑 $Ca^{2+}$ 进入填隙位置，而 $Cl^-$ 仍然在 Cl 位置上。为了保持电中性和位置关系，必须同时产生两个钾空位，写作：

$$CaCl_2 \rightleftharpoons Ca_i^{\cdot\cdot} + 2V_K' + 2Cl_{Cl}^{\times} \tag{11.12}$$

上面三个缺陷反应式中，KCl 表示溶剂，在反应式中也可以不写。以上三个反应式均符合缺陷反应规则，反应式两边质量平衡、电荷守恒、位置关系正确。但三个反应实际上是否都能存在呢？正确、严格判断它们的合理性需根据固溶体生成条件及固溶体研究方法用实验证实。但是可以根据离子晶体结构的一些基本知识，粗略地分析判断它们的正确性。对于式 (11.12) 的不合理性，在于离子晶体是以负离子做密堆，正离子位于密堆空隙内。既然有两个钾离子空位存在，一般 $Ca^{2+}$ 首先填充空位，而不会挤到间隙位置使晶体不稳定因素增加。而对于式 (11.11)，由于氯离子半径大，离子晶体的密堆中一般不可能挤进间隙氯离子，因而上面三个反应式以式 (11.10) 最合理。

(6) MgO 溶解到 $Al_2O_3$ 晶格内形成有限置换型固溶体，此时可以写出以下两个反应式：

$$2MgO \rightleftharpoons 2Mg_{Al}' + V_O^{\cdot\cdot} + 2O_O^{\times} \tag{11.13}$$

$$3MgO \rightleftharpoons 2Mg_{Al}' + Mg_i^{\cdot\cdot} + 3O_O^{\times} \tag{11.14}$$

以上两个反应式前一个较为合理，因为后一个反应式中 $Mg^{2+}$ 进入晶格填隙位置，这在刚玉型的离子晶体中不易发生。

### 11.1.3 热缺陷浓度计算

热缺陷是由热起伏引起的，在热平衡条件下，热缺陷多少仅与晶体所处的温度有关。

故在某一温度下，热缺陷的数目可以用热力学中自由能最小原理来进行计算。现举肖特基缺陷为例。

设构成完整的单质晶体的原子数为 $N$，在 $T$(K) 温度时形成 $n$ 个孤立空位，每个空位形成能是 $\Delta h_\nu$。相应这个过程的自由能变化为 $\Delta G$，热焓的变化为 $\Delta H$，熵的变化为 $\Delta S$，则

$$\Delta G=\Delta H-T\Delta S=n\Delta h_\nu-T\Delta S \tag{11.15}$$

其中熵的变化分为两部分：一部分是由晶体中产生缺陷所引起的微观状态数的增加而造成的，称组态熵或混合熵 $\Delta S_C$，根据统计热力学 $\Delta S_C=k\ln W$，其中 $k$ 是玻尔兹曼常数，$W$ 是热力学概率。热力学概率 $W$ 是指 $n$ 个空位在 $n+N$ 个晶格位置不同分布时排列总方式数，即

$$W=C_{N+n}^{n}=\frac{(N+n)!}{N!\ n!} \tag{11.16}$$

另一部分是振动熵 $\Delta S_\nu$，是由缺陷产生后引起周围原子振动状态的改变而造成的，它和空位相邻的晶格原子的振动状态有关，这样式（11.15）可写作：

$$\Delta G=n\Delta h_\nu-T(\Delta S_C+n\Delta S_\nu) \tag{11.17}$$

当平衡时，$\partial\Delta G/\partial n=0$。

$$\partial\Delta G/\partial n=\Delta h_\nu-T\Delta S_\nu-\frac{\mathrm{d}\ln\dfrac{(N+n)!}{N!\ n!}}{\mathrm{d}n}kT$$

当 $x\gg1$ 时，根据斯特令公式 $\ln x!=x\ln x-x$ 或 $\dfrac{\mathrm{d}\ln x!}{\mathrm{d}x}=\ln x$

$$\partial\Delta G/\partial n=\Delta h_\nu-T\Delta S_\nu-\left[\frac{\mathrm{d}\ln(N+n)!}{\mathrm{d}n}-\frac{\mathrm{d}\ln N!}{\mathrm{d}n!}-\frac{\mathrm{d}\ln n!}{\mathrm{d}n}\right]kT$$

若将括号内第一项 $\mathrm{d}n$ 改为 $\mathrm{d}(N+n)$ 再用斯特令公式得：

$$\partial\Delta G/\partial n=\Delta h_\nu-T\Delta S_\nu+kT\ln\frac{n}{N+n}=0$$

$$\frac{n}{N+n}=\exp\left[-\frac{(\Delta h_\nu-T\Delta S_\nu)}{kT}\right]=\exp\left(-\frac{\Delta G_f}{kT}\right) \tag{11.18}$$

当 $n\ll N$ 时

$$\frac{n}{N}=\exp[-\Delta G_f/(kT)] \tag{11.19}$$

式（11.19）中，$\Delta G_f$ 为缺陷形成自由焓，在此近似地将其作为不随温度变化的常数看待。

在离子晶体中若考虑正、负离子空位成对出现，此时推导式（11.19）时还需考虑正离子空位数 $n_M$ 和负离子空位数 $n_X$。在这种情况下，微观状态数由于 $n_M$、$n_X$ 同时出现，根据乘法原理（从概率论得知，两个独立事件同时发生的概率等于每个事件发生概率的乘积）：

$$W=W_MW_X \tag{11.20}$$

同样用上述方法计算可得：

$$n/N=\exp[-\Delta G_f/(2kT)] \tag{11.21}$$

式（11.21）即为热缺陷浓度与温度的关系式，同理对弗伦克尔缺陷也推得式

（11.21）的结果。在此式中，$n/N$ 表示热缺陷在总结点中所占分数，即热缺陷浓度；$\Delta G_f$ 可分别代表空位形成自由能或填隙缺陷形成自由能。式（11.21）表明，热缺陷浓度随温度升高而呈指数增加；热缺陷浓度随缺陷形成自由能升高而下降。表 11.2 是根据式（11.21）计算的缺陷浓度。当 $\Delta G_f$ 从 1eV 升到 8eV，温度由 1800℃降到 100℃时，缺陷浓度可以从百分之几降到 $1/10^{54}$。但当缺陷的生成能不太大而温度比较高时，就有可能产生相当可观的缺陷浓度。

**表 11.2** 不同温度下的缺陷浓度

| 缺陷浓度（$n/N$） | 1/eV | 2/eV | 4/eV | 6/eV | 8/eV |
|---|---|---|---|---|---|
| 100℃ | $2\times10^{-7}$ | $3\times10^{-14}$ | $1\times10^{-27}$ | $3\times10^{-41}$ | $1\times10^{-54}$ |
| 500℃ | $6\times10^{-4}$ | $3\times10^{-7}$ | $1\times10^{-13}$ | $3\times10^{-20}$ | $8\times10^{-37}$ |
| 800℃ | $4\times10^{-3}$ | $2\times10^{-5}$ | $4\times10^{-10}$ | $8\times10^{-15}$ | $2\times10^{-19}$ |
| 1000℃ | $1\times10^{-2}$ | $1\times10^{-4}$ | $1\times10^{-8}$ | $1\times10^{-12}$ | $1\times10^{-16}$ |
| 1200℃ | $2\times10^{-2}$ | $4\times10^{-4}$ | $1\times10^{-7}$ | $5\times10^{-11}$ | $2\times10^{-13}$ |
| 1500℃ | $4\times10^{-2}$ | $1\times10^{-3}$ | $2\times10^{-6}$ | $3\times10^{-9}$ | $4\times10^{-12}$ |
| 1800℃ | $6\times10^{-2}$ | $4\times10^{-3}$ | $1\times10^{-5}$ | $5\times10^{-8}$ | $2\times10^{-10}$ |
| 2000℃ | $8\times10^{-2}$ | $6\times10^{-3}$ | $4\times10^{-5}$ | $2\times10^{-7}$ | $1\times10^{-9}$ |

在同一晶体中生成弗伦克尔缺陷与肖特基缺陷的能量往往存在着很大的差别，这样就使得在某种特定的晶体中，某一种缺陷占优势。到目前为止，尚不能对缺陷形成自由能进行精确的计算。然而，形成能的大小和晶体结构、离子极化率等有关，对于具有氯化钠结构的碱金属卤化物，生成一个间隙离子加上一个空位的缺陷形成能约需 7～8eV。由此可见，在这类离子晶体中，即使温度高达 2000℃，间隙离子缺陷浓度也小到难以测量的程度。但在具有萤石结构的晶体中，有一个比较大的间隙位置，生成填隙离子所需要的能量比较低，如对于 $CaF_2$ 晶体，$F^-$ 生成弗伦克尔缺陷的形成能为 2.8eV，而生成肖特基缺陷的形成能是 5.5eV，因此在这类晶体中，弗伦克尔缺陷是主要的。一些化合物中缺陷的形成能如表 11.3 所示。

**表 11.3** 化合物中缺陷的形成能

| 化合物 | 反应 | 形成能 $\Delta G_f$/eV | 化合物 | 反应 | 形成能 $\Delta G_f$/eV |
|---|---|---|---|---|---|
| AgBr | $Ag_{Ag}^{\times} = Ag_i^{\cdot} + V_{Ag}'$ | 1.1 | $CaF_2$ | $F_F^{\times} = V_F^{\cdot} + F_i'$ | 2.3～2.8 |
| BeO | $0 = V_{Be}'' + V_O^{\cdot\cdot}$ | 约 6 | | $Ca_{Ca}^{\times} = V_{Ca}'' + Ca_i^{\cdot\cdot}$ | 约 7 |
| MgO | $0 = V_{Mg}'' + V_O^{\cdot\cdot}$ | 约 6 | | $0 = V_{Ca}'' + V_F^{\cdot}$ | 约 5.5 |
| NaCl | $0 = V_{Na}' + V_{Cl}^{\cdot}$ | 2.2～2.4 | $UO_2$ | $O_O^{\times} = V_O'' + O_i''$ | 3.0 |
| LiF | $0 = V_{Li}' + V_F^{\cdot}$ | 2.4～2.7 | | $U_U^{\times} = V_U'''' + U_i^{\cdot\cdot\cdot}$ | 约 9.5 |
| CaO | $0 = V_{Ca}'' + V_O^{\cdot\cdot}$ | 约 6 | | $0 = V_U'''' + 2V_O^{\cdot\cdot}$ | 约 6.4 |

### 11.1.4　点缺陷的化学平衡

在晶体中缺陷的产生与消失是一个动平衡的过程。缺陷的产生过程可以看成是一种化学反应过程，可用化学反应平衡的质量作用定律来处理。

(1) 弗伦克尔缺陷。弗伦克尔缺陷可以看作是正常结点离子和间隙位置反应生成间隙离子和空位的过程。可表示为：正常格点离子＋未被占据的间隙位置$\rightleftharpoons$间隙离子＋空位。

例如在 AgBr 中，弗伦克尔缺陷的生成可写成：

$$Ag_{Ag}^{\times}+V_{i}^{\times}=Ag_{i}^{\cdot}+V_{Ag}^{\prime} \tag{11.22}$$

根据质量作用定律

$$K_{F}=\frac{[Ag_{i}^{\cdot}][V_{Ag}^{\prime}]}{[Ag_{Ag}^{\times}][V_{i}^{\times}]} \tag{11.23}$$

式中，$K_F$ 为弗伦克尔缺陷反应平衡常数；$[Ag_i^{\cdot}]$ 为间隙银离子浓度。

在缺陷浓度很小时，$[V_i^{\times}]\approx[Ag_{Ag}^{\times}]\approx 1$。

$$K_{F}=[Ag_{i}^{\cdot}][V_{Ag}^{\prime}]$$

由于 $[Ag_i^{\cdot}]=[V_{Ag}^{\prime}]$，则

$$[Ag_{i}^{\cdot}]=\sqrt{K_{F}} \tag{11.24}$$

缺陷反应平衡常数与温度关系为：

$$K_{F}=K_{0}\exp[-\Delta G_{f}/(kT)]$$

$$[Ag_{i}^{\cdot}]=\sqrt{K_{0}}\exp[-\Delta G_{f}/(2kT)] \tag{11.25}$$

(2) 肖特基缺陷。肖特基缺陷和弗伦克尔缺陷之间的一个重要差别，在于肖特基缺陷的生成需要一个像晶界、位错或表面之类的晶格上无序的区域，例如在 MgO 中，镁离子和氧离子必须离开各自的位置，迁移到表面或晶界上，反应如下：

$$Mg_{Mg}^{\times}+O_{O}^{\times}=V_{Mg}^{\prime\prime}+V_{O}^{\cdot\cdot}+Mg_{S}^{\times}+O_{S}^{\times} \tag{11.26}$$

式中，$Mg_S^{\times}$ 和 $O_S^{\times}$ 表示它们位于表面或界面上。式 (11.26) 中，左边表示离子都在正常位置上，是没有缺陷的。反应以后，变成表面离子和内部空位。在缺陷反应规则中，表面位置在反应式内可以不加表示，上式可写成：

$$0=V_{Mg}^{\prime\prime}+V_{O}^{\cdot\cdot} \tag{11.27}$$

式中，0 表示无缺陷状态。

肖特基缺陷平衡常数是

$$K_{S}=[V_{Mg}^{\prime\prime}][V_{o}^{\cdot\cdot}] \tag{11.28}$$

因为 $[V_{Mg}^{\prime\prime}]=[V_O^{\cdot\cdot}]$，所以 $[V_O^{\cdot\cdot}]=K_S^{\frac{1}{2}}$

因为 $K_S=K\exp[-\Delta G_f/(kT)]$

则：$[V_O^{\cdot\cdot}]=\sqrt{K}\exp[-\Delta G_f/(2kT)]$ (11.29)

式中，$\Delta G_f$ 为肖特基缺陷形成自由能；$K$ 为常数；$k$ 为玻尔兹曼常数。

## 11.2 固溶体

固溶体是发生类质同象的晶体，普遍存在，对固溶体的研究，不仅具有理论上的意义，而且也有一定的实际价值。

凡在固态条件下，一种组分（溶剂）内“溶解”了其他组分（溶质）而形成的单一、均匀的晶态固体称为固溶体。如果固溶体是由A物质溶解在B物质中形成的，一般将原组分B称为溶剂（或称主晶相、基质），把掺杂原子或杂质称为溶质。在固溶体中不同组分的结构基元之间是以原子尺度相互混合的，这种混合并不破坏溶剂原有的晶体结构。如以$Al_2O_3$晶体中溶入$Cr_2O_3$为例，$Al_2O_3$为溶剂，$Cr^{3+}$溶解在$Al_2O_3$中以后，并不破坏$Al_2O_3$原有晶体结构。但少量$Cr^{3+}$（约0.5%～2%，质量分数）的溶入，$Cr^{3+}$能产生受激辐射，使原来没有激光性能的白宝石（$\alpha$-$Al_2O_3$）变为有激光性能的红宝石。

固溶体可以在晶体生长过程中生成，也可以从溶液或熔体中析晶时形成，还可以通过烧结过程由原子扩散而形成。

固溶体、机械混合物和化合物三者之间是有本质区别的。若单质晶体A、B形成固溶体，A和B之间以原子尺度混合成为单相均匀晶态物质。机械混合物是A和B以颗粒态混合，A和B分别保持本身原有的结构和性能，混合物不是均匀的单相而是两相或多相。若A和B形成化合物$A_mB_n$，则有固定的比例$m:n$。

固溶体中由于杂质原子占据正常结点的位置，破坏了基质晶体中质点排列的有序性，引起晶体内周期性势场的畸变，这也是一种点缺陷范围的晶体结构缺陷。

固溶体在无机固体材料中所占比重很大，人们常常采用固溶原理来制造各种新型的无机材料。例如$PbTiO_3$和$PbZrO_3$生成的锆钛酸铅压电陶瓷$Pb(Zr_xTi_{1-x})O_3$广泛应用于电子、无损检测、医疗等技术领域。又如$Si_3N_4$与$Al_2O_3$之间形成Sialon（塞隆）固溶体应用于高温结构材料等。

### 11.2.1 固溶体的分类

（1）按溶质原子在溶剂晶格中的位置划分。溶质原子进入晶体后，可以进入原来晶体中正常结点位置，生成取代（置换）型的固溶体，在无机固体材料中所形成的固溶体绝大多数都属于这种类型。在金属氧化物中，主要发生在金属离子位置上的置换。例如：MgO-CoO、MgO-CaO、$PbZrO_3$-$PbTiO_3$、$Al_2O_3$-$Cr_2O_3$等都属于此类。

MgO和CoO都是NaCl型结构，$Mg^{2+}$半径是0.072nm。这两种晶体结构相同，离子半径接近，MgO中的$Mg^{2+}$位置可以任意量被$Co^{2+}$取代，生成无限互溶的置换型固溶体，图11.4和图11.5为MgO-CoO相图及固溶体结构图。

杂质原子如果进入溶剂晶格中的间隙位置就生成填隙型固溶体。在无机固体材料中，填隙原子一般处在阴离子或阴离子团所形成的间隙中。

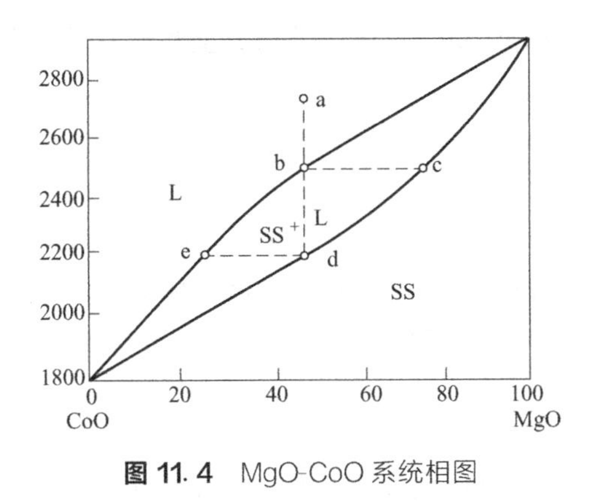

图 11.4　MgO-CoO 系统相图

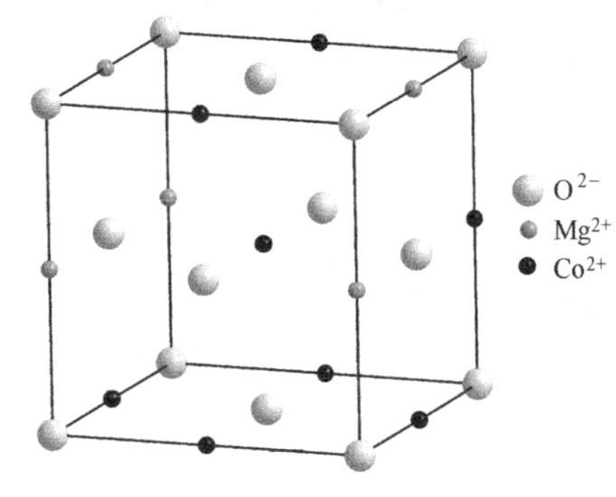

图 11.5　MgO-CoO 系统固溶体结构

（2）按溶质原子在溶剂晶体中的溶解度划分。按此原则分为连续固溶体和有限固溶体两类。连续固溶体是指溶质和溶剂可以按任意比例相互置换固溶。在 Mg[$CO_3$]-Fe[$CO_3$] 系列中，$Mg^{2+}$ 和 $Fe^{2+}$ 之间以任意比例在晶格中相互置换而组成一系列固溶体。在矿物学中，将完全同晶置换系列的两端、基本上由一种组分（称端员组分）组成的矿物，称为端员矿物，像菱镁矿 Mg[$CO_3$] 和菱铁矿 Fe[$CO_3$] 便是 Mg[$CO_3$]-Fe[$CO_3$] 系列的两个端员矿物，而铁菱镁矿 (Mg,Fe)[$CO_3$]、镁菱铁矿 (Fe,Mg)[$CO_3$] 则是它们之间的中间成员。

因此，在连续固溶体中溶剂和溶质都是相对的。在二元系统中连续固溶体的相平衡图是连续的曲线如图 11.4 是 MgO-CoO 的相图。

有限固溶体则表示溶质只能以一定的量（限量）溶入溶剂，超过这一限量即出现第二相。如在闪锌矿 ZnS 中，$Fe^{2+}$ 可以部分地置换 $Zn^{2+}$，但据有关资料报道，$Fe^{2+}$ 置换 $Zn^{2+}$ 的量一般为 Zn 原子数的 26%～30%，否则闪锌矿固有的晶格类型就不能得以保持。

例如 MgO 和 CaO 有限固溶相图如图 11.6。在 2000℃时，约有 3%(质量分数)CaO 溶入 MgO 中。超过这一限量，便出现第二相——氧化钙固溶体。从相图可以看出，溶质的溶解度和温度有关，温度升高，溶解度增加。

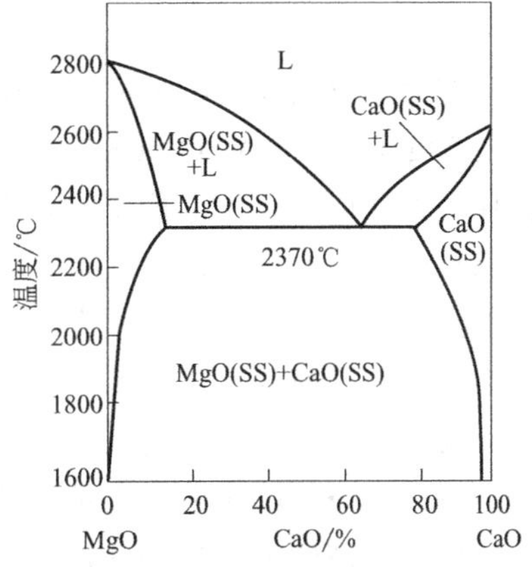

图 11.6　MgO-CaO 系统有限固溶相图

## 11.2.2　置换型固溶体

在天然矿物方镁石（MgO）中常含有相当数量的 NiO 或 FeO，$Ni^{2+}$ 和 $Fe^{2+}$ 置换晶体中 $Mg^{2+}$，生成连续固溶体。固溶体组成可以写成 $(Mg_{1-x}Ni_x)O$，$x=0\sim1$。能生成连续固溶体的实例还有：$Al_2O_3$-$Cr_2O_3$、$ThO_2$-$UO_2$、$PbZrO_3$-$PbTiO_3$ 等。除此以外，还有很多二元系统可以形成有限置换型固溶体，例如 MgO-$Al_2O_3$、MgO-CaO、$ZrO_2$-CaO 等。

置换型固溶体有连续置换和有限置换之分，但质点间同晶置换的发生不是任意的，它需要有一定的条件，主要包括离子（原子）本身的性质、晶体的结构类型和形成时的物理化学条件等三个方面：

（1）离子（原子）本身的性质主要体现在离子尺寸、离子的电价、离子类型及电负性等。

① 离子尺寸因素。在置换固溶体中，离子的大小对形成连续或有限置换型固溶体有直接的影响。从晶体稳定的观点看，相互替代的离子尺寸愈相近，则固溶体愈稳定。若以 $r_1$ 和 $r_2$ 分别代表半径大和半径小的溶剂或溶质离子的半径，经验证明一般规律如下：

$$\left|\frac{r_1-r_2}{r_1}\right|<15\% \tag{11.30}$$

当符合式（11.30）时，溶质和溶剂之间有可能形成连续固溶体，若此值在 15%～30%时，可以形成有限置换型固溶体，而此值大于 30%时，不能形成固溶体。例如，MgO-NiO 之间，$r_{Mg^{2+}}=0.072$nm，$r_{Ni^{2+}}=0.070$nm，计算得 2.8%，因而它们可以形成连续固溶体。而 CaO-MgO 之间，计算离子半径差别近于 30%，它们不易生成固溶体（仅在高温下有少量固溶）。在硅酸盐材料中多数离子晶体是金属氧化物，形成固溶体主要是阳离子之间取代，因此，阳离子半径的大小直接影响了离子晶体中正负离子的结合能，从而对置换固溶的程度和固溶体的稳定性产生影响。

② 离子的电价。固溶体产生同晶置换必须遵循电价平衡的原则，才能使晶体结构保持稳定。因此，当异价同晶置换时，电荷的平衡就起主导作用，而离子半径之间的差别却可允许有较大的范围。如云母中 $Mg^{2+}$ 置换 $Al^{3+}$，两者半径之差高达 30%仍能形成置换型固溶体。

只有离子价相同或离子价总和相等复合掺杂时才能生成连续置换型固溶体。如前面已列举的 MgO-NiO、$Al_2O_3$-$Cr_2O_3$ 等都是单一离子电价相等发生同价同晶置换形成的连续固溶体。如果取代离子电价不同，则形成异价同晶置换，若有两种以上不同离子组合起来，满足电中性取代的条件也能生成连续固溶体。

但是在异价同晶置换时，为了保持晶格中电价平衡，相互替代的离子总电荷必须相等。实现电荷平衡的方式有多种，比较常见的有：

a. 两对异价离子同时置换，如斜长石中，$Ca^{2+}\rightarrow Na^{+}$ 的同时有 $Al^{3+}\rightarrow Si^{4+}$，即以 $Ca^{2+}+Al^{3+}\longleftrightarrow Na^{+}+Si^{4+}$ 成对置换的方式使总电价相等。

b. 电阶较高的离子与数量较多的低价离子相互置换。例如云母中 $3Mg^{2+}\longleftrightarrow 2Al^{3+}$；绿柱石中 $Li^{+}+Cs^{+}\longleftrightarrow Be^{2+}$；霞石中 $2Na^{+}\longleftrightarrow Ca^{2+}$ 等。

c. 较高价阳离子置换较低价阳离子时，过剩的正电荷为较高价的阴离子置换较低价的阴离子后而多余的负电荷所补偿。例如磷灰石中，$Ce^{3+}\rightarrow Ca^{2+}$ 的同时，$O^{2}\rightarrow F^{-}$，即 $Ce^{3+}+O^{2-}\rightarrow Ca^{2+}+F^{-}$。当相互置换的离子数目不等时，在保证晶格类型不变的前提下，晶体的结构会与理想的结构有所不同。如果置换后增加了离子数目，晶格中就会有额外的离子占位，这种情况只有在晶格中有较大的空隙时才能出现，如绿柱石 $Be_3Al_2[Si_6O_{18}]$ 中，$Li^{+}+Cs^{+}\longleftrightarrow Be^{2+}$ 后，额外增加的阳离子充填在硅氧四面体环的巨大空隙中。相反，若置换后的离子数目减少了，晶格中就会出现空位。

③ 离子类型。质点同晶置换时不能改变晶体的键性，而离子或原子结合时的键性与它们的最外层电子的构型有关。一般说来，惰性气体型离子在化合物中基本以离子键结

合，而铜型离子则以共价键为主。显然这两类离子之间是难以发生同晶置换的。例如$Ca^{2+}$与$Hg^{3+}$配位数为6时的离子半径分别为0.108nm和0.110nm，两者非常接近，但因离子类型不同，迄今在矿物中尚未发现它们同晶置换的实例。

④ 电负性。离子电负性对固溶体及化合物的生成有很大的影响。电负性相近，有利于固溶体的生成，电负性差别大，倾向于生成化合物。

达肯（Darkon）等曾将电负性和离子半径分别作坐标轴，取溶质与溶剂半径之差为±15%作为椭圆的一个横轴，又取电负性差±0.4为椭圆的另一个轴，画一个椭圆。发现在这个椭圆之内的系统，65%具有很大的固溶度，而椭圆外有85%系统固溶度小于5%。因此，电负性之差在±0.4之内也是衡量固溶度大小的一个条件。

（2）晶体的结构类型。能否形成连续固溶体，晶体结构类型是十分重要的。二元系统如MgO-NiO、$Al_2O_3$-$Cr_2O_3$、$Mg_2SiO_4$-$Fe_2SiO_4$、$ThO_2$-$UO_2$等，都能形成连续固溶体，其主要原因之一是这些二元系统中两个组分具有相同的晶体结构类型。又如$PbZrO_3$-$PbTiO_3$系统中，$Zr^{4+}$与$Ti^{4+}$半径分别为0.072nm和0.061nm，$(0.072-0.061)/0.072=15.28>15\%$，但由于相变温度以上，任何锆钛比情况下，立方晶系的结构是稳定的，虽然半径之差略大于15%，但它们之间仍能形成连续置换型固溶体$Pb(Zr_xTi_{1-x})O_3$。

又如$Fe_2O_3$和$Al_2O_3$两者的半径差为18.4%，虽然它们都有刚玉型结构，但它们也只能形成有限置换型固溶体。但是在复杂构造的柘榴子石$Ca_3Al_2(SiO_4)_3$和$Ca_3Fe_2(SiO_4)_3$中，它们的晶胞比刚玉晶胞大八倍，对离子半径差的宽容性就提高，因而在柘榴子石中$Fe^{3+}$和$Al^{3+}$能连续置换。

除上述外，置换型固溶体发生同晶置换的难易还受到能量效应的制约。实际情况表明，晶体与同种化学成分的气体、液体相比，以晶体的内能最小。显然，相互远离的质点，当它们彼此靠近结合成晶体时，必定要释放出多余的能量，这个能量即所谓的晶格能。而一个离子从自由状态进入晶格时，它释放的能量称为该离子的能量系数。在其他条件相似的情况下，由能量系数大的离子去置换能量系数小的离子形成置换型固溶体时，有利于降低晶格的内能。因此，这样的置换就容易发生。反之，若由能量系数小的离子去置换能量系数大的离子，这样的置换必然导致晶格内能的增加，甚至使原有晶格破坏。所以，这样的同晶置换就难以形成。离子的能量系数与离子电价的平方成正比，与半径成反比。即半径相似的离子，高价离子的能量系数比低价离子的大。故在异价同晶置换时，沿着周期表的对角线方向上一般都是右下方的高价阳离子置换左上方的低价阳离子，如表11.4中的箭头所示，这一规律称为异价同晶置换的对角线法则。表11.4中元素符号的角标数字为阳离子与氧或氟结合时配位数为6的离子半径值。离子的电价与各自所属的族数相一致。

**表11.4** 异价同晶置换的对角线法则

| Ⅰ | Ⅱ | Ⅲ | Ⅳ | Ⅴ | Ⅵ | Ⅶ |
|---|---|---|---|---|---|---|
| $Li_{0.82}$ | | | | | | |
| $Na_{1.10}$ | $Mg_{0.80}$ | $Al_{0.61}$ | | | | |
| $K_{1.46}$ | $Ca_{1.08}$ | $Sc_{0.83}$ | $Ti_{0.69}$ | | | |
| $Rb_{1.57}$ | $Sr_{1.21}$ | $Y_{0.98}$ | $Zr_{0.80}$ | $Nb_{0.72}$ | $Mo_{0.68}$ | |
| $Cs_{1.78}$ | $Ba_{1.44}$ | $La_{1.13-0.94}$ | $Hf_{0.79}$ | $Ta_{0.72}$ | $W_{0.58}$ | $Re_{0.65}$ |

(3) 影响置换型固溶体产生的外部条件，最主要的是晶体结晶时所处的温度、压力和溶液或熔体中组分的浓度。

在外部条件中，温度对同晶置换的影响最为明显。总的规律是：高温条件下有利于同晶置换的形成，温度下降则同晶置换不易发生，甚至已经形成的置换型固溶体发生分离。例如 $K[AlSi_3O_8]$ 和 $Na[AlSi_3O_8]$，由于 $K^+$ 和 $Na^+$ 的离子半径相差很大，只有在高温下两者才可以混溶，形成连续型固溶体，但到低温时，两种组分即发生分离，分别结晶成钾长石和钠长石。在硫化物中也有类似情况，例如沿闪锌矿解理分布的乳滴状黄铜矿就是同晶置换分离的一种产物。

压力对置换型固溶体的影响尚不十分清楚。一般认为，当温度一定时，压力增大，既可限制同晶置换的数量，又能促使置换型固溶体发生分离。

关于组分浓度对置换型固溶体的影响，可由定比定律和倍比定律来说明。晶体中各种组分之间是有一定数量比的，当某种晶体从溶液中或熔体中结晶时，介质中性质与某组分相近的另一组分来“置换”，形成置换型固溶体。例如磷灰石 $Ca_6(PO_4)_3(F,Cl)$ 在形成时，若介质中 $Ca^{2+}$ 的数量不足，其不足部分则由性质与 $Ca^{2+}$ 相似的 $Ce^{3+}$ 等呈同晶置换进入晶格补偿 $Ca^{2+}$ 的不足。这种同晶置换特称为补偿同晶置换。

## 11.2.3 置换型固溶体中的“补偿缺陷”

置换型固溶体可以有等价置换和不等价置换之分，在不等价置换的固溶体中，为了保持晶体的电中性，必然会在晶体结构中产生“补偿缺陷”。即在原来结构的结点位置产生空位，也可能在原来填隙位置嵌入新的质点，还可能产生补偿的电子缺陷。这种补偿缺陷与热缺陷是不同的。热缺陷的产生是由晶格的热振动引起的。而“补偿缺陷”仅发生在不等价置换固溶体中，其缺陷浓度取决于掺杂量（溶质数量）和固溶度。不等价离子化合物之间只能形成有限置换型固溶体，由于它们的晶格类型及电价均不同，因此它们之间的固溶度一般仅百分之几。

现在以焰熔法制备尖晶石单晶为例。用 MgO 与 $Al_2O_3$ 熔融拉制镁铝尖晶石单晶往往得不到纯尖晶石，而生成“富铝尖晶石”，此时尖晶石中 $MgO:Al_2O_3<1:1$，即“富铝”，由于尖晶石与 $Al_2O_3$ 形成固溶体时存在着 $2Al^{3+}=3Mg^{2+}$，其缺陷反应式如下：

$$4Al_2O_3 \xrightarrow{MgAl_2O_4} 2Al_{Mg}^{\cdot}+V_{Mg}''+6Al_{Al}^{\times}+12O_O^{\times} \tag{11.31}$$

为保持晶体电中性，结构中出现阳离子（镁离子）空位。如果把 $Al_2O_3$ 的化学式改写为尖晶石形式，则应为 $Al_{8/3}O_4=Al_{2/3}Al_2O_4$。可将富铝尖晶石固溶体的化学式表示为 $[Mg_{1-x}(V_{Mg}'')_{\frac{1}{3}x}Al_{\frac{2}{3}x}]Al_2O_4$，或写作 $[Mg_{1-x}Al_{\frac{2}{3}x}]Al_2O_4$。当 $x=0$ 时，上式即为尖晶石 $MgAl_2O_4$；若 $x=1$，$Al_{2/3}Al_2O_4$，即为 $\alpha$-$Al_2O_3$；若 $x=0.3$，$(Mg_{0.7}Al_{0.2})Al_2O_4$，这时结构中阳离子空位占全部阳离子的 0.1/3.0=1/30，即每 30 个阳离子位置中有一个是空位。类似这种固溶的情况还有 $MgCl_2$ 固溶到 LiCl 中，$Fe_2O_3$ 固溶到 FeO 中及 $CaCl_2$ 固溶到 KCl 中等。

不等价置换固溶体中，还可以出现阴离子空位。例如，CaO 加入 $ZrO_2$ 中，其缺陷反应表示为：

$$CaO \xrightarrow{ZrO_2} Ca''_{Zr} + V_O^{\cdot\cdot} + O_O^{\times} \tag{11.32}$$

此外，不等价置换还可以形成阳离子或阴离子填隙的情况，现将不等价置换固溶体中可能出现的四种“补偿缺陷”归纳如下：

高价置换低价：

- 阳离子空位补偿 $Al_2O_3 \xrightarrow{MgO} 2Al_{Mg}^{\cdot} + V''_{Mg} + 3O_O^{\times}$
- 阴离子填隙补偿 $Al_2O_3 \xrightarrow{MgO} 2Al_{Mg}^{\cdot} + O''_i + 2O_O^{\times}$
- 自由电子补偿 $La_2O_3 \xrightarrow{BaTiO_3} 2La_{Ba}^{\cdot} + 2e' + 2O_O^{\times} + \frac{1}{2}O_2\uparrow$

高价离子置换低价离子，产生带有效正电荷的杂质缺陷，补偿缺陷带负电荷。

低价置换高价：

- 阴离子空位补偿 $CaO \xrightarrow{ZrO_2} Ca''_{Zr} + V_O^{\cdot\cdot} + O_O^{\times}$
- 阳离子填隙补偿 $2CaO \xrightarrow{ZrO_2} Ca''_{Zr} + Ca_i^{\cdot\cdot} + 2O_O^{\times}$
- 空穴补偿 $Li_2O + \frac{1}{2}O_2 \xrightarrow{NiO} 2Li'_{Ni} + 2h^{\cdot} + 2O_O^{\times}$

低价离子置换高价离子，产生带有效负电荷的杂质缺陷，补偿缺陷带正电荷。

以空位补偿的固溶体一般也称空位型固溶体，同样，填隙补偿的称填隙型固溶体。在具体的系统中，究竟出现哪一种“补偿缺陷”，与固溶体生成时的热力学条件即温度、气氛有关。例如 CaO 溶入 $ZrO_2$ 在较低温度下（1600℃）形成氧空位补偿，在更高的温度下（1800℃）就可能出现 $Ca_i^{\cdot\cdot}$ 补偿。阴离子进入间隙位置一般较少，因其半径大，形成填隙使晶体内能增大而不稳定。萤石结构是例外。补偿缺陷的形式一般必须通过实验测定来确证。

利用不等价置换产生“补偿缺陷”，其目的是满足制造不同材料的需要，由于产生空位或填隙使晶格显著畸变，从而使晶格活化。材料制造工艺上常利用这个特点来降低难熔氧化物的烧结温度。如 $Al_2O_3$ 外加 1%～2% $TiO_2$，使烧结温度降低近 300℃。又如 $ZrO_2$ 材料中加入少量 CaO 作为晶型转变稳定剂，使 $ZrO_2$ 晶型转化时体积效应减少，提高了 $ZrO_2$ 材料的热稳定性。

在半导体材料的制造中，则普遍利用不等价掺杂产生补偿电子缺陷，形成 n 型半导体（施主掺杂）或 p 型半导体（受主掺杂）。

### 11.2.4 填隙型固溶体

若杂质原子比较小，它们能进入晶格的间隙位置内，这样形成的固溶体称为填隙型固溶体。

形成填隙型固溶体的条件如下：

(1) 溶质原子的半径小或溶剂晶格结构空隙大，容易形成填隙型固溶体。例如面心立方格子结构的 MgO，只有四面体空隙可以利用，而在 $TiO_2$ 晶格中还有八面体空隙可以利用；在 $CaF_2$ 型结构中则有配位数为 8 的较大空隙存在。再如架状硅酸盐片沸石结构中的空隙就更大。所以在以上这几类晶体中形成填隙型固溶体的次序必然是沸石＞$CaF_2$＞$TiO_2$＞MgO。

(2) 形成填隙型固溶体也必须保持结构中的电中性，一般可以通过形成空位或补偿电子缺陷，以及复合阳离子置换来达到。例如硅酸盐结构中嵌入 $Be^{2+}$、$Li^{+}$ 等离子时，正电荷的增加往往被结构中 $Al^{3+}$ 替代 $Si^{4+}$ 所平衡：$Be^{2+}+2Al^{3+}=2Si^{4+}$。

现举常见的填隙型固溶体实例：

① 原子填隙。金属晶体中，原子半径较小的 H、C、B 元素易进入晶格填隙位置中形成填隙型固溶体。钢就是碳在铁中的填隙型固溶体。

② 阳离子填隙。CaO 加入 $ZrO_2$ 中，当 CaO 加入量小于 0.15%时，在 1800℃高温下发生下列反应：

$$2CaO \xrightarrow{ZrO_2} Ca_{Zr}'' + Ca_i^{\cdot\cdot} + 2O_O^{\times} \tag{11.33}$$

③ 阴离子填隙。将 $YF_3$ 加入 $CaF_2$ 中，形成 $(Ca_{1-x}Y_x)F_{2+x}$ 固溶体，其缺陷反应式为：

$$YF_3 \xrightarrow{CaF_2} Y_{Ca}^{\cdot} + F_i' + 2F_F^{\times} \tag{11.34}$$

这些不同种类的固溶体，实际上反映了物质结晶时，其晶体结构中原有离子或原子的配位位置被介质中部分性质相似的它种离子或原子所占有，共同结晶成均匀的、呈单一相的晶体，但不引起键性和晶体结构质变。

## 11.2.5 固溶体的性质

固溶体是含有杂质原子（或离子）的晶体，这些杂质原子（或离子）的进入使基质晶体的性质（晶格常数、密度、电性能、光学性能、力学性能等）可能发生很大变化，这就为新材料的研究和开发提供了一个广阔的领域。

(1) 固溶体的物理性质。

① 晶胞参数。固溶体的晶胞尺寸随其组成而连续变化。例如，对于立方结构的晶体，晶胞参数与固溶体组成的关系可以表示为：

$$(a_{ss})^n=(a_1)^nC_1+(a_2)^nC_2 \tag{11.35}$$

式中，$a_{ss}$、$a_1$、$a_2$ 分别为固溶体、溶质、溶剂的晶胞参数；$C_1$、$C_2$ 分别为溶质、溶剂的浓度；$n$ 为描述变化程度的一个任意幂。

利用固溶体的晶格常数与组成间的这种关系，可以对未知组成的固溶体进行定量分析。

② 电性能。固溶体的电性能随杂质浓度呈连续变化，应用这一特点，现在制造出了有各种奇特性能的电子陶瓷材料，尤其是在压电陶瓷中，这一性能应用得最为广泛。

$PbTiO_3$ 是一种铁电体，纯的 $PbTiO_3$ 陶瓷，烧结性能极差，在烧结过程中晶粒长得很大，晶粒之间结合力很差，居里点为 490℃，发生相变时伴随着晶格常数的剧烈变化。一般在常温下发生开裂，所以没有纯的 $PbTiO_3$ 陶瓷。$PbZrO_3$ 是反铁电体，居里点约 230℃。$PbTiO_3$ 和 $PbZrO_3$ 两者都不是性能优良的压电陶瓷，但它们两者结构相同，$Zr^{4+}$ 与 $Ti^{4+}$ 尺寸差不多，可生成连续固溶体 $Pb(Zr_xTi_{1-x})O_3$，$x=0\sim1$。随着组成的不同，在常温下有不同晶体结构的固溶体，而在斜方铁电体和四方铁电体的边界组成 $Pb(Zr_{0.54}Ti_{0.46})O_3$ 处，压电性能、介电常数都达到最大值，从而得到了优于纯 $PbTiO_3$

和 $PbZrO_3$ 的压电陶瓷材料，称为 PZT，其烧结性能也很好。也正是利用了固溶体的特性，在 $PbZrO_3$-$PbTiO_3$ 二元系统的基础上又发展了三元系统、四元系统的压电陶瓷。在 $PbZrO_3$-$PbTiO_3$ 系统中发生的是等价取代，因此对它们的介电性能影响不大，在不等价的取代中，引起材料的绝缘性能的重大变化，可以使绝缘体变成半导体，甚至导体，而且它们的导电性能是与杂质缺陷浓度成正比的。

③ 光学性能。可以利用掺杂来调节和改变晶体光学性能。例如，各种人造宝石全部都是固溶体，它们的主晶体一般是 $Al_2O_3$（也有的是 $MgAl_2O_4$、$TiO_2$ 等），$Al_2O_3$ 单晶是无色透明的，通过加入不同着色剂与 $Al_2O_3$ 生成固溶体，能形成各种颜色的宝石。

纯净的 $Al_2O_3$ 单晶是无色透明的，称白宝石。利用 $Cr_2O_3$ 能与 $Al_2O_3$ 生成无限固溶体的特性，可获得红宝石和淡红宝石。$Cr^{3+}$ 能使 $Al_2O_3$ 变成红色的原因与 $Cr^{3+}$ 造成的电子结构缺陷有关。在材料中，引进价带和导带之间产生能级的结构缺陷，可以影响离子材料和共价材料的颜色。在 $Al_2O_3$ 中，由少量的 $Ti^{3+}$ 取代 $Al^{3+}$，使蓝宝石呈现蓝色；少量 $Cr^{3+}$ 取代 $Al^{3+}$ 呈现作为红宝石特征的红色。红宝石强烈地吸收蓝紫色光线，随着 $Cr^{3+}$ 浓度的不同，由浅红色到深红色。$Cr^{3+}$ 在红宝石中是点缺陷，其能级位于 $Al_2O_3$ 的价带与导带之间，能级间距正好可以吸收蓝紫色光线而发射红色光线。红宝石除了作为装饰用之外，还广泛地作为手表的轴承材料（即所谓钻石）和激光材料。

利用添加杂质离子可以对陶瓷的透光性能进行调节或改变。例如，在 PZT 中加入少量的氧化镧 $La_2O_3$ 生成 PLZT 陶瓷，为一种透明的压电陶瓷材料，开辟了电光陶瓷的新领域。在纯 $Al_2O_3$ 中添加 0.3%～0.5%的 MgO，在氢气气氛保护下，在 1750℃左右烧成得到透明 $Al_2O_3$ 陶瓷。之所以可得到 $Al_2O_3$ 透明陶瓷，就是由于 $Al_2O_3$ 与 MgO 形成固溶体的缘故，MgO 杂质的存在，阻碍了晶界的移动，使气孔容易消除，从而得到透明 $Al_2O_3$ 陶瓷。

④ 机械强度和韧性。可以通过杂质的加入来提高材料的强度和改善材料的断裂韧性。例如钢中的马氏体是一种碳和铁形成的固溶体，铁原子做体心立方排列，碳原子择优占据 $c$ 轴上八面体的间隙位置，含碳量越高，长轴 $c$ 与短轴 $a$ 的比值越大，马氏体的强度和硬度也随碳含量的增加而升高。

耐高温氧化物 $ZrO_2$ 在 1200℃产生多晶转变，伴随明显的体积效应，易形成裂纹造成开裂，这对高温结构材料是致命的，可在 $ZrO_2$ 中添加少量 CaO 或 $Y_2O_3$，形成完全稳定的立方 $ZrO_2$，从而改善其断裂韧性，并获得优良的耐高温性能。

(2) 固溶强化作用。固溶体的强度与硬度往往高于各组元，而塑性则较低，这种现象称为固溶强化。强化的程度或效果不仅取决于它的成分，还取决于固溶体的类型、结构特点、固溶度、组元原子半径差等一系列因素。现将固溶强化的特点和规律概述如下。

间隙型溶质原子的强化效果一般要比置换型溶质原子更显著。这是因为间隙型溶质原子往往择优分布在位错线上，形成间隙原子“气团”，将位错牢牢地钉扎住，从而造成强化。相反，置换型溶质原子往往均匀分布在点阵内，虽然由于溶质和溶剂原子尺寸不同，造成点阵畸变，从而增加位错运动的阻力，但这种阻力比间隙原子气团的钉扎力小得多，因而强化作用也小得多。

显然，溶质和溶剂原子尺寸相差越大或固溶度越小，固溶强化越显著。但是也有些置换型固溶体的强化效果非常显著，并能保持到高温。这是由于某些置换型溶质原子在这种固溶体中有特定的分布。例如在面心立方的18Cr-ANi不锈钢中，合金元素镍往往择优分布在{111}面上的扩展位错层错区，使位错的运动十分困难。固溶强化在实验中经常见到，如铂、铑单独做热电偶材料使用，熔点为1450℃，而将铂铑合金做其中的一根热电偶，铂做另一根热电偶，熔点为1700℃，若两根热电偶都用铂铑合金而只是铂铑比例不同，熔点达2000℃以上。

(3) 活化晶格，促进烧结。物质间形成固溶体时，由于晶体中出现了缺陷，晶格结构有一定的畸变而处于高能量的活化状态，从而促进扩散、固相反应、烧结等过程的进行。$Al_2O_3$陶瓷是使用非常广泛的一种陶瓷，它的硬度大、强度高，耐磨、耐高温、抗氧化、耐腐蚀，可用于高温热电偶保护管、机械轴承、切削工具、导弹鼻锥体等中，但其熔点高达2050℃，依泰曼温度可知，很难烧结。而形成固溶体后则可大大降低烧结温度。加入3%$Cr_2O_3$形成置换型固溶体，可在1860℃烧结；加入1%～2%$TiO_2$，形成空位型固溶体，只需在1600℃即可烧结致密化。

$Si_3N_4$也是一种性能优良的材料，某些性能优于$Al_2O_3$，但因$Si_3N_4$为共价化合物，很难烧结。然而β-$Si_3N_4$与$Al_2O_3$在1700℃可以固溶形成置换固溶体，即生成$Si_{6-0.5x}Al_{0.67x}O_xN_{8-x}$，晶胞中被氧取代的数目最大为6，此材料即为塞隆材料，其烧结性能好，且具有很高的机械强度。

PLZT可用热压烧结或在高PbO气氛下通氧烧结而达到透明。为什么PZT用一般烧结方法达不到透明，而PLZT能透明呢？关键在于消除气孔，就可以达到透明或半透明。烧结过程中气孔的消除主要靠扩散。在PZT中，因为是等价取代的固溶体，因此扩散主要依赖于热缺陷，而在PLZT中，由于不等价取代，$La^{3+}$取代A位的$Pb^{2+}$，为了保持电中性，不是在A位，便是在B位必须产生空位，或者在A位和B位都产生空位。这样PLZT主要将通过杂质引入的空位而扩散。这种空位的浓度要比热缺陷浓度高出许多数量级。对于扩散，扩散系数与缺陷浓度成正比，由于扩散系数的增大，加速了气孔的消除，这是在同样有液相存在的条件下，PZT不透明，而PLZT透明的根本原因。

(4) 稳定晶格，阻止某些晶型转变。形成固溶体往往还能阻止某些晶型转变的发生，所以有稳定晶格的作用。

在水泥生产中为阻止熟料中的β-$C_2S$向γ-$C_2S$转化，常加入少量$P_2O_5$、$Cr_2O_3$等氧化物作为稳定剂，这些氧化物和β-$C_2S$形成固溶体，以阻止其向γ-$C_2S$转变。

### 11.2.6 固溶体的研究方法

固溶体的生成可以用各种相分析手段和结构分析方法进行研究，因为不论何种类型的固溶体，都将引起结构上的某些变化及反映在性质上的相应变化（如密度和光学性能等）。但是，最本质的方法是用X射线结构分析测定晶胞参数，并辅以有关的物性测试，以此来测定固溶体及其组分、鉴别固溶体的类型等。

在盐类的二元系统中，等价置换固溶体晶胞参数的变化服从维加（Vegard）定律，即固溶体的晶胞参数$a$和外加溶质的浓度$c$呈线性关系。但是，在不少无机非金属材料中，并不能很好地符合维加定律。因此，固溶体类型主要通过测定晶胞参数并计算出固溶体的密度和由实验精确测定的密度数据对比来判断。

若 $D$ 表示实验测定的密度值，$D_0$ 表示计算的密度值，则

$$D_0=\sum_{i=1}^{n} g_i/V \tag{11.36}$$

式中，$g_i$ 为单位晶胞内第 $i$ 种原子（离子）的质量，g；$V$ 为单位晶胞的体积，$cm^3$。

$$g_i=\frac{(\text{原子数目})_i(\text{占有因子})_i(\text{原子质量})_i}{\text{阿佛伽德罗常数}} \tag{11.37}$$

$$\sum_{i=1}^{n} g_i=g_1+g_2+g_3+\cdots+g_n \tag{11.38}$$

对于立方晶系，$V=a^3$；六方晶系 $V=\frac{\sqrt{3}}{2}a^2c$ 等。现举例说明。

CaO 外加到 $ZrO_2$ 中生成置换型固溶体。在 1600℃，该固溶体具有萤石结构，属立方晶系。经 X 射线分析测定，当溶入 0.15 分子 CaO 时，晶胞参数 $a=0.513$nm，实验测定的密度值为 $D=5.477g/cm^3$。对于 CaO-$ZrO_2$ 固溶体，从满足电中性要求看，可以写出两个固溶方程：

$$CaO\xrightarrow{ZrO_2}Ca''_{Zr}+V_O^{\cdot\cdot}+O_O^{\times} \tag{11.39}$$

$$2CaO\xrightarrow{ZrO_2}Ca''_{Zr}+Ca_i^{\cdot\cdot}+2O_O^{\times} \tag{11.40}$$

究竟上两式哪一种正确，它们之间形成何种补偿缺陷，可从计算和实测固溶体密度的对比来确定。

已知萤石结构中每个晶胞应有 4 个阳离子和 8 个阴离子。当 0.15 分子 CaO 溶入 $ZrO_2$ 中时，设形成氧离子空位固溶体，则固溶式可表示为 $Zr_{0.85}Ca_{0.15}O_{1.85}$，按此式求 $D_0$。

$$\sum_{i=1}^{n} g_i=\frac{4\times0.85\times91.22+4\times0.15\times40.08+8\times\frac{1.85}{2}\times16}{6.02\times10^{23}}=75.18\times10^{-23}\text{g}$$

$$V=a^3=(0.513\times10^{-7})^3=135.1\times10^{-24}(\text{cm}^3)$$

$$D_0=\frac{75.18\times10^{-23}}{135.1\times10^{-24}}=5.564(\text{g/cm}^3)$$

和实验值 $D=5.477g/cm^3$ 相比，仅差 $0.087g/cm^3$，是相当一致的。这说明在 1600℃时，式（11.39）是合理的，化学式 $Zr_{0.85}Ca_{0.15}O_{1.85}$ 是正确的。图 11.7 表示了按不同固溶体类型计算和实测的结果。图 11.7(a) 曲线表明：在 1600℃时，每添加一个 $Ca^{2+}$ 就引入一个氧空位，形成缺位固溶体。但当温度升高到 1800℃急冷后所测得的密度和计算值比较，从图 11.7(b) 可以看出，当 CaO 含量较少时，发现该固溶体是阳离子填隙的形式，缺陷的类型随着组成而发生明显的变化。从图 11.7 可以看出，对于两种不同类型的固溶体，密度值有很大不同，用对比密度值的方法可以很准确地定出固溶体的类型。

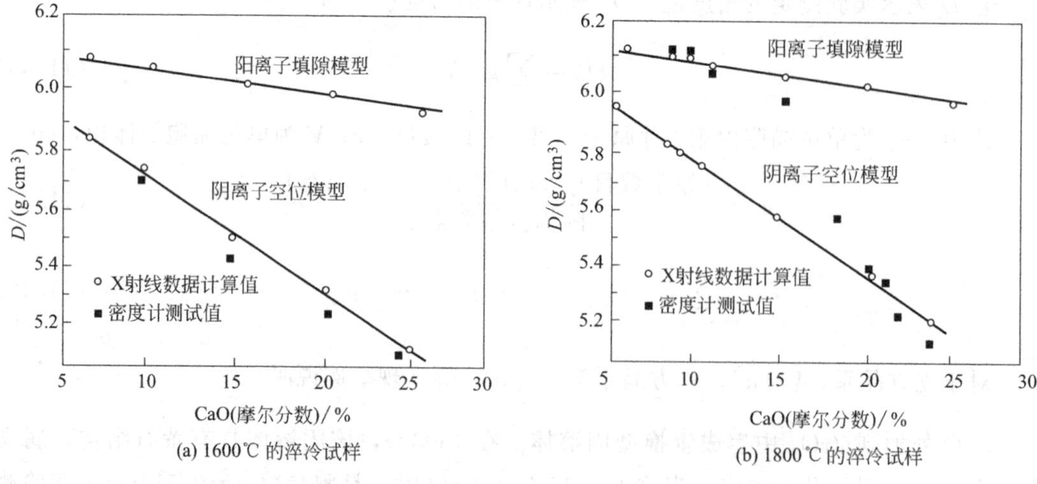


**图 11.7** 添加 CaO 的 $ZrO_2$ 固溶体的密度与 CaO 含量的关系

# 11.3 非化学计量化合物

在普通化学中，定比定律认为，化合物中不同原子的数量要保持固定的比例。但实际的化合物，有一些并不符合定比定律，即分子中各元素的原子数比例并不是一个简单的固定比例关系。这些化合物称为非化学计量化合物（nonstoichiometric compounds）。形成非化学计量过程也是晶体中产生点缺陷的重要机制之一。点缺陷伴随非化学计量现象而生成的情形分述如下。

## 11.3.1 阴离子空位型

从化学计量观点看，在 $TiO_2$ 晶体中，Ti∶O＝1∶2。但若处于低氧分压气氛（还原气氛）中，晶体中的氧可以逸出到大气中，这时晶体中出现氧空位，使金属离子与化学式比较显得过剩，则化学式可写成 $TiO_{2-x}$。阴离子空位型晶体中，空位和周围离子的关系如图 11.8 所示。从化学观点看，缺氧的 $TiO_2$ 可以看作是四价钛和三价钛氧化物的固溶体，其缺陷反应如下：

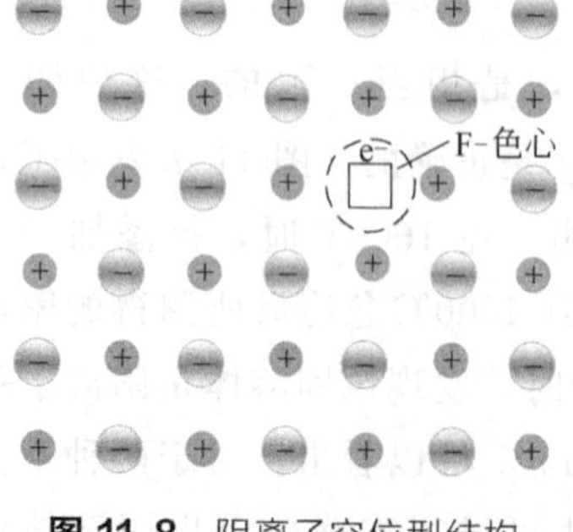


**图 11.8** 阴离子空位型结构缺陷示意图

$$2Ti_{Ti}^{\times}+4O_{O}^{\times}\xrightleftharpoons{\text{还原性气氛}}2Ti_{Ti}'+V_{O}^{\cdot\cdot}+3O_{O}^{\times}+\frac{1}{2}O_2\uparrow \tag{11.41}$$

式中，$Ti_{Ti}'$ 是三价钛位于四价钛的位置上，这种离子变价现象总是和电子缺陷相联系的。$Ti^{4+}$ 获得电子而变成了 $Ti^{3+}$。此电子并不是固定在一个特定的钛离子上，它很容易从一个位置迁移到另一个位置。更确切地说，可把这个电子看作是在氧离子空位的周围，束缚了过剩电子，以保持电中性。氧空位上束缚了二个自由电子，这种电子如果与附近的 $Ti^{4+}$ 相联系，$Ti^{4+}$ 就变成了 $Ti^{3+}$。这些电子并不属于某一个具体固定的 $Ti^{4+}$，在电场作用下，它可以从这个 $Ti^{4+}$ 迁移到邻近的另一个 $Ti^{4+}$ 上，而形成电子导电，所以具有这种缺陷的材料，是一种 n 型半导体。

自由电子陷落在阴离子空位中而形成的一种缺陷又称为 F-色心。它是由一个负离子空位和一个在此位置上的电子组成的，陷落电子能吸收一定波长的光使晶体着色而得名。例如 $TiO_2$ 在还原气氛下由黄色变为灰黑色，NaCl 在 Na 蒸气中加热呈黄棕色等。

式（11.41）又能简化为下列形式：

$$O_O^{\times} \rightleftharpoons V_O^{\cdot\cdot} + \frac{1}{2}O_2\uparrow + 2e' \tag{11.42}$$

其中，$[e']=[Ti'_{Ti}]$。根据质量作用定律，平衡时：

$$K=\frac{[V_O^{\cdot\cdot}]P_{O_2}^{\frac{1}{2}}[e']^2}{[O_O^{\times}]} \tag{11.43}$$

由晶体电中性条件：$2[V_O^{\cdot\cdot}]=[e']$，当缺陷浓度很小时，$[O_O^{\times}]\approx 2$（注意：摩尔分数浓度），代入上式得：

$$[V_O^{\cdot\cdot}]\propto P_{O_2}^{-\frac{1}{6}} \tag{11.44}$$

这说明氧空位的浓度和氧分压的 1/6 次方成反比。所以 $TiO_2$ 材料如金红石质电容器在烧结时对氧分压是十分敏感的，如在强氧化气氛中烧结，获得金黄色介质材料。如氧分压不足，氧空位浓度增大，烧结得到灰黑色的 n 型半导体。

### 11.3.2　阳离子填隙型

$Zn_{1+x}O$ 和 $Cd_{1+x}O$ 属于这种类型。如图 11.9 所示，过剩的金属离子进入间隙位置，它是带正电的，为了保持电中性，等电荷量的电子被束缚在填隙型阳离子的周围，这也是一种色心，如 ZnO 在锌蒸气中加热，颜色会逐渐加深。

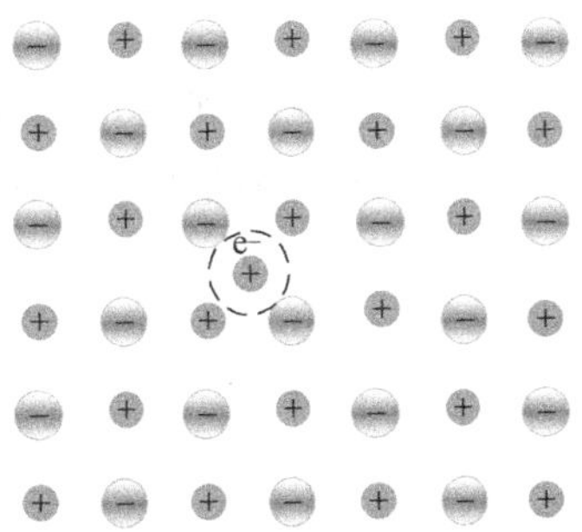

**图 11.9**　阳离子型结构缺陷示意图

缺陷反应式如下：

$$ZnO \xrightleftharpoons{Zn 蒸气} Zn_i^{\cdot\cdot} + 2e' + \frac{1}{2}O_2\uparrow \tag{11.45}$$

$$ZnO \xrightleftharpoons{Zn 蒸气} Zn_i^{\cdot} + e' + \frac{1}{2}O_2\uparrow \tag{11.46}$$

以上两个缺陷反应都是正确的。但实验证明，氧化锌在锌蒸气中加热时，单电离填隙型的锌的反应式（11.46）是可行的。



### 11.3.3　阴离子填隙型

具有这种缺陷结构的目前只发现 $UO_{2+x}$，它可以看作是 $U_3O_8$ 在 $UO_2$ 中的固溶体。

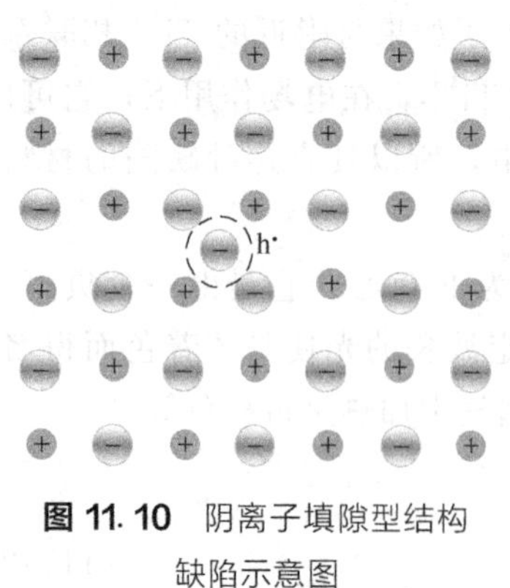

**图 11.10** 阴离子填隙型结构缺陷示意图

如图 11.10 所示，过剩的阴离子进入间隙位置。为保持电中性，结构中引入空穴，相应的阳离子升价。空穴也不局限于特定的阳离子，它在电场作用下会运动。因此这种材料为 p 型半导体。

对于 $UO_{2+x}$ 中缺陷反应可以表示为：

$$\frac{1}{2}O_2 \xrightleftharpoons{\text{氧化性气氛}} O_i'' + 2h^{\cdot} \quad (11.47)$$

由上式可得：

$$[O_i''] \propto P_{O_2}^{\frac{1}{6}} \quad (11.48)$$

随着氧分压的提高，填隙氧浓度增大。

## 11.3.4 阳离子空位型

$Cu_{2-x}O$ 和 $Fe_{1-x}O$ 属于这种类型。阳离子空位型晶体中，空位和周围离子的关系如图 11.11 所示。晶体中的阳离子空位周围捕获电子空穴。因此，它也是 p 型半导体。$Fe_{1-x}O$ 也可以看作是 $Fe_2O_3$ 在 FeO 中的固溶体，为了保持电中性，二个 $Fe^{2+}$ 被二个 $Fe^{3+}$ 和一个空位所代替，固溶式可写为 $(Fe_{1-x}Fe_{2x/3})O$。其缺陷反应如下：

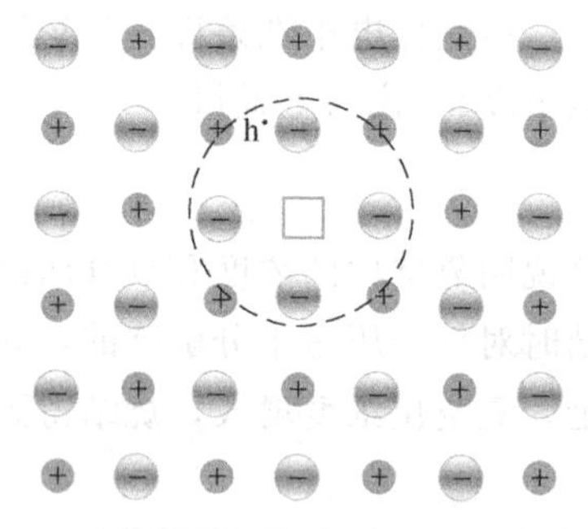

**图 11.11** 阳离子空位型结构缺陷结构示意图

$$2Fe_{Fe}^{\times} + \frac{1}{2}O_2(g) \rightleftharpoons 2Fe_{Fe}^{\cdot} + O_O^{\times} + V_{Fe}''$$

或者

$$\frac{1}{2}O_2(g) \rightleftharpoons 2h^{\cdot} + O_O^{\times} + V_{Fe}'' \quad (11.49)$$

从式 (11.49) 可见，铁离子空位带负电，两个电子空穴被吸引到 $V_{Fe}''$ 周围，形成一种 V-色心。根据质量作用定律可得：

$$K = \frac{[O_O^{\times}][V_{Fe}''][h^{\cdot}]^2}{P_{O_2}^{\frac{1}{2}}}$$

$$[h^{\cdot}] \propto P_{O_2}^{\frac{1}{6}} \quad (11.50)$$

随着氧分压增加，空穴浓度增大，电导率也相应升高。

综上所述，非化学计量化合物的产生及其缺陷的浓度与气氛的性质及气氛分压的大小有密切的关系。这是它与其他缺陷不同点之一。非化学计量化合物与前述的不等价置换固溶体中所产生的“补偿缺陷”很类似。实际上，正是由于这种“补偿缺陷”才使化学计量的化合物变成了非化学计量，只是这种不等价置换是发生在同一种离子中的高价态与低价态之间，而一般不等价置换固溶体则在不同离子之间进行。因此非化学计量化合物可以看成是变价元素中的高价态与低价态氧化物之间由于环境中氧分压的变化而形成的固溶体。它是不等价置换固溶体中的一个特例。

# 11.4 线缺陷

晶体中的线缺陷是各种类型的位错。其特点是原子发生错排的范围，在一个方向上尺寸较大，而另外两个方向上尺寸较小，是一个直径约在3～5个原子间距、长几百到几万个原子间距的管状原子畸变区。虽然位错种类很多，但最简单、最基本的类型有两种：一种是刃型位错，另一种是螺型位错。位错是一种极为重要的晶体缺陷，对材料强度、塑变、扩散、相变等影响显著。

## 11.4.1 位错的基本概念

(1) 位错学说的产生。人们很早就知道金属可以塑性变形，但对其机理不清楚。20世纪初到30年代，许多学者对晶体塑变做了不少实验工作。1926年弗兰克尔利用理想晶体的模型，假定滑移时滑移面两侧晶体像刚体一样，所有原子同步平移，并估算了理论切变强度 $\tau_m = G/2\pi$($G$ 为切变模量)，与实验结果相差3～4个数量级，即使采用更完善一些的原子间作用力模型估算，$\tau_m$ 值也为 $G/30$，仍与实测临界切应力相差很大。这一矛盾在很长一段时间难以解释。1934年泰勒（G. I. Taylor)、波朗依（M. Polanyi）和奥罗万(E. Orowan）三人几乎同时提出晶体中位错的概念。泰勒把位错与晶体塑变的滑移联系起来，认为位错在切应力作用下发生运动，依靠位错的逐步传递完成了滑移过程，如图11.12。与刚性滑移不同，位错的移动只需邻近原子做很小距离的弹性偏移就能实现，而晶体其他区域的原子仍处在正常位置，因此滑移所需的临界切应力大为减小。在这之后，人们对位错进行了大量研究工作。1939年柏格斯（Burgers）提出用柏氏矢量来表征位错的特性的重要意义，同时引入螺型位错。1947年柯垂耳（A. H. Cottrell）利用溶质原子与位错的交互作用解释了低碳钢的屈服现象。1950年弗兰克（Frank）与瑞德（Read）同时提出了位错增殖机制F-R位错源。20世纪50年代后，用透射电镜直接观测到了晶体中位错的存在、运动和增殖。这一系列的研究促进了位错理论的形成和发展。

(2) 位错的基本类型。刃型位错如图11.13(a）所示。设有一简单立方结构的晶体，在某一水平面（$ABCD$）以上多出了垂直方向的原子面 $EFGH$，它中断于 $ABCD$ 面上 $EF$ 处，犹如插入的刀刃一样，$EF$ 称为刃型位错线。位错线附近区域发生了原子错排，因此称为“刃型位错”。由图11.13(b）可看出，位错线的上部邻近范围受到压应力，而

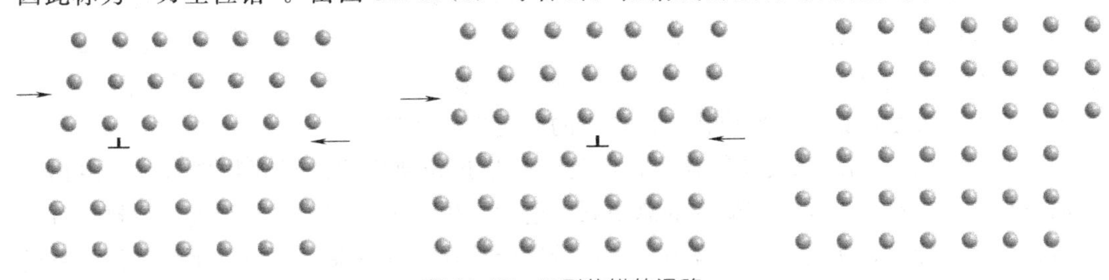

**图 11.12** 刃型位错的滑移

其下部邻近范围受到拉应力，离位错线较远处原子排列正常。通常称晶体上半部多出原子面的位错为正刃型位错，用符号“⊥”表示，反之为负刃型位错，用“T”表示。

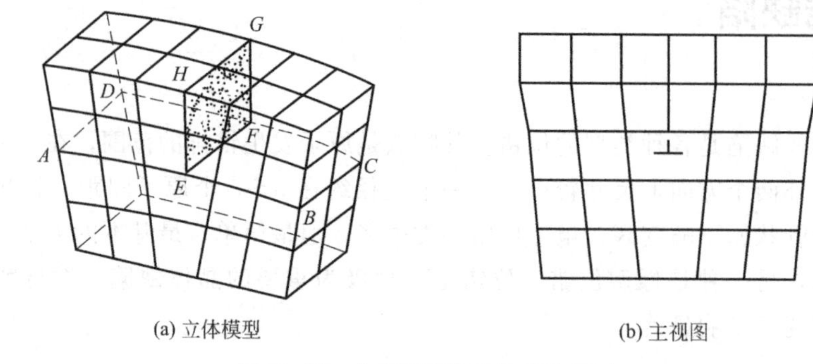


(a) 立体模型　　(b) 主视图

**图 11.13** 含有刃型位错的晶体模型

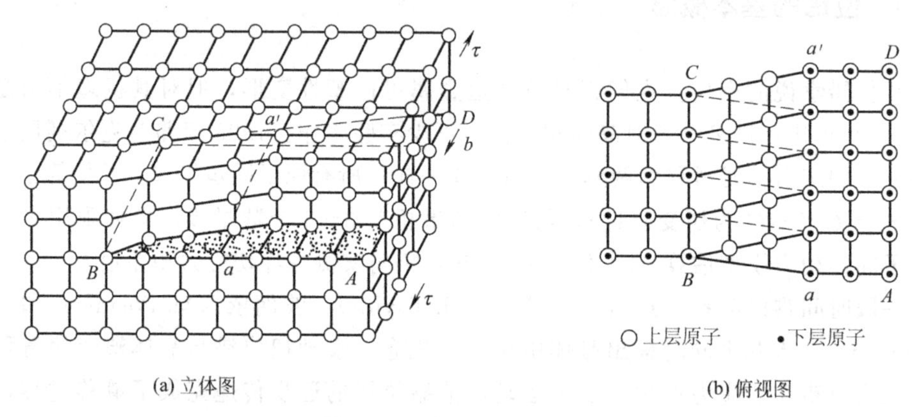


(a) 立体图　　(b) 俯视图

**图 11.14** 螺型位错示意图

螺型位错如图 11.14 所示。设想在简单立方晶体右端施加一切应力，使右端滑移面上下两部分晶体发生一个原子间距的相对切变，于是在已滑移区与未滑移区的交界处，$BC$ 线与 $aa'$ 线之间上下两层相邻原子发生了错排和不对齐现象，如图 11.14(a)。顺时针依次联结紊乱区原子，就会画出一螺旋路径，如图 11.14(b)，该路径所包围的呈长的管状原子排列的紊乱区就是螺型位错。

(3) 柏氏矢量。

① 柏氏矢量（Burgers vector）的确定方法。先确定位错线的方向（一般规定位错线垂直纸面时，由纸面向外为正向），按右手法则做柏氏回路，右手大拇指为位错线正向，回路方向按右手螺旋方向确定。从实际晶体中任一原子 $M$ 出发，避开位错附近的严重畸变区做一闭合回路 $MNOPQ$，回路每一步连接相邻原子。按同样方法在完整晶体中做同样回路，步数、方向与上述回路一致，这时终点 $Q$ 和起点 $M$ 不重合，由终点 $Q$ 到起点 $M$ 引一矢量 $QM$ 即为柏氏矢量 $b$。柏氏矢量与起点的选择无关，也与路径无关。图 11.15、图 11.16 示出刃型位错与螺型位错柏氏矢量的确定方法及过程。

② 柏氏矢量的物理意义及特征。柏氏矢量是描述位错实质的重要物理量，反映出柏氏回路包含的位错所引起点阵畸变的总积累。通常将柏氏矢量称为位错强度，位错的许多性质如位错的能量，所受的力，应力场，位错反应等均与其有关。它也表示出晶体滑移的大小和方向。

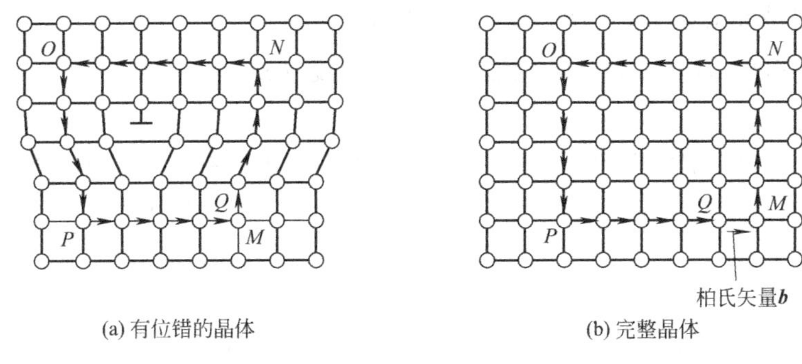


(a) 有位错的晶体　　(b) 完整晶体

**图 11.15**　刃型位错柏氏矢量的确定

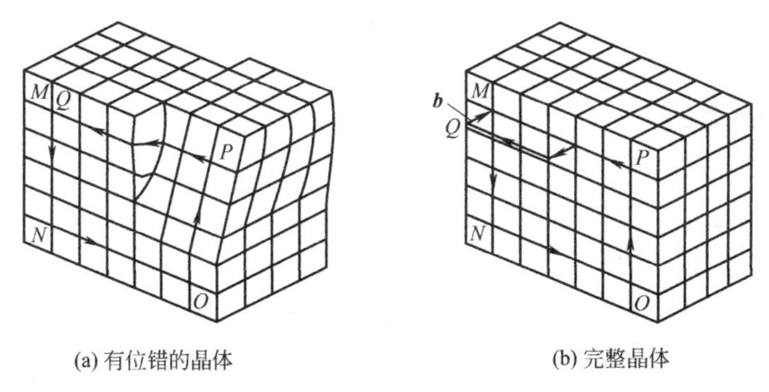


(a) 有位错的晶体　　(b) 完整晶体

**图 11.16**　螺型位错柏氏矢量的确定

柏氏矢量具有守恒性，柏氏回路任意扩大和移动中，只要不与原位错线或其他位错线相遇，回路的畸变总积累不变，由此可引申出一个结论：一根不分叉的任何形状的位错只有一个柏氏矢量。

利用柏氏矢量 $\boldsymbol{b}$ 与位错线 $t$ 的关系，可判定位错类型。若 $\boldsymbol{b} \perp t$ 为刃型位错，其正负用右手法则判定，右手拇指、食指与中指构成一直角坐标系，以食指指向 $t$ 方向，中指指 $\boldsymbol{b}$ 正方向，则拇指代表多余半原子面方向，多余半原子面在上称正刃型位错，反之为负刃型位错，如图 11.15 所示，其为正刃型位错。若 $\boldsymbol{b} /\!/ t$，则为螺型位错，以大拇指代表螺旋面前进方向，其他四指代表螺旋面旋转方向，符合右手法则称右旋螺型位错，符合左手法则称左旋螺型位错。图 11.14 为右旋螺型位错，图 11.16 为左旋螺型位错。

总之，柏氏矢量是其他缺陷所没有、位错所独有的性质。

（4）混合位错。混合位错如图 11.17 所示，有一弯曲位错线 $AC$（已滑移区与未滑移区的交界），$A$ 点处位错线与 $\boldsymbol{b}$ 平行为螺型位错，$C$ 点处位错与 $\boldsymbol{b}$ 垂直为刃型位错。其他部分位错线与 $\boldsymbol{b}$ 既不平行，也不垂直属混合位错，如图 11.17(b)，混合位错可分解为螺

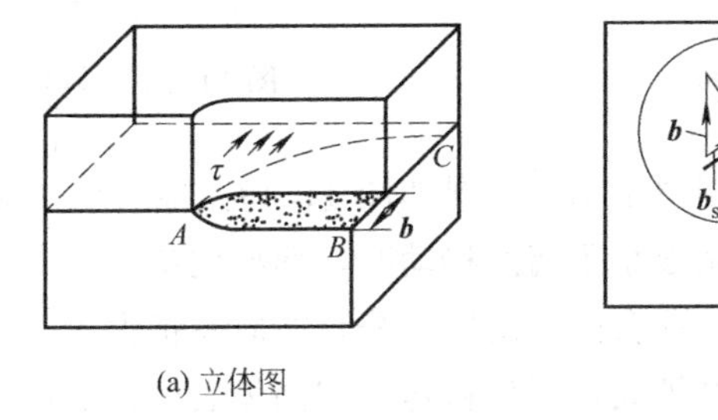


(a) 立体图　　(b) 俯视图

**图 11.17**　混合位错

型分量 $\boldsymbol{b}_s$ 与刃型分量 $\boldsymbol{b}_e$，$\boldsymbol{b}_s=\boldsymbol{b}\cos\varphi$，$\boldsymbol{b}_e=\boldsymbol{b}\sin\varphi$。

（5）位错密度。晶体中位错的量通常用位错密度（$cm^{-2}$）来表示

$$\rho=S/V \tag{11.51}$$

式中，$V$ 为晶体的体积；$S$ 为该晶体中位错线总长度。有时为简便，把位错线当成直线，而且是平行地从晶体的一面到另一面，这样式（11.51）变为

$$\rho=\frac{nL}{LA}=\frac{n}{A} \tag{11.52}$$

式中，$L$ 为每根位错线长度，近似为晶体厚度；$n$ 为面积 $A$ 中见到的位错数目。位错密度可用透射电镜、金相等方法测定。一般退火金属中位错密度为 $10^5\sim10^6cm^{-2}$，剧烈冷变形金属中位错密度可增至 $10^{10}\sim10^{12}cm^{-2}$。

## 11.4.2 位错的运动

晶体中的位错总是力图从高能位置转移到低能位置，在适当条件下（包括外力作用），位错会发生运动。位错运动有滑移与攀移两种形式。

（1）位错的滑移。位错沿着滑移面的移动称为滑移。位错在滑移面上滑动引起滑移面上下的晶体发生相对运动，而晶体本身不发生体积变化称为保守运动。

刃型位错的滑移如图 11.18 所示，对含刃型位错的晶体加切应力，切应力方向平行于柏氏矢量，位错周围原子只要移动很小距离，就使位错由位置“1”移动到位置“2”，如图 11.18(a)。当位错运动到晶体表面，整个上半部晶体相对下半部移动了一个柏氏矢量，晶体表面产生高度为 $b$ 的台阶，如图 11.18(b)。刃位错的柏氏矢量 $\boldsymbol{b}$ 与位错线 $t$ 互相垂直，故滑移面为 $\boldsymbol{b}$ 与 $t$ 决定的平面，它是唯一确定的。由图 11.18，刃型位错移动的方向与 $\boldsymbol{b}$ 方向一致，和位错线垂直。

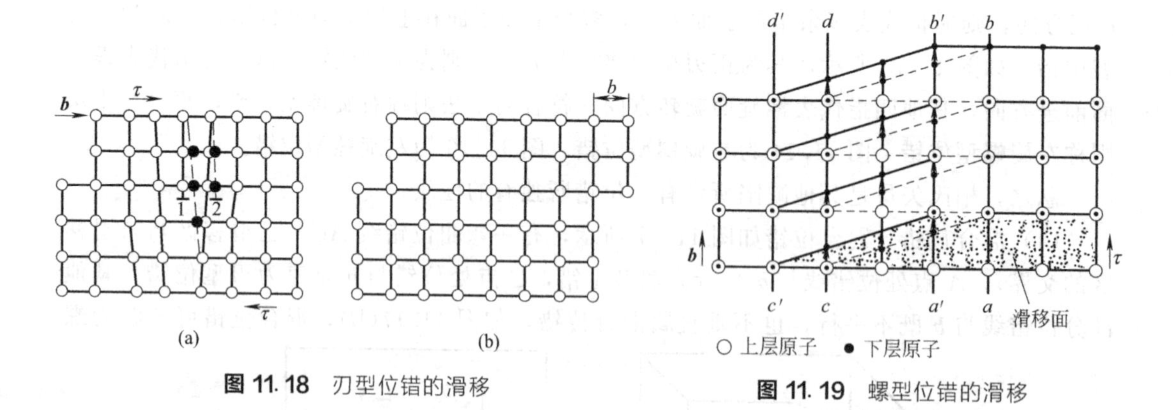


图 11.18 刃型位错的滑移

图 11.19 螺型位错的滑移

螺型位错沿滑移面运动时，周围原子动作情况如图 11.19。虚线所示螺旋线为其原始位置，在切应力 $\tau$ 作用下，当原子做很小距离的移动时，螺型位错本身向左移动了一个原子间距，到图中实线螺旋线位置，滑移台阶（阴影部分）亦向左扩大了一个原子间距。螺型位错不断运动，滑移台阶不断向左扩大，当位错运动到晶体表面，晶体的上下两部分相对滑移了一个柏氏矢量，其滑移结果与刃型位错完全一样。所不同的是螺型位错的移动方

向与 $\boldsymbol{b}$ 垂直。此外，因螺型位错 $\boldsymbol{b}$ 与 $t$ 平行，故通过位错线并包含 $\boldsymbol{b}$ 的所有晶面都可能成为它的滑移面。当螺型位错在原滑移面运动受阻时，可转移到与之相交的另一个滑移面上去，这样的过程叫交叉滑移，简称交滑移。

如图 11.20(a)，沿柏氏矢量 $\boldsymbol{b}$ 方向作用一切应力 $\tau$，位错环将不断扩张，最终跑出晶体，使晶体沿滑移面相对滑移了 $b$，如图 11.20(b)。

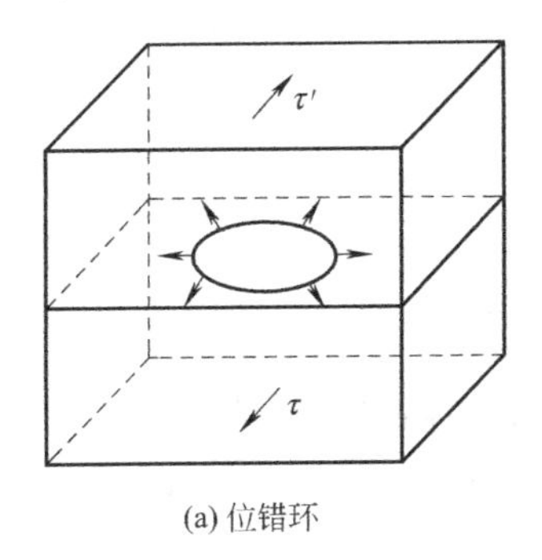

(a) 位错环

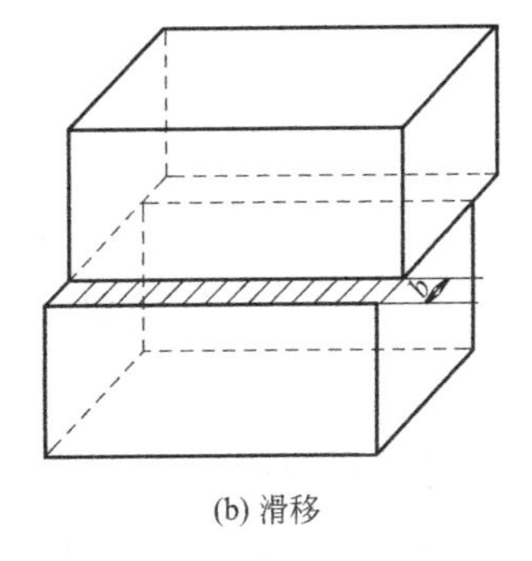

(b) 滑移

**图 11.20**　位错环的滑移

由此看出，不论位错如何移动，晶体的滑移总是沿柏氏矢量相对滑移，所以晶体滑移方向就是位错的柏氏矢量方向。

实际晶体中，位错的滑移要遇到多种阻力，其中的固有阻力是晶格阻力——派-纳力。当柏氏矢量为 $\boldsymbol{b}$ 的位错在晶体中移动时，将由某一个对称位置［图 11.18(a) 中 1 位置］移动到另一位置［图 11.18(a) 中 2 位置］。在这些位置，位错处在平衡状态，能量较低。而在对称位置之间，能量增高，造成位错移动的阻力。因此位错移动时，需要一个力克服晶格阻力，越过势垒，此力称派-纳（Peierls-Nabarro）力，可表示如下：

$$\tau_{\mathrm{p}} \approx \frac{2G}{1-\nu} \mathrm{e}^{\frac{-2\pi a}{b(1-\nu)}} \tag{11.53}$$

式中，$G$ 为切变模；$\nu$ 为泊桑比；$a$ 为晶面间距；$b$ 为滑移方向上原子间距。由式 (11.53) 可知，$a$ 最大，$b$ 最小时 $\tau_{\mathrm{p}}$ 最小，故滑移面应是晶面间距最大的最密排面，滑移方向应是原子最密排方向，此方向 $b$ 一定最小。除点阵阻力外，晶体中各种缺陷如点缺陷、其他位错、晶界和第二相粒子等对位错运动均会产生阻力，使金属抵抗塑性变形能力增强。

(2) 位错的攀移。刃型位错除可以在滑移面上滑移外，还可在垂直滑移面的方向上运动，即发生攀移。攀移的实质是多余半原子面的伸长或缩短。通常把多余半原子面向上移动称正攀移，向下移动称负攀移，如图 11.21，图中箭头指示方向为空位的扩散方向。当空位扩散到位错的刃部，使多余半原子面缩短叫正攀移，如图 11.21(a)。当刃部的空位离开多余半原子面，相当于原子扩散到位错的刃部，使多余半原子面伸长，位错向下攀移称为负攀移，如图 11.21(c)。

攀移与滑移不同，攀移时伴随物质的迁移，需要空位的扩散，需要热激活，比滑移需更大能量。低温攀移较困难，高温时易攀移。攀移通常会引起体积的变化，故属非保守运动。此外，作用于攀移面的正应力有助于位错的攀移，由图 11.21(a) 可见，压应力将促进正攀移，由图 11.21(b) 可见，拉应力可促进负攀移。

位错是一种极重要的晶体缺陷，尤其在金属的塑性变形、强度与断裂方面有很重要的

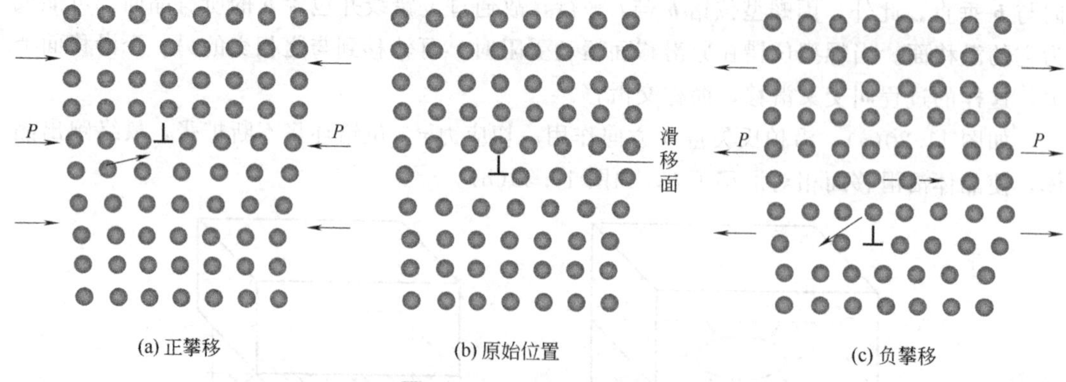


(a) 正攀移　(b) 原始位置　(c) 负攀移

**图 11.21** 刃型位错的攀移

作用，塑性变形究其原因就是位错的运动，而强化金属材料的基本途径之一就是阻碍位错的运动，另外，位错对材料的扩散、相变等过程也有重要影响。所以深入了解位错的基本性质与行为，对建立材料强化机制将具有重要的理论和实际意义。金属材料的强度与位错在材料受到外力的情况下如何运动有很大的关系。如果位错运动受到的阻碍较小，则材料强度就会较高。实际材料在发生塑性变形时，位错的运动是比较复杂的，位错之间相互反应、位错受到阻碍不断塞积，材料中的溶质原子、第二相等都会阻碍位错运动，从而使材料出现加工硬化。因此，要想增加材料的强度就要通过诸如细化晶粒、有序化合金、第二相强化、固溶强化等手段使金属的强度增加，以上增加金属强度的根本原理就是想办法阻碍位错的运动。

## 习题十一

1. 说明下列符号的含义：$V_{Na}$、$V'_{Na}$、$V_{Cl}^{\cdot}$、$(V'_{Na}V_{Cl}^{\cdot})$、$Ca_K^{\cdot}$、$Ca_{Ca}$、$Ca_i^{\cdot\cdot}$。

2. 在缺陷反应方程式中，所谓位置平衡、电中性、质量平衡是指什么？

3. 试述影响置换型固溶体固溶度的条件。

4. 简答固溶体的性质。

5. 分别写出下列缺陷反应式：(1) NaCl 溶入 $CaCl_2$ 中形成空位型固溶体；(2) $CaCl_2$ 溶入 NaCl 中形成空位型固溶体；(3) NaCl 形成肖特基缺陷；(4) AgI 形成弗伦克尔缺陷 ($Ag^+$ 进入间隙)。

6. 在 $MgO$-$Al_2O_3$ 和 $PbTiO_3$-$PbZrO_3$ 中哪一对形成有限固溶体？哪一对形成无限固溶体？为什么？

7. 对于 MgO、$Al_2O_3$ 和 $Cr_2O_3$，其正、负离子半径比分别为 0.47、0.36 和 0.40。$Al_2O_3$ 和 $Cr_2O_3$ 形成连续固溶体。(1) 这个结果可能吗？为什么？(2) 试预计，在 $MgO$-$Cr_2O_3$ 系统中的固溶度是有限还是很大？为什么？

8. 在 MgO 晶体中，肖特基缺陷的生成能为 6eV，计算在 25℃和 1600℃时热缺陷的浓度。如果 MgO 晶体中，含有百万分之一摩尔的 $Al_2O_3$ 杂质，则在 1600℃时，MgO 晶体中是热缺陷占优势还是杂质缺陷占优势？说明原因。($1eV=1.602\times10^{-19}J$)

9. 试写出在下列两种情况，生成什么缺陷？缺陷浓度是多少？

(1) 在 $Al_2O_3$ 中，添加 0.01%(摩尔分数) 的 $Cr_2O_3$，生成淡红宝石；(2) 在 $Al_2O_3$ 中，添加 0.5%(摩尔分数) 的 NiO，生成黄宝石。

10. $Al_2O_3$ 在 MgO 中将形成有限固溶体，在低共熔温度 1995℃时，约有 18%（摩尔分数）$Al_2O_3$ 溶入 MgO 中，MgO 单位晶胞尺寸减小。试预计下列情况下密度的变化。

(1) $Al^{3+}$ 为间隙离子；(2) $Al^{3+}$ 为置换离子（假设固溶前后晶胞体积不变）。

11. $TiO_{2-x}$ 和 $Fe_{1-x}O$ 分别为具有阴离子空位和阳离子空位的非化学计量化合物。试说明其电导率和密度随氧分压变化的规律（采用缺陷反应方程进行说明）。

12. 非化学计量缺陷的浓度与周围气氛的性质、压力大小相关，如果增大周围氧气的分压，非化学计量化合物 $Fe_{1-x}O$ 及 $Zn_{1+x}O$ 的密度将发生怎样变化（增大、减少）？为什么？

13. 非化学计量化合物 $Fe_xO$ 中，$Fe^{3+}/Fe^{2+}=0.1$，求 $Fe_xO$ 中的空位浓度及 $x$ 值。

14. 用 0.2mol $YF_3$ 加入 $CaF_2$ 中形成固溶体，实验测得固溶体的晶胞参数 $a=0.55$nm，测得固溶体密度 $\rho=3.64g/cm^3$，试计算说明固溶体的类型（元素的原子量：Y=88.90，Ca=40.08，F=19.00）。

# 附录　230 种晶体学空间群的记号

| 晶系 | 点群 | | $\frac{n}{2}$空间群 | | | | | | | | |
|---|---|---|---|---|---|---|---|---|---|---|---|
| | 国际符号 | 申夫利斯符号 | | | | | | | | | |
| 三斜晶系 | 1 | $C_1$ | P1 | | | | | | | | |
| | $\bar{1}$ | $C_i$ | $P\bar{1}$ | | | | | | | | |
| 单斜晶系 | 2 | $C_2^{(1-4)}$ | P2 | $P2_1$ | C2 | | | | | | |
| | m | $C_3^{(1-4)}$ | Pm | Pc | Cm | Cc | | | | | |
| | 2/m | $C_{2h}^{(1-6)}$ | P2/m | $P2_1/m$ | C2/m | P2/c | $P2_1/C$ | C2/c | | | |
| 正交晶系 | 222 | $D_2^{(1-9)}$ | P222 | $P222_1$ | $P2_12_12$ | $P2_12_12_1$ | $C222_1$ | C222 | F222 | I222 | $I2_12_12_1$ |
| | mm2 | $C_{2v}^{(1-22)}$ | Pmm2 | $Pmc2_1$ | Pcc2 | Pma2 | $Pca2_1$ | Pnc2 | $Pmn2_1$ | Pba2 | $Pna2_1$ |
| | | | Pnn2 | Cmm2 | $Cmc2_1$ | Ccc2 | Amm2 | Abm2 | Ama2 | Aba2 | Fmm2 |
| | | | Fdd2 | Imm2 | Iba2 | Ima2 | | | | | |
| | mmm | $D_{2h}^{(1-28)}$ | Pmmm | Pnnn | Pccm | Pban | Pmma | Pnna | Pmna | Pcca | Pbam |
| | | | Pccn | Pbcm | Pnnm | Pmmn | Pbcn | Pbca | Pnma | Cmcm | Cmca |
| | | | Cmmm | Cccm | Cmma | Ccca | Fmmm | Fddd | Immm | Ibam | Ibca |
| | | | Imma | | | | | | | | |
| 四方晶系 | 4 | $C_4^{(1-6)}$ | P4 | $P4_1$ | $P4_2$ | $P4_3$ | I4 | $I4_1$ | | | |
| | $\bar{4}$ | $S_4^{(1-2)}$ | $P\bar{4}$ | $I\bar{4}$ | | | | | | | |
| | 4/m | $C_4^{(1-6)}$ | P4/m | $P4_2/m$ | P4/n | $P4_2/n$ | I4/m | $I4_1/a$ | | | |
| | 422 | $D_4^{(1-10)}$ | P422 | $P42_12$ | $P4_122$ | $P4_12_12$ | $P4_222$ | $P4_22_12$ | $P4_322$ | $P4_32_12$ | I422 |
| | | | $I4_122$ | | | | | | | | |
| | 4mm | $C_{4v}^{(1-12)}$ | P4mm | P4bm | $P4_2cm$ | $P4_2nm$ | P4cc | P4nc | $P4_2mc$ | $P4_2bc$ | I4mm |
| | | | I4cm | $I4_1md$ | $I4_1cd$ | | | | | | |
| | $\bar{4}2m$ | $D_{2d}^{(1-12)}$ | $P\bar{4}2m$ | $P\bar{4}2c$ | $P\bar{4}2_1m$ | $P\bar{4}2_1c$ | $P\bar{4}m2$ | $P\bar{4}c2$ | $P\bar{4}b2$ | $P\bar{4}n2$ | $I\bar{4}m2$ |
| | | | $I\bar{4}c2$ | $I\bar{4}2m$ | $I\bar{4}2d$ | | | | | | |
| | 4/mmm | $D_{4h}^{(1-20)}$ | P4/mmm | P4/mcc | P4/nbm | P4/nnc | P4/mbm | P4/mnc | P4/nmm | P4/ncc | $P4_2/mmc$ |

续表

| 晶系 | 点群 | | $\frac{n}{2}$空间群 | | | | | | | | |
|---|---|---|---|---|---|---|---|---|---|---|---|
| | 国际符号 | 申夫利斯符号 | | | | | | | | | |
| 四方晶系 | 4/mmm | $D_{4h}^{(1-20)}$ | $P4_2/mcm$ | $P4_2/nbc$ | $P4_2/nnm$ | $P4_2/mbc$ | $P4_2/mnm$ | $P4_2/nmc$ | $P4_2/ncm$ | $I4/mmm$ | $I4/mcm$ |
| | | | $I4_1/amd$ | $I4_1/acd$ | | | | | | | |
| 三方晶系 | 3 | $C_3^{(1-4)}$ | $P3$ | $P3_1$ | $P3_2$ | $R3$ | | | | | |
| | $\bar{3}$ | $C_{3i}^{(1-2)}$ | $P\bar{3}$ | $R\bar{3}$ | | | | | | | |
| | 32 | $D_3^{(1-7)}$ | $P312$ | $P321$ | $P3_112$ | $P3_121$ | $P3_212$ | $P3_221$ | $R32$ | | |
| | 3m | $C_{3v}^{(1-6)}$ | $P3m1$ | $P31m$ | $P3c1$ | $P31c$ | $R3m$ | $R3c$ | | | |
| | $\bar{3}m$ | $D_{3d}^{(1-6)}$ | $P\bar{3}1m$ | $P\bar{3}1c$ | $P\bar{3}m1$ | $P\bar{3}c1$ | $R\bar{3}m$ | $R\bar{3}c$ | | | |
| 六方晶系 | 6 | $C_6^{(1-6)}$ | $P6$ | $P6_1$ | $P6_5$ | $P6_2$ | $P6_4$ | $P6_3$ | | | |
| | $\bar{6}$ | $C_{3h}^{(1)}$ | $P\bar{6}$ | | | | | | | | |
| | 6/m | $D_{6h}^{(1-2)}$ | $P6/m$ | $P6_3/m$ | | | | | | | |
| | 622 | $D_6^{(1-6)}$ | $P622$ | $P6_122$ | $P6_522$ | $P6_222$ | $P6_422$ | $P6_322$ | | | |
| | 6mm | $C_{6v}^{(1-4)}$ | $P6mm$ | $P6cc$ | $P63cm$ | $P6_3mc$ | | | | | |
| | $\bar{6}m2$ | $D_{3h}^{(1-4)}$ | $P\bar{6}m2$ | $P\bar{6}c2$ | $P\bar{6}2m$ | $P\bar{6}2c$ | | | | | |
| | 6/mmm | $D_{6h}^{(1-4)}$ | $P6/mmm$ | $P6/mcc$ | $P6_3/mcm$ | $P6_3/mmc$ | | | | | |
| 立方晶系 | 23 | $T^{(1-5)}$ | $P23$ | $F23$ | $I23$ | $P2_13$ | $I2_13$ | | | | |
| | m3 | $T_h^{(1-7)}$ | $Pm3$ | $Pn3$ | $Fm3$ | $Fd3$ | $Im3$ | $Pa3$ | $Ia3$ | | |
| | 432 | $O^{(1-8)}$ | $P432$ | $P4_232$ | $F432$ | $F4_132$ | $I432$ | $P4_332$ | $P4_132$ | $I4_132$ | |
| | $\bar{4}3m$ | $T_d^{(1-6)}$ | $P\bar{4}3m$ | $F\bar{4}3m$ | $I\bar{4}3m$ | $P\bar{4}3n$ | $F\bar{4}3c$ | $I\bar{4}3d$ | | | |
| | m3m | $O_h^{(1-10)}$ | $Pm3m$ | $Pn3n$ | $Pm3n$ | $Pn3m$ | $Fm3m$ | $Fm3c$ | $Fd3m$ | $Fd3c$ | $Im3m$ |
| | | | $Ia3d$ | | | | | | | | |

# 参考文献

[1] 邵国有.硅酸盐岩相学［M］.武汉：武汉理工大学出版社，1991.
[2] 钱逸泰.结晶化学导论［M］.3版.合肥：中国科学技术大学出版社，2005.
[3] 秦善.晶体学基础［M］.北京：北京大学出版社：2004.
[4] 陈平.结晶矿物学［M］.北京：化学工业出版社，2006.
[5] 许虹.《结晶学及矿物学》实习与自学指导书［M］.北京：地质出版社，1990.
[6] 胡志强.无机材料科学基础教程［M］.2版.北京：化学工业出版社，2016.
[7] 宋晓岚.黄学辉.无机材料科学基础［M］.2版.北京：化学工业出版社，2020.
[8] Tilley R. Crystals and Crystal Structures［M］. John Wiley & Sons Ltd，2006.
[9] 廖立兵.晶体化学及晶体物理学［M］.北京：地质出版社，2000.